高等职业教育新形态系列教材

# 数控机床编程技术

（含活页式实训手册）

主　编　万晓航
副主编　张文灼　韩开生　刘胜永
　　　　胡孟谦　李小红　安建良
　　　　田　宁　许香海
主　审　韩提文

北京理工大学出版社
BEIJING INSTITUTE OF TECHNOLOGY PRESS

## 内 容 简 介

本书以 FANUC 数控系统为例，结合典型零件对数控车、加工中心编程的指令进行全面系统的讲解，本书通过 10 个典型实例，使用宇龙 V5.0 数控加工仿真软件，实现了工艺设计—刀具选择—程序编制—仿真加工—数控加工全过程的讲解，使读者通过学习本书可以系统掌握数控编程技术。本书构建了"以学习者为中心的教学系统"，创建了以产品为载体，专业理论课程与专业实践课程相互关联，实现了行动导向、学做合一的教学过程，形成了以突出工作能力培养为主要特征的教材特色，即任务化的学习内容、工作化的学习过程、立体化的学习资源、多样化的学习环境、产品化的学习评价、企业化的学习管理、双师化的学习指导、素质化的人才培养。

本书实用性强，图文并茂，少讲理论，多讲操作，一看就懂，一学就会。以典型项目贯穿教学单元，特别强调实训为主要教学手段，教材配套活页式实训手册和微课视频，教材中所有实例均提供仿真视频、加工程序单、宇龙仿真文件。每个项目由简单到复杂，可以单独组织教学，读者也可以按照自己需要选择不同的项目组合。

本书可作为高职、职业技术大学相关专业的教材，也可作为工程技术人员的自学参考书。

---

**版权专有　侵权必究**

### 图书在版编目（CIP）数据

数控机床编程技术 / 万晓航主编. －－北京：北京
理工大学出版社，2021.9
ISBN 978－7－5763－0291－2

Ⅰ．①数…　Ⅱ．①万…　Ⅲ．①数控机床－程序设计
Ⅳ．①TG659

中国版本图书馆 CIP 数据核字（2021）第 178157 号

---

| | |
|---|---|
| 出版发行 / 北京理工大学出版社有限责任公司 | |
| 社　　址 / 北京市海淀区中关村南大街 5 号 | |
| 邮　　编 / 100081 | |
| 电　　话 / （010）68914775（总编室） | |
| 　　　　　（010）82562903（教材售后服务热线） | |
| 　　　　　（010）68944723（其他图书服务热线） | |
| 网　　址 / http：//www. bitpress. com. cn | |
| 经　　销 / 全国各地新华书店 | |
| 印　　刷 / 河北盛世彩捷印刷有限公司 | |
| 开　　本 / 787 毫米×1092 毫米　1/16 | |
| 印　　张 / 23 | 责任编辑 / 封　雪 |
| 字　　数 / 596 千字 | 文案编辑 / 封　雪 |
| 版　　次 / 2021 年 9 月第 1 版　2021 年 9 月第 1 次印刷 | 责任校对 / 周瑞红 |
| 定　　价 / 59.80 元 | 责任印制 / 李志强 |

图书出现印装质量问题，请拨打售后服务热线，本社负责调换

# 前　言

　　为了满足职业技术大学教学需要，加快我国培养高层次应用技术技能型人才培养的步伐，职业技术本科办学要以服务区域经济发展为导向，以市场需求制定"订单式"培养目标，要特别注重对学生的专业技能动手能力的培养。本书以 FANUC 数控系统为例，结合 10个典型项目对数控车、加工中心编程的指令进行全面系统的讲解。每个项目分为知识准备部分、仿真加工部分、数控加工与加工质量检验部分。本书共分 10 个项目，项目 1 为典型传动轴加工，讲解 G90、G00、G01 等指令的应用；项目 2 为法兰盘零件加工，讲解 G94、G96、G97 等指令的应用；项目 3 为复合轴零件加工，讲解 G71、G72、G73、G70、G02、G03 等指令的应用；项目 4 为螺纹轴零件加工，讲解 G92、G32 等指令的应用；项目 5 为带轮加工，主要讲解槽的加工及 M98、M99 子程序的应用；项目 6 为曲面轴加工，主要讲解数控车宏程序应用和 CAXA 数控车 2016 使用；项目 7 为薄壁隔框零件加工，讲解加工中心G01、G00 等指令和子程序的应用；项目 8 为轴承座零件加工，讲解 G41、G42 半径补偿指令的应用；项目 9 为异形槽板加工，讲解 G43、G44、G49 长度补偿指令的应用；项目 10为壁板零件加工，讲解 G73、G74 等固定循环指令的应用。通过典型实例的编程和仿真操作，读者可以掌握 FANUC 系统编程方法和数控机床操作。

　　在编写原则上，本书做到理论知识浅显易懂，实训内容丰富。在编写方式上，本书大胆创新，以实训作为教材的主线，打破章节及内容的约束，精选课堂讲解实例，选择有利于学生自学的课外实战练习。书中附有大量实例，读者只需按照书中的实例进行操作，就能够迅速地掌握数控编程和数控机床操作。

　　本书的编写特点是突出实用性，图文并茂，少讲理论，多讲操作，一看就懂，一学就会；以项目实例为教学单元，特别强调以实训为主要教学手段，注意对学生动手能力的训练，加强对学生主动思维能力的培养。大量的插图、丰富的应用实例、通俗的语言，使本书不仅可供教学和从事相关专业的工作人员学习和参考，还可作为初学者的教材，既能满足初学者的需求，又能使有一定基础的人员快速掌握数控编程技巧。

　　本书每个项目都附有思考与练习，还配有活页式实训手册、教学指南、电子教案，以及对读者有益的使用经验和技巧。请有此需要的读者与出版社联系。

　　本书由河北工业职业技术大学万晓航教授担任主编，由韩提文教授担任主审。各项目编写分工为：项目 1 由李小红编写；项目 2、3 由张文灼编写；项目 4 由韩开生编写；项目 5 由刘胜永编写；项目 6 由许香海编写；项目 7 由胡孟谦编写；项目 8 由安建良编写；项目 9 由田宁编写；项目 10 和实训手册由万晓航编写。教材中实训案例由中车石家庄车辆有限公司许香海高级工程师提供，万晓航教授负责全书的统稿工作。另外，需要特别指出的是，衷心感谢韩提文教授在百忙之中仔细审阅了全书，为本书的顺利出版奠定了坚实的基础。

由于作者水平有限，书中若有不妥之处，敬请专家和读者指正。

编　者
2021 年 8 月

# 目　　录

**项目1　典型传动轴加工** ………………………………………………………… 1

　**任务1.1　任务书** ……………………………………………………………… 1

　　1.1.1　任务要求 …………………………………………………………… 1

　　1.1.2　任务学时安排 ……………………………………………………… 2

　**任务1.2　相关知识** …………………………………………………………… 2

　　1.2.1　数控编程概述 ……………………………………………………… 2

　　1.2.2　数控机床组成及分类 ……………………………………………… 4

　　1.2.3　数控机床坐标系 …………………………………………………… 7

　　1.2.4　数控系统 …………………………………………………………… 9

　　1.2.5　加工程序的结构与格式 …………………………………………… 15

　　1.2.6　数控车编程常用指令 ……………………………………………… 17

　**任务1.3　工艺单** ……………………………………………………………… 21

　　1.3.1　毛坯准备 …………………………………………………………… 21

　　1.3.2　工艺设计 …………………………………………………………… 21

　**任务1.4　刀具表** ……………………………………………………………… 21

　**任务1.5　程序单** ……………………………………………………………… 22

　　1.5.1　基点坐标计算 ……………………………………………………… 22

　　1.5.2　程序编制 …………………………………………………………… 23

　**任务1.6　仿真加工** …………………………………………………………… 24

　　1.6.1　选择机床和系统 …………………………………………………… 24

　　1.6.2　定义毛坯和安装零件毛坯 ………………………………………… 25

　　1.6.3　选择和安装刀具 …………………………………………………… 25

　　1.6.4　对刀操作 …………………………………………………………… 25

　　1.6.5　仿真加工 …………………………………………………………… 25

　**任务1.7　数控加工** …………………………………………………………… 26

　　1.7.1　数控车床基本操作 ………………………………………………… 26

　　1.7.2　数控系统的参数输入与调整练习 ………………………………… 26

　　1.7.3　数控车刀安装与对刀操作练习 …………………………………… 26

　　1.7.4　试切与零件加工检验 ……………………………………………… 27

　**任务1.8　项目总结** …………………………………………………………… 27

　**任务1.9　思考与练习** ………………………………………………………… 27

## 项目2 法兰盘零件加工 ..................................................... 29

### 任务2.1 任务书 ..................................................... 29
2.1.1 任务要求 ..................................................... 29
2.1.2 任务学时安排 ..................................................... 30

### 任务2.2 相关知识 ..................................................... 30
2.2.1 数控加工工艺分析概述 ..................................................... 30
2.2.2 数控加工工艺设计 ..................................................... 31
2.2.3 数控加工工艺文件 ..................................................... 36
2.2.4 数控车编程常用指令 ..................................................... 38

### 任务2.3 工艺单 ..................................................... 40
2.3.1 毛坯准备 ..................................................... 40
2.3.2 工艺设计 ..................................................... 40

### 任务2.4 刀具选择 ..................................................... 41

### 任务2.5 程序单 ..................................................... 41
2.5.1 基点坐标计算 ..................................................... 41
2.5.2 程序编制 ..................................................... 42

### 任务2.6 仿真加工 ..................................................... 43
2.6.1 选择机床和系统 ..................................................... 43
2.6.2 定义毛坯和安装零件毛坯 ..................................................... 44
2.6.3 选择和安装刀具 ..................................................... 44
2.6.4 对刀操作 ..................................................... 45
2.6.5 仿真加工 ..................................................... 45

### 任务2.7 数控加工 ..................................................... 45
2.7.1 数控车床基本操作 ..................................................... 45
2.7.2 数控加工程序的输入与编辑练习 ..................................................... 45
2.7.3 试切与零件加工检验 ..................................................... 46

### 任务2.8 项目总结 ..................................................... 46
### 任务2.9 思考与练习 ..................................................... 46

## 项目3 复合轴零件加工 ..................................................... 48

### 任务3.1 任务书 ..................................................... 48
3.1.1 任务要求 ..................................................... 48
3.1.2 任务学时安排 ..................................................... 49

### 任务3.2 相关知识 ..................................................... 49
3.2.1 数控加工常用刀具种类 ..................................................... 49
3.2.2 数控加工刀具常用材料 ..................................................... 51
3.2.3 数控刀具的选择 ..................................................... 53
3.2.4 数控车床编程常用指令 ..................................................... 57

### 任务3.3 工艺单 ..................................................... 65
3.3.1 毛坯准备 ..................................................... 65

3.3.2 工艺设计 ································································· 65

任务3.4 刀具选择 ····························································· 65

任务3.5 程序单 ······························································· 66

3.5.1 基点坐标计算 ························································· 66

3.5.2 程序编制 ····························································· 66

任务3.6 仿真加工 ····························································· 67

3.6.1 选择机床和系统 ······················································· 67

3.6.2 定义毛坯和安装零件毛坯 ··············································· 68

3.6.3 选择和安装刀具 ······················································· 68

3.6.4 对刀操作 ····························································· 68

3.6.5 仿真加工 ····························································· 68

任务3.7 数控加工 ····························································· 69

3.7.1 数控车床基本操作 ····················································· 69

3.7.2 数控加工程序的输入与编辑练习 ········································· 69

3.7.3 试切与零件加工检验 ··················································· 69

任务3.8 项目总结 ····························································· 69

任务3.9 思考与练习 ··························································· 70

## 项目4 螺纹轴零件加工 ························································· 71

任务4.1 任务书 ······························································· 71

4.1.1 任务要求 ····························································· 71

4.1.2 任务学时安排 ························································· 72

任务4.2 相关知识 ····························································· 72

4.2.1 数控编程坐标计算 ····················································· 73

4.2.2 计算机辅助计算 ······················································· 77

4.2.3 数控车编程常用指令 ··················································· 79

任务4.3 工艺单 ······························································· 84

4.3.1 毛坯准备 ····························································· 84

4.3.1 工艺设计 ····························································· 84

任务4.4 刀具选择 ····························································· 84

任务4.5 程序单 ······························································· 85

4.5.1 基点坐标计算 ························································· 85

4.5.2 程序编制 ····························································· 86

任务4.6 仿真加工 ····························································· 87

4.6.1 选择机床和系统 ······················································· 87

4.6.2 定义毛坯和安装零件毛坯 ··············································· 88

4.6.3 选择和安装刀具 ······················································· 88

4.6.4 对刀操作 ····························································· 88

4.6.5 仿真加工 ····························································· 89

任务4.7 数控加工 ····························································· 89

4.7.1　数控车床基本操作 ......................................................... 89

4.7.2　数控加工程序的输入与编辑练习 ............................... 90

4.7.3　试切与零件加工检验 ................................................. 90

任务4.8　项目总结 ...................................................................... 90

任务4.9　思考与练习 .................................................................. 90

# 项目5　带轮加工 ..................................................................... 92

任务5.1　任务书 .......................................................................... 92

5.1.1　任务要求 ....................................................................... 92

5.1.2　任务学时安排 ............................................................... 93

任务5.2　相关知识 ...................................................................... 93

5.2.1　数控车削编程基础 ....................................................... 93

5.2.2　数控车床的配置与选择 ............................................... 94

5.2.3　数控车削工艺处理 ....................................................... 96

5.2.4　数控车编程常用指令 ................................................. 102

任务5.3　工艺单 ........................................................................ 105

5.3.1　毛坯准备 ..................................................................... 105

5.3.2　工艺设计 ..................................................................... 105

任务5.4　刀具选择 .................................................................... 106

任务5.5　程序单 ........................................................................ 106

5.5.1　基点坐标计算 ............................................................. 106

5.5.2　程序编制 ..................................................................... 107

任务5.6　仿真加工 .................................................................... 108

5.6.1　选择机床和系统 ......................................................... 108

5.6.2　定义毛坯和安装零件毛坯 ......................................... 109

5.6.3　选择和安装刀具 ......................................................... 109

5.6.4　对刀操作 ..................................................................... 109

5.6.5　仿真加工 ..................................................................... 110

任务5.7　数控加工 .................................................................... 110

5.7.1　数控车床基本操作 ..................................................... 110

5.7.2　数控加工程序的输入与编辑练习 ............................. 111

5.7.3　试切与零件加工检验 ................................................. 111

任务5.8　项目总结 .................................................................... 111

任务5.9　思考与练习 ................................................................ 111

# 项目6　曲面轴加工 ............................................................... 113

任务6.1　任务书 ........................................................................ 113

6.1.1　任务要求 ..................................................................... 113

6.1.2　任务学时安排 ............................................................. 114

任务6.2　相关知识 .................................................................... 114

6.2.1　数控车宏程序编程 ..................................................... 114

4　数控机床编程技术

6.2.2　CAXA 数控车 2016 ……………………………………………… 118

任务6.3　工艺单 …………………………………………………………… 127

6.3.1　毛坯准备 ………………………………………………………… 127

6.3.2　工艺设计 ………………………………………………………… 127

任务6.4　刀具选择 ………………………………………………………… 127

任务6.5　程序单 …………………………………………………………… 128

6.5.1　基点坐标计算 …………………………………………………… 128

6.5.2　程序编制 ………………………………………………………… 129

任务6.6　仿真加工 ………………………………………………………… 130

6.6.1　选择机床和系统 ………………………………………………… 130

6.6.2　定义毛坯和安装零件毛坯 ……………………………………… 130

6.6.3　选择和安装刀具 ………………………………………………… 130

6.6.4　对刀操作 ………………………………………………………… 131

6.6.5　仿真加工 ………………………………………………………… 131

任务6.7　数控加工 ………………………………………………………… 132

6.7.1　数控车床基本操作 ……………………………………………… 132

6.7.2　数控加工程序的输入与编辑练习 ……………………………… 132

6.7.3　试切与零件加工检验 …………………………………………… 132

任务6.8　项目总结 ………………………………………………………… 133

任务6.9　思考与练习 ……………………………………………………… 133

# 项目7　薄壁隔框零件加工 …………………………………………… 135

任务7.1　任务书 …………………………………………………………… 135

7.1.1　任务要求 ………………………………………………………… 135

7.1.2　任务学时安排 …………………………………………………… 136

任务7.2　相关知识 ………………………………………………………… 136

7.2.1　加工中心编程概述 ……………………………………………… 136

7.2.2　加工中心加工特点 ……………………………………………… 137

7.2.3　加工中心结构特点 ……………………………………………… 138

7.2.4　加工中心常用指令 ……………………………………………… 140

任务7.3　工艺单 …………………………………………………………… 143

7.3.1　毛坯准备 ………………………………………………………… 143

7.3.2　工艺设计 ………………………………………………………… 143

任务7.4　刀具选择 ………………………………………………………… 144

任务7.5　程序单 …………………………………………………………… 144

7.5.1　基点坐标计算 …………………………………………………… 144

7.5.2　编制程序 ………………………………………………………… 147

任务7.6　仿真加工 ………………………………………………………… 149

7.6.1　机床与系统选择 ………………………………………………… 149

7.6.2　毛坯定义 ………………………………………………………… 149

7.6.3　夹具定义 ……………………………………………………… 149

7.6.4　安装零件 ……………………………………………………… 150

7.6.5　选择刀具 ……………………………………………………… 150

7.6.6　选择基准工具 …………………………………………………… 150

7.6.7　对刀操作 ……………………………………………………… 150

7.6.8　加工坐标系设置 ………………………………………………… 151

7.6.9　程序输入与编辑 ………………………………………………… 152

7.6.10　仿真加工 ……………………………………………………… 152

任务7.7　数控加工 …………………………………………………… 152

7.7.1　加工中心基本操作 ……………………………………………… 152

7.7.2　数控加工程序的输入与编辑练习 ……………………………… 152

7.7.3　试切与零件加工检验 …………………………………………… 153

任务7.8　项目总结 …………………………………………………… 153

任务7.9　思考与练习 ………………………………………………… 153

## 项目8　轴承座零件加工 ……………………………………………… 155

任务8.1　任务书 ……………………………………………………… 155

8.1.1　任务要求 ……………………………………………………… 155

8.1.2　任务学时安排 …………………………………………………… 156

任务8.2　相关知识 …………………………………………………… 156

8.2.1　数控铣削加工特点 ……………………………………………… 156

8.2.2　数控铣削工艺处理 ……………………………………………… 158

8.2.3　加工中心常用指令 ……………………………………………… 164

8.2.4　刀具半径补偿 …………………………………………………… 167

任务8.3　工艺单 ……………………………………………………… 169

8.3.1　毛坯准备 ……………………………………………………… 169

8.3.2　工艺设计 ……………………………………………………… 169

任务8.4　刀具选择 …………………………………………………… 170

任务8.5　程序单 ……………………………………………………… 171

8.5.1　基点坐标计算 …………………………………………………… 171

8.5.2　程序编制 ……………………………………………………… 172

任务8.6　加工仿真 …………………………………………………… 174

8.6.1　机床与系统选择 ………………………………………………… 174

8.6.2　毛坯定义 ……………………………………………………… 174

8.6.3　夹具定义 ……………………………………………………… 175

8.6.4　安装零件 ……………………………………………………… 175

8.6.5　选择刀具 ……………………………………………………… 175

8.6.6　选择基准工具 …………………………………………………… 176

8.6.7　加工坐标系设置 ………………………………………………… 176

8.6.8　半径补偿设置 …………………………………………………… 176

8.6.9　仿真加工 ………………………………………………………………… 176

8.6.10　加工结果 ………………………………………………………………… 177

任务8.7　数控加工 ………………………………………………………………… 178

8.7.1　加工中心基本操作 ………………………………………………………… 178

8.7.2　数控加工程序的输入与编辑练习 ………………………………………… 178

8.7.3　试切与零件加工检验 ……………………………………………………… 178

任务8.8　项目总结 ………………………………………………………………… 179

任务8.9　思考与练习 ……………………………………………………………… 179

## 项目9　异形槽板加工 …………………………………………………………… 181

任务9.1　任务书 …………………………………………………………………… 181

9.1.1　任务要求 …………………………………………………………………… 181

9.1.2　任务学时安排 ……………………………………………………………… 182

任务9.2　相关知识 ………………………………………………………………… 182

9.2.1　加工中心工艺处理 ………………………………………………………… 182

9.2.2　加工中心常用指令 ………………………………………………………… 185

9.2.3　刀具长度补偿 ……………………………………………………………… 187

任务9.3　工艺单 …………………………………………………………………… 189

9.3.1　毛坯准备 …………………………………………………………………… 189

9.3.2　工艺设计 …………………………………………………………………… 189

任务9.4　刀具选择 ………………………………………………………………… 189

任务9.5　程序单 …………………………………………………………………… 190

9.5.1　基点坐标计算 ……………………………………………………………… 190

9.5.2　程序编制 …………………………………………………………………… 192

任务9.6　加工仿真 ………………………………………………………………… 196

9.6.1　机床与系统选择 …………………………………………………………… 196

9.6.2　毛坯定义 …………………………………………………………………… 196

9.6.3　夹具定义 …………………………………………………………………… 196

9.6.4　安装零件 …………………………………………………………………… 196

9.6.5　选择刀具 …………………………………………………………………… 197

9.6.6　选择基准工具 ……………………………………………………………… 197

9.6.7　加工坐标系设置 …………………………………………………………… 197

9.6.8　半径补偿和长度补偿设置 ………………………………………………… 198

9.6.9　仿真加工 …………………………………………………………………… 198

9.6.10　加工结果 ………………………………………………………………… 198

任务9.7　数控加工 ………………………………………………………………… 199

9.7.1　加工中心基本操作 ………………………………………………………… 199

9.7.2　数控加工程序的输入与编辑练习 ………………………………………… 199

9.7.3　试切与零件加工检验 ……………………………………………………… 199

任务9.8　项目总结 ………………………………………………………………… 200

任务 9.9　思考与练习 …………………………………………………………… 200

## 项目 10　壁板零件加工 ……………………………………………………………… 202

### 任务 10.1　任务书 …………………………………………………………………… 202
10.1.1　任务要求 ……………………………………………………………… 202
10.1.2　任务学时安排 ………………………………………………………… 203

### 任务 10.2　相关知识 ………………………………………………………………… 203
10.2.1　FANUC 系统固定循环功能 ………………………………………… 203
10.2.2　FANUC 系统常用的固定循环指令 ………………………………… 205
10.2.3　子程序的嵌套 ………………………………………………………… 208

### 任务 10.3　工艺单 …………………………………………………………………… 210
10.3.1　毛坯准备 ……………………………………………………………… 210
10.3.2　工艺设计 ……………………………………………………………… 210

### 任务 10.4　刀具选择 ………………………………………………………………… 211

### 任务 10.5　程序单 …………………………………………………………………… 211
10.5.1　基点坐标计算 ………………………………………………………… 211
10.5.2　程序编制 ……………………………………………………………… 212

### 任务 10.6　加工仿真 ………………………………………………………………… 215
10.6.1　机床与系统选择 ……………………………………………………… 215
10.6.2　毛坯定义 ……………………………………………………………… 215
10.6.3　夹具定义 ……………………………………………………………… 216
10.6.4　安装零件 ……………………………………………………………… 216
10.6.5　选择刀具 ……………………………………………………………… 216
10.6.6　选择基准工具 ………………………………………………………… 217
10.6.7　加工坐标系设置 ……………………………………………………… 217
10.6.8　半径补偿和长度补偿设置 …………………………………………… 217
10.6.9　仿真加工 ……………………………………………………………… 217
10.6.10　加工结果 ……………………………………………………………… 218

### 任务 10.7　数控加工 ………………………………………………………………… 218
10.7.1　加工中心基本操作 …………………………………………………… 218
10.7.2　数控加工程序的输入与编辑练习 …………………………………… 218
10.7.3　试切与零件加工检验 ………………………………………………… 219

### 任务 10.8　项目总结 ………………………………………………………………… 219

### 任务 10.9　思考与练习 ……………………………………………………………… 219

## 参考文献 ………………………………………………………………………………… 221

# 项目 1  典型传动轴加工

## 任务 1.1  任务书

传动轴是机械中重要的传动部件,如图 1.1 所示,已知材料为 45 号钢,毛坯尺寸为 $\phi40\ mm \times 220\ mm$,制定零件的加工工艺,编写零件的加工程序,在实训教学区进行实际加工。

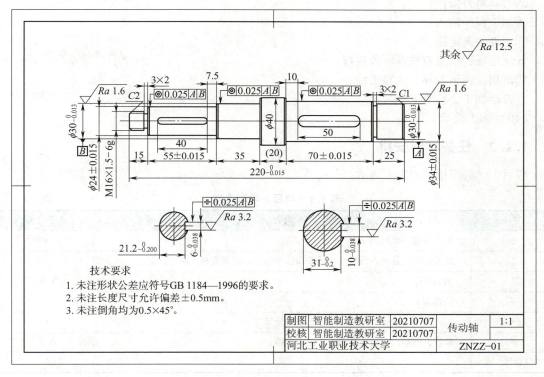

图 1.1  项目 1 零件图

### 1.1.1  任务要求

(1) 进行传动轴零件加工工艺分析。
(2) 确定定位、夹紧方式,选用刀具。
(3) 确定编程原点、编程坐标系、对刀位置及对刀方法。
(4) 确定运动方向、轨迹。
(5) 确定加工所用各种工艺参数。
(6) 进行数值计算。

（7）重点掌握 G00、G01、G90 指令，编制传动轴加工程序。

（8）掌握机床仿真操作加工步骤：

①启动机床，回参考点；

②刀具准备，包括刀片选择、刀柄选择、刀具安装与调整；

③刀具对刀操作；

④加工程序输入；

⑤工件装夹；

⑥试运行，空走刀或者单段运行；

⑦试切，调整刀补，检验工件；

⑧自动加工，检验工件。

（9）进行实际加工：

①启动机床，回参考点；

②刀具准备，包括刀具的选择、刀具安装与调整；

③刀具对刀操作；

④加工程序输入；

⑤工件装夹定位；

⑥试运行，空走刀或者单段运行；

⑦试切，调整刀补，检验工件；

⑧自动加工，检验工件。

（10）加工检验。

### 1.1.2　任务学时安排

项目 1 学时安排如表 1.1 所示。

表 1.1　项目 1 学时安排

| 序号 | 内容 | 学时 |
|---|---|---|
| 1 | 相关编程基础知识学习 | 2 |
| 2 | 任务说明，分组，明确设计任务和技术条件，查阅资料，制定方案 | 1.5 |
| 3 | 编制程序 |  |
| 4 | 仿真加工 |  |
| 5 | 实际加工 | 1 |
| 6 | 验收，答辩，提交任务报告，评定成绩 | 0.5 |
| 合计 | | 5 |

## 任务 1.2　相关知识

### 1.2.1　数控编程概述

#### 1. 数控加工的过程

在数控机床上加工零件时，首先对零件图进行工艺性分析，根据零件的形状、尺寸和技术要求等，确定加工方案、设计工序内容、编制工艺文件等。

对制定的加工过程进行数字化，即用数控系统所能识别的字符和数字将加工过程记录下来，也就是编制数控加工程序。

将编制好的数控加工程序输入数控机床的数控装置中，数控装置对程序进行译码、运算和逻辑处理后，以脉冲的形式对伺服机构和辅助控制装置发出各种动作指令。

伺服机构将来自数控装置的脉冲指令放大并转换成机床移动部件的运动，使刀具与工件及其他辅助控制装置严格地按照加工程序规定的顺序、轨迹和参数有条不紊地工作，从而加工出零件。

数控加工的具体过程如图 1.2 所示。

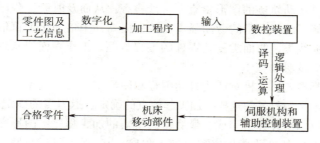

图 1.2　数控加工的具体过程

## 2. 数控编程的内容和步骤

数控编程的主要内容有：零件图的工艺分析、工艺方案的确定、数值计算、零件加工程序单的编写、程序的输入、程序校验与首件试切。

数控编程的步骤及具体说明如表 1.2 所示。

表 1.2　数控编程的步骤及具体说明

| 内容 | 说明 |
| --- | --- |
| 零件图的工艺分析、工艺方案的确定 | 根据零件图的形状精度、尺寸精度、位置精度及表面粗糙度等要求确定零件的加工方案，如加工方法的选择，加工顺序的安排，装夹方式的确定，切削刀具、切削参数、对刀点、换刀点的选择等 |
| 数值计算 | 为使数值计算更加方便，一般根据零件的几何特征建立一个工件坐标系，相对于该坐标系计算加工轨迹上各点的坐标值。对于形状比较简单的零件（直线和圆弧组成的零件）的加工来说，需要计算出几何元素的起点、终点、圆弧的圆心、两几何元素的交点或切点的坐标值 |
| 零件加工程序单的编写 | 根据数控装置规定的指令代码及程序段格式，编写零件加工程序单，填写有关的工艺文件，如数控加工工序卡、数控刀具卡、数控加工程序单等 |
| 程序的输入 | 通过键盘、光盘、磁盘等将程序输入机床的数控系统中 |
| 程序校验与首件试切 | 在数控仿真系统上仿真加工过程，空运行观察进给路线是否正确，为进一步检验被加工零件的加工精度，还要进行零件的首件试切 |

## 3. 数控编程的方法

数控编程可分为手工编程和自动编程两种方法。

### 1) 手工编程

手工编程是指利用一般的计算工具，通过各种数学方法，人工进行刀具运动轨迹的运算，并进行指令编制。这种编程方法不需要计算机、编程器、编程软件等辅助设备，只需有合格的编程人员即可完成。

手工编程方法的优点是比较简单，对机床操作人员来说比较容易掌握且适应性较大；缺点是编程要花费大量时间，一般来说手工编程所用的时间与数控机床加工该零件所用的时间之比大约是30:1，而且对形状比较复杂的零件，特别是具有空间曲面的零件来说，手工编程几乎是不可能实现的。手工编程方法特别适用于批量较大、形状简单、计算方便、轮廓由直线或圆弧组成的中等复杂程度零件的加工。

2）自动编程

自动编程也称为计算机辅助编程，是指用计算机编制数控加工程序的过程。自动编程的大部分或全部工作由计算机完成，如坐标值的计算、零件加工程序的编写等。自动编程方法还可以通过计算机进行刀具运动轨迹的图形检查、干涉检查，从而及时验证程序的正确性。自动编程的优点在于大大减轻了编程人员的劳动强度，效率提高几十倍乃至上百倍，同时解决了手工编程无法解决的许多曲线类、曲面类复杂零件的编程难题。工作表面形状越复杂，工艺过程越烦琐，自动编程的优势越明显。

自动编程的主要类型有：人机对话式自动编程和图形交互式自动编程。在人机对话式自动编程中，工件的图形定义、刀具的选择、加工起始点的确定、退刀点的确定、进给路线的选择、工艺指令的插入等都可以由计算机完成，最后得到所需的加工程序。图形交互式自动编程可以直接将零件的几何图形信息自动转化成数控加工程序。它以计算机辅助设计（Computer Aided Design，CAD）为基础，绘制零件的三维图形文件，然后调用计算机辅助制图（Computer Aided Mapping，CAM）数控编程命令，输入转速等加工参数，计算机可以自动进行数学处理并生成加工程序，同时在计算机屏幕上动态显示刀具的运动轨迹。其中图形交互式自动编程方法近年来应用越来越广泛。CAD/CAM软件主要有Mastercam、UG、Pro/E、CATIA、Cimatron、PowerMill、CAXA制造工程师等软件。

### 1.2.2 数控机床组成及分类

**1. 数控机床组成**

数控机床是典型的机电一体化产品，主要由程序载体、输入/输出装置、数控装置、伺服系统、反馈装置和机床本体等几部分组成，如图1.3所示。

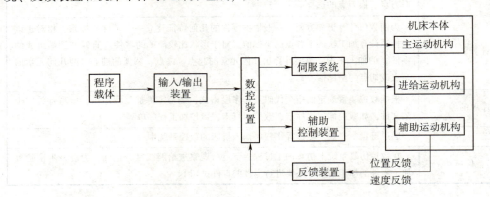

图1.3 数控机床的组成

1）程序载体

程序载体（也称程序介质、输入介质、信息载体控制介质）是人和数控机床联系的媒介物，可以是穿孔带，也可以是穿孔卡、磁带、磁盘、U盘或其他可以储存代码的载体，有些直接集成在CAD/CAM中，加工程序可以不需要任何载体，直接由个人计算机通过机床传输网线输入数控装置中。

2) 输入/输出装置

输入/输出装置是机床与外部设备的接口，主要有纸带阅读机、软盘驱动器、RS232C 串行通信口、媒体相关接口（Medium - dependent Interface，MDI）等。

3) 数控装置

数控装置是数控机床的中枢，在普通数控机床中一般由输入装置、存储器、控制器、运算器和输出装置组成。数控装置接收程序载体的信息，并将其代码加以识别、储存、运算，输出相应的指令脉冲以驱动伺服系统，进而控制机床动作。

4) 伺服系统

伺服系统的作用是把来自数控装置的脉冲信号转换成机床移动部件的运动，包括信号放大和驱动元件。其性能好坏直接决定加工精度、表面质量和生产率。

5) 反馈装置

反馈装置的作用是对机床的实际运动速度、方向、位移量及加工状态进行检测，将测量结果转化为电信号反馈给数控装置，通过比较，计算实际位置与指令位置之间的偏差，并发出纠正误差指令。

6) 机床本体

机床本体是数控机床的主体，由机床的基础大件（如床身、底座）和各运动部件（如工作台、床鞍、主轴等）所组成。

### 2. 数控机床分类及应用范围

1) 按工艺用途分类

与普通机床的分类相近，数控机床按照工艺用途可分为：数控车床、数控铣床、加工中心、数控钻床、数控镗床、数控齿轮加工机床、数控平面磨床、数控外圆磨床、数控轮廓磨床、数控工具磨床、数控坐标磨床、数控电火花加工机床、数控线切割机床、数控冲床、数控激光加工机床、数控超声波加工机床、其他（如三坐标测量机）等。

2) 按运动方式分类

（1）点位控制数控机床。点位控制是对点到点的空间位置进行精确控制，从而保证定位精度的一种方法，如图 1.4 所示。它的特点是仅能实现位置控制，即刀具相对于工件从一点到另一点的精确定位运动控制，对轨迹不作控制要求，运动过程中不进行任何加工。这种控制方法主要被应用于数控钻床、数控镗床、数控冲床和数控测量机等。

（2）直线控制数控机床。直线控制是控制刀具或机床工作台以给定速度，沿平行于某一坐标轴方向，由一个位置到另一个位置的精确运动的一种方法，如图 1.5 所示。它的特点是位置+速度+直线控制，即除点到点的准确位置外，还要保证两点之间移动的轨迹是直线，而且对移动的速度也要进行控制，以便适应随工艺因素变化的不同需要。这种控制方法主要应用于简易数控车床、数控镗铣床，一般有 2~3 个可控坐标轴，但同时控制的坐标轴只有一个。

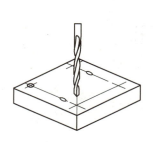

图 1.4 点位控制

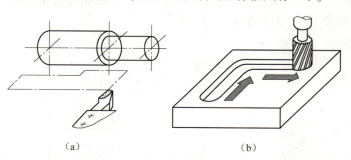

图 1.5 直线控制

（a）数控车床加工；（b）数控铣床加工

（3）轮廓控制数控机床，轮廓控制是通过控制几个进给轴同时协调运动（坐标联动），使工件相对于刀具按程序规定的轨迹和速度运动，在运动过程中进行连续切削加工的一种方法，如图1.6所示。它的特点是位置＋速度＋路线控制，即对两个或两个以上的坐标轴同时进行控制，不仅要控制机床移动部件的起点与终点坐标，而且要控制整个加工过程中每一点的速度、加工轨迹，从而加工出要求的轮廓。这种控制方法主要被应用在数控车床、数控铣床、加工中心等用于加工曲线和曲面的机床中。现代的数控机床基本上装备的是这种数控系统。

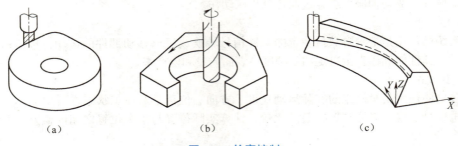

图1.6 轮廓控制

(a) 外轮廓加工；(b) 内轮廓加工；(c) 空间曲面轮廓加工

3) 按控制方式分类

（1）开环控制系统，开环控制系统如图1.7所示，开环控制是指无位置反馈的一种控制方法，执行机构一般为步进电机或电液伺服电机。它的优点是结构简单、控制方法简便、价格相对便宜；缺点是精度低。开环控制一般用在精度要求不高、功率要求不大的经济型数控机床上。

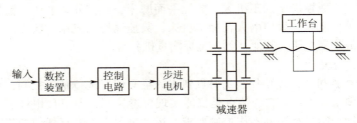

图1.7 开环控制系统

（2）半闭环控制系统，半闭环控制系统如图1.8所示，它是指在开环系统的丝杠上装有角位移测量装置（如感应同步器或光电编码器等），通过测量丝杠的转角从而间接地测量移动部件的位移，然后反馈到数控装置的比较器中，与输入原指令位移值进行比较，用比较后的差值进行控制，使移动部件补充位移，直到差值消除为止的控制系统。半闭环控制系统介于开环系统和闭环系统之间，它的优点是与开环系统相比精度较高，与闭环系统相比结构比较简单；缺点是避免不了丝杠间隙带来的误差。

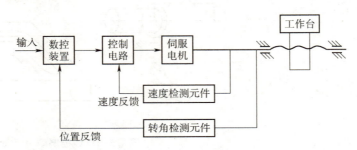

图1.8 半闭环控制系统

（3）闭环控制系统。闭环控制系统如图1.9所示，它是指在机床的移动部件上直接安装直线式位置检测装置，对移动部件的实际运动位置进行检测，再把实际测量结果反馈给数控装置，与数控装置输入的指令位移进行比较，用两者之间的偏差去控制移动部件的运动，从而实现精确定位的一种控制系统。它的优点是精度高；缺点是结构复杂，成本高。闭环控制主要用在精度要求高的精密数控机床上。

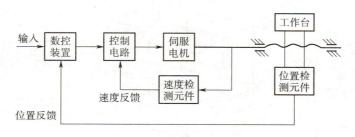

图1.9　闭环控制系统

## 1.2.3　数控机床坐标系

### 1. 机床坐标系

1）机床坐标系的定义

为了在数控机床上加工零件，机床需要根据数控系统发出的指令脉冲，按照一定的轨迹和速度进行运动。为了描述机床的具体运动方向和移动距离，就要在机床上建立一个参考坐标系，这个坐标系就叫作机床坐标系。机床坐标系是机床上固有的坐标系。

2）机床坐标系中的规定

数控机床的运动轴分为平动轴和转动轴，各轴的运动情况各不相同，有的是使刀具产生运动，有的则是使工件产生运动。在确定机床坐标系的方向时规定：假定刀具相对于静止的工件运动。

数控机床的坐标系采用右手笛卡儿坐标系，如图1.10所示。$X$、$Y$、$Z$表示机床的三个平动轴，大拇指的方向为$X$轴的正方向，食指指向$Y$轴的正方向，中指指向$Z$轴的正方向。$A$、$B$、$C$表示绕$X$、$Y$和$Z$轴的三个转动轴，其正向按右手螺旋定则确定。

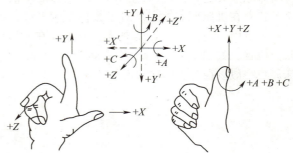

图1.10　右手笛卡儿坐标系

3）机床坐标系的方向

（1）$Z$坐标方向。通常把传递切削力的主轴定为$Z$轴。对于工件旋转的机床（如车床、磨床等），工件转动的轴为$Z$轴；对于刀具旋转的机床（如镗床、铣床、钻床等），刀具转动的轴为$Z$轴；对于工件和刀具都不旋转的机床（如刨床、插床等），无主轴，则$Z$轴垂直于工件装夹表面。$Z$轴的正方向取远离工件的方向。

（2）$X$坐标方向。$X$坐标一般为水平方向并垂直于$Z$轴。对于工件旋转的机床（如车床），$X$坐标方向规定在工件的径向上且平行于车床的横导轨，取刀具远离工件的方向为$X$轴的正方向；对于刀具旋转的机床，若$Z$轴为水平（如卧式铣床、卧式镗床）方向，从刀具主轴向工件看，右手方向为$X$轴正向；若$Z$轴为垂直（如立式铣床等）方向，从刀具主轴向立柱方向看，右手方向为 X 轴正向；对于工件和刀具都不旋转的机床，X 轴与主切削方向平行的切削运动方向为正向。

(3) Y 坐标方向，Y 坐标垂直于 X、Z 坐标轴并按照右手笛卡儿坐标系来确定。

在确定坐标系的各坐标轴时，总是先根据主轴来确定 Z 轴，再确定 X 轴，最后确定 Y 轴。一些常见机床的机床坐标系如图 1.11 所示。

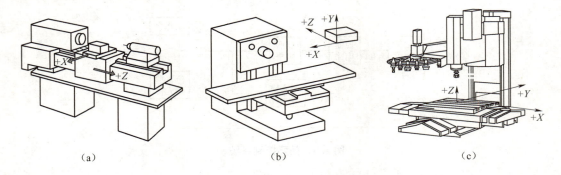

图 1.11 常见机床的机床坐标系

(a) 数控车床；(b) 卧式数控铣床；(c) 立式加工中心

### 2. 机床原点

机床原点也称机床零点，是机床制造商设置在机床上的一个物理位置，其作用是使机床与控制系统同步，建立测量机床运动坐标的起始点。机床原点的位置是通过机床上的一些基准线和基准面来确立的，在机床装配、调试时就已调整好，一般情况下不允许用户进行更改，因此是一个固定的点。

机床原点又是数控机床进行加工或位移的基准点，机床坐标系就建立在机床原点之上。对于数控车床来说，机床原点有的设在卡盘中心处，如图 1.12 所示，有的设在刀架位移的正向极限点位置，如图 1.13 所示；对于数控铣床和加工中心来说，机床原点一般设在各坐标轴的正向极限处，如图 1.14 所示。

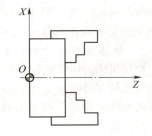

图 1.12 机床原点位于卡盘中心

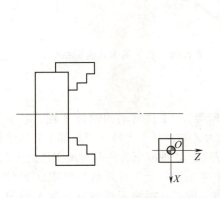

图 1.13 机床原点位于刀架位移的正向极限点位置

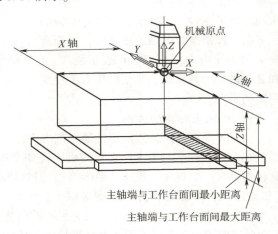

图 1.14 机床原点位于各坐标轴的正向极限处

### 3. 工件坐标系

当编制某一具体零件的数控加工程序时，为了保证加工精度和便于坐标值的计算，加工程序的坐标原点一般尽量与零件图的尺寸基准相一致。这种针对某一工件并根据零件图建立的坐标系称为工件坐标系。工件坐标系是利用机床数控系统的原点偏置功能，将机床坐标系偏移一定的距离之后建立的。

工件坐标系的原点称为工件原点。对于数控车床来说，工件坐标系的建立如图 1.15 所示。$X$ 向一般选在工件的回转中心，而 $Z$ 轴一般选在加工工件的右端面或左端面。对于数控铣床来说，工件原点一般选在工件的几何中心或垂直角点上，如图 1.16 所示。

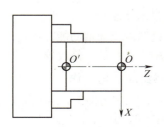
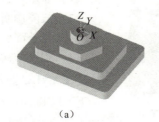
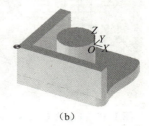

图 1.15　车床工件坐标系的建立　　　　图 1.16　铣床工件坐标系的建立

(a) 工件原点位于工件几何中心；(b) 工件原点位于工件垂直角点

## 1.2.4　数控系统

### 1. 典型数控系统

#### 1）FANUC 数控系统

FANUC 数控系统是由日本富士通公司研制开发的，该数控系统在我国得到了广泛的应用。在中国市场上，应用于数控机床的 FANUC 数控系统主要有 FANUC 0、FANUC 0i、FANUC 0i Mate、FANUC 0i Model F、FANUC 30i Model B 等系列。

#### 2）SIEMENS 数控系统

SIEMENS 数控系统由德国 SIEMENS 公司开发研制，该系统在我国的数控机床中也得到了广泛的应用。目前，在我国应用的 SIEMENS 数控系统主要有 SIEMENS 810D、SIEMENS 802D、SIEMENS 802S、SIEMENS 840D 等系列。

#### 3）国产数控系统

自 20 世纪 80 年代初期开始，我国数控系统生产和研制得到了飞速的发展，并逐步形成了以航天数控集团、机电集团、华中数控、蓝天数控等以生产普及型数控系统为主的国有企业。国产数控系统目前在经济型数控机床中运用较多，这类数控系统的共同特点是编程与操作方便、性价比高、维修方便。

#### 4）其他数控系统

除了以上三种数控系统，国内外还有许多数控系统，如德国的 Heidenhain 系统、西班牙的 FAGOR 数控系统、美国的 AB 数控系统、日本的大森数控系统、Mazak 系统及广州数控系统等。

### 2. 数控系统主要功能

数控系统是数控机床的核心，数控系统的主要功能包括：

(1) 多坐标控制（多轴联动）。

(2) 准备功能（G 功能）。

(3) 插补功能（直线插补、圆弧插补）。
(4) 代码转换。

(5) 固定循环加工。
(6) 进给功能（F 功能）。
(7) 主轴功能（S 功能）。
(8) 辅助功能。
(9) 刀具选择功能。
(10) 补偿功能（半径补偿、长度补偿）。
(11) 显示功能。
(12) 故障诊断与显示功能。
(13) 与外部设备的联网及通信功能。
(14) 程序的输入输出、存储、修改等。

## 3. FANUC 数控系统功能与操作

下面以 FANUC 0i Mate 系统为例，介绍系统功能。FANUC 0i Mate 数控车床面板如图 1.17 所示。

图 1.17 FANUC 0i Mate 数控车床面板

### 1）面板说明

FANUC 0i Mate 系统说明如表 1.3 所示。

表 1.3 FANUC 0i Mate 系统说明

| 按钮 | 名称 | 功能说明 |
|---|---|---|
|  | 进给倍率 | 调节进给倍率，调节范围为 0～150%。置光标于旋钮上，单击鼠标左键，旋钮逆时针转动；单击鼠标右键，旋钮顺时针转动 |
|  | 单段 | 当按下此按钮后，运行程序时每次执行一条数控指令 |
|  | 空运行 | 进入空运行模式 |
|  | 跳段 | 当按下此按钮时，程序中的"/"有效 |
|  | 机床锁住 | 机床锁住 |
|  | 尾架 | 暂不支持 |
|  | 回零 | 进入回零模式，机床必须首先执行回零操作，然后才可以运行 |
|  | 手轮倍率 | ×1、×10、×100 分别代表移动量为 0.001 mm、0.01 mm、0.1 mm |
|  | 轴选择 | 在手轮方式时按下表示手轮移动 $Z$ 轴，否则表示手轮移动 $X$ 轴 |
|  | 复位 | 机床复位 |
|  | 主轴倍率 | 每按一次 [减少] 主轴转速减少 10%，每按一次 [增加] 主轴转速增加 10%，按 [100%] 主轴转速恢复为 100% |
|  | 机床移动 | 手动方式下在 $-X/+X/-Z/+Z$ 方向移动机床 |
|  | 快速移动 | 手动方式下配合 $-X/+X/-Z/+Z$ 方向快速移动机床 |
|  | 自动 | 进入自动加工模式 |

10 ■ 数控机床编程技术

续表

| 按钮 | 名称 | 功能说明 |
|---|---|---|
| 编辑 | 编辑 | 进入编辑模式，用于直接通过操作面板输入数控程序和编辑程序 |
| MDI | MDI | 进入 MDI 模式，手动输入指令并执行 |
| JOG | JOG | 手动方式，连续移动 |
| 手摇 | 手摇 | 进入手轮方式 |
| 正转 停止 反转 | 主轴控制 | 主轴正转/停止/反转 |
| 循环 | 循环启动 | 程序运行开始，系统处于自动运行或"MDI"位置时按下有效，其余模式下使用无效 |
| | 停止运行 | 程序运行停止，在程序运行过程中，按下此按钮运行暂停，再按循环启动从头开始执行 |
| 系统启动 系统停止 | 系统开关 | 系统启动、系统停止 |
| | 紧急停止 | 紧急停止 |
| | 手轮 | 将光标移至此旋钮上后，通过单击鼠标的左键或右键来转动手轮 |

2）机床开机

单击操作面板上的控制系统开关按钮 ![], 使电源灯 ![] 变亮。

检查急停按钮是否松开至 ![] 状态，若未松开，单击急停按钮 ![], 将其松开。

3）机床回参考点

在工作方式处单击 ![] 按钮进入手动方式，再按下 ![] 按钮，按钮上的灯亮起，进入回零模式。

单击 ![] 按钮，此时 X 轴将回零，CRT 上的 X 坐标变为"600.000"；再单击 ![] 按钮，可以将 Z 轴回零，Z 坐标变为"1010.000"；此时原点指示灯亮起，如图 1.18 所示，CRT 坐标显示如图 1.19 所示。

图 1.18 原点指示灯

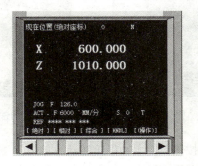

图 1.19 CRT 坐标显示

4）对刀操作

编制数控程序采用工件坐标系，对刀的过程就是建立工件坐标系与机床坐标系之间关系的

项目 1 典型传动轴加工 11

过程。

下面介绍数控车床对刀的方法。其中将工件右端面中心点设为工件坐标系原点。将工件上其他点设为工件坐标系原点的对刀方法与此类似。

（1）试切法设置 G54～G59。

试切法对刀是用所选的刀具试切零件的外圆和右端面，经过测量和计算得到零件端面中心点的坐标值。

以卡盘底面中心为机床坐标系原点。

在工作方式处单击 [JOG] 按钮进入手动方式，确保 [回零] 按钮没有被按下。单击 MDI 键盘的 [POS] 按钮，此时 CRT 上显示坐标值，利用 [-X] [+X] [-Z] [+Z] 按钮，将刀架移动到图 1.20 所示的大致位置（毛坯尺寸为 $\phi 50$ mm × 150 mm）。

单击 [正转] 按钮，使主轴转动，单击 [-Z] 按钮，用所选刀具切削工件外圆，如图 1.21 所示。单击 MDI 键盘上的 [POS] 按钮，使 CRT 上显示坐标值，如图 1.22 所示，读出 CRT 上显示的 MACHINE 的 $X$ 坐标（MACHINE 中显示的是相对于刀具参考点的坐标），记为 $X1$，显示数值为 259.394，如图 1.22 所示。

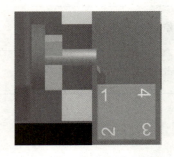 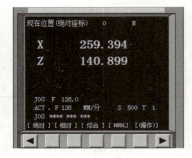

图 1.20　将刀架移动到毛坯附近　　图 1.21　试切法切削工件外圆　　图 1.22　$X$ 坐标显示

单击 [+Z] 按钮，将刀具退至图 1.23 所示的位置，单击 [-X] 按钮，切削工件右端面，如图 1.24 所示。读出 CRT 上显示的 MACHINE 的 $Z$ 坐标，记为 $Z1$，显示数值为 150.334，如图 1.25 所示。

 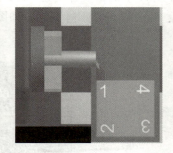 

图 1.23　退刀位置　　图 1.24　试切法切削工件右端面　　图 1.25　$Z$ 坐标显示

单击 [停止] 按钮，使主轴停止转动，单击"测量/坐标测量"菜单，如图 1.26 所示，单击试切外圆时所切削部位，选中的线段由红色变为橙色。记下右面对话框中对应的 $X$ 的值（即工件直径），当前位置坐标显示为 48.874。把坐标值 $X1$ 减去"测量"中读出的直径值，将 259.394 − 48.874 = 210.52 的结果记为 $X$210.52。

$(X, Z1)$ 即为工件坐标系原点在机床坐标系中的坐标值（210.52，150.334）。

单击 OFFSET SETTING 按钮，单击坐标系软键，将光标移动到 G54 处，输入坐标，如图 1.27 所示。然后执行 X50. Z10. 定位指令，刀具移动到图 1.28 所示的位置，此位置刀尖距离毛坯 X 方向为 0，Z 方向为 10 mm。

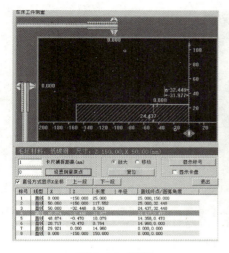

图 1.26  测量

图 1.27  G54 坐标输入

图 1.28  刀具位置

（2）设置刀具偏移值。

在数控车床操作中经常通过设置刀具偏移的方法对刀，但是在使用这个方法时不能使用 G54~G59 设置工件坐标系。G54~G59 的各个参数均设为 0。

设置刀具偏移的方法如下。

先用所选刀具切削工件外圆（毛坯尺寸为 φ50 mm×150 mm），然后保持 X 轴方向不移动，沿 Z 轴退出，如图 1.29 所示，再单击 停止 按钮，使主轴停止转动。单击"测量/坐标测量"菜单，得到试切后的工件直径，记为 X1，数值为 47.438，如图 1.30 所示。

单击 OFFSET SETTING 按钮，然后单击"形状"软键，进入形状补偿参数设定界面，将光标移到与刀位号相对应的位置后输入 X47.438，如图 1.31 所示，然后单击"测量"软键，系统计算出 X 轴长度补偿值后自动输入指定参数，如图 1.32 所示。试切工件端面，保持 Z 轴方向不移动，沿 X 轴退出，如图 1.33 所示。

图 1.29  沿 Z 轴退出

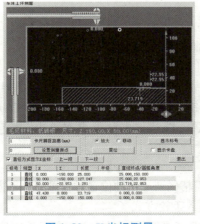

图 1.30  X 坐标测量

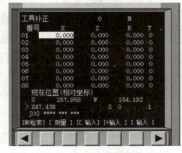

图 1.31  X 坐标输入

项目 1  典型传动轴加工  13

单击 [OFFSET SETTING] 按钮，然后单击"形状"软键，进入形状补偿参数设定界面，将光标移到与刀位号相对应的位置后输入 Z0，如图 1.34 所示，单击"测量"软键，系统计算出 Z 轴长度补偿值后自动输入指定参数，如图 1.35 所示。

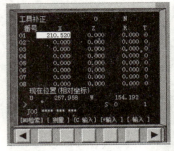

图 1.32　系统测量 X 值　　　　图 1.33　试切端面　　　　图 1.34　输入 Z0

（3）设置多把刀具偏移值。

车床的刀架上可以同时安装 4 把刀具，如图 1.36 所示。需要对每把刀进行对刀操作。采用试切法完成一号刀具对刀后，可通过换刀完成其他刀具的对刀。

选择 MDI 功能，输入 T0202，更换二号刀具，设置刀具偏移值。以此类推，完成其余刀具偏移值设置，如图 1.37 所示。

 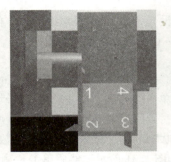 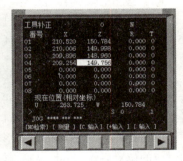

图 1.35　Z 值输入　　　　图 1.36　安装 4 把刀具　　　　图 1.37　4 把刀刀偏值设置

5）手动加工零件

（1）手动/连续方式。

①在工作方式处单击 [JOG] 按钮进入手动方式，确保 [回零] 按钮没有被按下。

②使用 [-X] [+X] [-Z] [+Z] 按钮可以快速准确地移动机床。

③单击 [正转] [停止] [反转] 按钮，控制主轴的转动、停止。

注：刀具切削零件时，主轴需转动。加工过程中刀具与零件发生非正常碰撞（非正常碰撞包括车刀的刀柄与零件发生碰撞，铣刀与夹具发生碰撞等）后，系统弹出警告对话框，同时主轴自动停止转动，调整到适当位置，继续加工时需再次单击 [正转] [停止] [反转] 中的按钮，使主轴重新转动。

（2）手动/手轮方式。

在手动/连续加工或在对刀，需精确调节主轴位置时，可用手轮方式调节。

①在工作方式处单击 [手轮] 按钮进入手轮方式。

②选择要移动的轴，按下 [轴选择] 表示手轮移动 Z 轴，否则表示手轮移动 X 轴。

③按下 [×1]、[×10] 或 [×100] 选择点动步长，×1、×10、×100 分别代表移动量为 0.001 mm、0.01 mm、

0.1 mm。

④旋转手轮 ⬤，精确调节机床。

⑤单击 ▦▦▦ 按钮，控制主轴的转动、停止。

**6）自动加工方式**

（1）自动/连续方式。

自动加工流程：

①检查机床是否回零，若未回零，则先将机床回零；

②导入数控程序或自行编写一段程序；

③单击 ▦ 按钮，进入自动加工模式；

④单击 ▦▦ 按钮中的 ■ 按钮，数控程序开始运行；

⑤中断运行，数控程序在运行过程中可根据需要停止、急停和重新运行。

数控程序在运行时，单击 ▦▦ 按钮中的 ■ 按钮，程序停止运行，再次单击按钮 ▦▦ 中的 ■ 按钮，程序重新运行。

数控程序在运行时，单击急停按钮 ⬤，数控程序中断运行；继续运行时，先将急停按钮松开，单击 ▦▦ 按钮中的 ■ 按钮，余下的数控程序从中断行开始作为一个独立的程序执行。

（2）自动/单段方式。

①检查机床是否回零。若未回零，则先将机床回零。

②导入数控程序或自行编写一段程序。

③单击 ▦ 按钮，进入自动加工模式。

④按下单段开关按钮 ▦，使按钮灯变亮 ▦。

⑤单击 ▦▦ 按钮中的 ■ 按钮，数控程序开始运行。

注：在自动/单段方式下执行每一行程序均需单击一次 ▦▦ 按钮中的 ■ 按钮。

⑥根据需要调节进给速度（F）调节旋钮 ⬤，来控制数控程序运行的进给速度，调节范围为 0~150%。按 ▦ 键，可使程序重置。

（3）检查运行轨迹。

①NC 程序导入后，可检查运行轨迹。

②单击 ▦ 按钮，进入自动加工模式，单击控制面板中 ▦ 命令，转入检查运行轨迹模式；再单击操作面板上 ▦▦ 按钮中的 ■ 按钮，即可观察数控程序的运行轨迹，此时也可通过"视图"菜单中的动态旋转、动态放缩、动态平移等方式对三维运行轨迹进行全方位的动态观察。

注：检查运行轨迹时，暂停运行、停止运行、单段执行等同样有效。

## 1.2.5　加工程序的结构与格式

### 1. 数控加工程序结构

一个完整的程序由程序号、程序内容和程序结束三部分组成，如下例所示。

```
O1234                                      程序号
N1 G90 G54 G00 X0 Y0 S1000 M03；⎫
N2 Z100.0；                         ⎪
N3 G41 X20.0 Y10.0 D01；            ⎪
N4 Z2.0；                           ⎪
N5 G01 Z－10.0 F100；               ⎪
N6 Y50.0 F200；                     ⎬  程序内容
N7 X50.0；                          ⎪
N8 Y20.0；                          ⎪
N9 X10.0；                          ⎪
N10 G00 Z100.0；                    ⎪
N11 G40 X0 Y0 M05；                 ⎭
N12 M30；                                   程序结束
```

**1）程序号**

每一个存储在零件存储器中的程序都需要指定一个程序号来加以区别，这种用于区别零件加工程序的代号称为程序号。程序号是加工程序的识别标记，以便在数控装置存储器的程序目录中查找、调用，同一机床中的程序号不能重复。

程序号写在程序的最前面，必须单独占有一行。

FANUC 系统的程序号由地址码和四位编号数字组成，如上例中的地址码 O 和 1234，需要指出的是，编码数字前的零可以省略不写，如 O0020 可以写成 O20。在 SIEMENS 数控系统中，程序号用%代替 O。

**2）程序内容**

程序内容是整个程序的主要部分，它由多个程序段组成，每个程序段由若干个字组成。每个字又由地址码和若干个数字组成，它代表机床的一个位置或一个动作。

**3）程序结束**

程序结束一般用辅助功能代码 M02 或 M30 来表示，它必须写在程序的最后且单独占一行。二者的区别在于执行 M02 指令时表示程序结束但光标不返回到程序起始位置，而执行 M03 指令时表示程序结束且光标返回到程序的起始位置。

**2. 数控加工程序段格式**

程序段格式由顺序号、准备功能、坐标字、进给功能、主轴功能、刀具功能等组成，具体格式形式及说明如表 1.4 所示。

**表 1.4　程序段格式形式及说明**

| 1 | 2 | 3 | 4 | 5 | 6 | 7 | 8 | 9 | 10 | 11 |
|---|---|---|---|---|---|---|---|---|---|---|
| N | G | XUQ | YVP | ZWR | IJKR | F | S | T | M | LF |
| 顺序号 | 准备功能 | 坐标字 | | | | 进给功能 | 主轴功能 | 刀具功能 | 辅助功能 | 结束符号 |
| 通常用四位数字前面加 N 来表示，如 N0001 | 由 G 和两位数字组成，如：G01 | 由坐标地址符和数字组成，且按一定的顺序进行排列，各坐标地址符排列顺序如下：X、Y、Z、U、V、W、Q、R、A、B、C、D、E。数字的格式和含义如下：X50 表示沿 X 轴移动 50 mm | | | | 由 F 和四位数字组成，数字表示进给速度，单位为 mm/min 或 mm/r | 由 S 和若干位数字组成，数字表示主轴转速，单位为 r/min | 由 T 和数字组成，用来指定刀号 | 由 M 和两位数字组成 | 表示程序结束 |

16　数控机床编程技术

### 1.2.6 数控车编程常用指令

不同的数控系统，其编程指令有所不同，这里以 FANUC 0i Mate 系统为例介绍数控车床的基本编程指令。

#### 1. F、S、T 功能

**1）进给功能（F 功能）**

（1）每分钟进给模式（G98）。

编程格式：G98 F_;

其中，F 后面的数字表示的是主轴每分钟进给量，单位为 mm/min。G98 位模态指令，在程序中指定后一直有效，直到程序段中出现 G99 指令来取消它。另外，98 位模态指令是系统默认指令。

（2）每转进给模式（G99）。

编程格式：G99 F_;

其中，F 后面的数字表示的是主轴每转进给量，单位为 mm/r。G99 位模态指令，在程序中指定后一直有效，直到程序段中出现 G98 指令来取消它。

**2）主轴转速功能（S 功能）**

S 功能指令用于控制主轴转速。

编程格式：S_;

其中，S 后面的数字表示主轴转速，单位为 r/min。

**3）刀具功能（T 功能）**

T 功能指令用于选择加工所用刀具。

编程格式：T××（T××××）;

其中，T 后面的两位数表示所选择的刀具号。当 T 后面为四位数字时，前两位数字是刀具号，后两位是刀具补偿号。

例：T0303 表示选用 3 号刀及 3 号刀具补偿值。

该指令主要用于设置刀具几何位置补偿值来确定工件坐标系。在使用时注意：

（1）刀具号与刀架上的刀位号一致。

（2）刀具号和刀具补偿号可以不相同，如 T0103，此时 T01 号刀的刀具补偿值必须写在 3 号刀补位置上。

T××00 为取消刀具补偿，T0300 表示取消 3 号刀位的刀补。

#### 2. 基本移动指令（G00、G01）

**1）快速定位指令（G00）**

该指令的功能是要求刀具以点为控制方式从刀具所在位置用最快的速度移动到指定位置。

编程格式：G00 X(U)_ Z(W)_;

其中，X(U)、Z(W) 为目标点坐标值。

必须注意的是：

（1）执行该指令时，刀具以机床规定的进给速度从所在点以点位控制方式移动到目标，移动速度不能由程序指令设定，它的速度已由生产厂家预先调定。若编程时设定了进给速度 F，则 G00 程序段无效。

（2）G00 为模态指令，只有遇到同组指令时才会被取替。

（3）X、Z 后面是绝对坐标值，U、W 后面是增量坐标值。

（4）常见的 G00 轨迹如图 1.38 所示，从 $A$ 到 $B$ 有直线 $AB$、折线 $ACB$、折线 $ADB$ 和折线

项目 1 典型传动轴加工 ◣ 17

AEB 四种方式，采用哪条路径取决于各个坐标轴的脉冲当量。因此，在使用 G00 指令时要注意刀具是否和工件及夹具发生干涉，如果忽略这一点，就容易发生碰撞，而在快速状态下的碰撞就更加危险。

如图 1.39 所示，要实现从起点 A 快速移动到目标点 C，其绝对值编程方式为

G00 X141.2  Z98.1;

其增量编程方式为

G00 U91.8  W73.4;

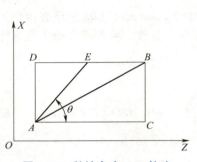

图 1.38  数控车床 G00 轨迹

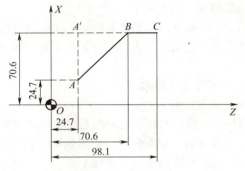

图 1.39  G00 编程

### 2) 直线插补（G01）

该指令是使刀具以给定的速度，从所在点出发，直线移动到目标点。

编程格式：G01 X(U)_  Z(W)_  F_;

其中，X(U)、Z(W) 为目标点坐标，F 为进给速度。

必须注意的是：

（1）G01 指令是模态指令，必须由同组指令来取消。

（2）G01 指令进给速度由模态指令 F 决定。如果在 G01 程序段之前的程序段中没有 F 指令，而当前的 G01 程序段中也没有 F 指令，则机床不运动。因此，为保险起见，G01 程序段中必须含有 F 指令。

（3）G01 指令前若出现 G00 指令，而该程序段中未出现 F 指令，则 G01 指令的移动速度按照 G00 指令的速度执行。

**例 1.1**  加工图 1.40 所示的零件，选右端面 O 点为编程原点。加工程序如表 1.5 所示。

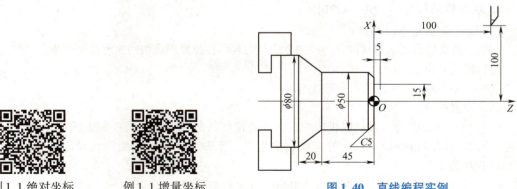

例 1.1 绝对坐标            例 1.1 增量坐标            图 1.40  直线编程实例

18  数控机床编程技术

表 1.5　直线编程实例的加工程序

| 绝对值编程 | 增量值编程 |
|---|---|
| O1001 | O1002 |
| N010 T0101; | N010 T0101; |
| N020 S800 M03; | N020 S800 M03; |
| N030 G00 X200.0 Z100.0; | N030 G00 X200.0 Z100.0; |
| N040 X30.0 Z5.0; | N040 U－170.0 W－95.0; |
| N050 G01 X50.0 Z－5.0 F0.3; | N050 G01 U20.0 W－10.0 F0.3; |
| N060 Z－45.0; | N060 W－40.0; |
| N070 X80.0 Z－65.0; | N070 U30.0 W－20.0; |
| N080 G00 X100.0; | N080 G00 U20.0; |
| N090 Z5.0; | N090 G00 W70.0; |
| N100 X200.0 Z100.0 ; | N100 G00 X200.0 Z100.0 ; |
| N110 M05; | N110 M05; |
| N120 M30; | N120 M30; |

### 3. 数控车床 M 指令

辅助功能 M 指令用于控制机床或系统的辅助功能动作及其状态，如冷却泵的开、关，主轴的正反转，程序结束等。辅助功能 M 指令由地址字符 M 后接两位数字组成，包含 M00 ~ M99 共 100 个，下面介绍几个常用的 M 指令。

（1）程序停止指令（M00），执行 M00 指令后，自动运行停止，机床所有动作均被切断，以便进行某种手动操作。在按下控制面板的启动按钮后，才能重新启动机床，继续执行下一段程序段。

该指令主要用于工件在加工过程中停机检查、测量零件、手工换刀或交换班等。

（2）选择性停止指令（M01），M01 指令与 M00 相似，不同的是只有按下控制面板上的"选择性停止"按钮时，M01 指令才能起作用。该指令主要用于加工工件抽样检查、清理切屑等。

（3）程序结束指令（M02），执行 M02 指令后，表示程序已全部结束，此时主轴停转、切削也关闭、数控系统和机床复位。但程序结束后，不返回到程序头的位置。

（4）程序结束并返回到零件程序头（M30），M30 与 M02 功能基本相同，只是 M30 指令还兼有控制返回到零件程序头（O）的作用。

（5）主轴正转、反转、停转指令（M03、M04、M05），M03 指令控制主轴正转，即使主轴按逆时针方向旋转。M04 指令控制主轴反转，即使主轴按顺时针方向旋转。M05 控制主轴停转。

（6）冷却液开关指令（M07、M08、M09），M07、M08、M09 用于控制冷却装置的启动和关闭。M07 指令控制雾状切削液打开。M08 指令控制液态切削液打开。M09 指令控制切削液关闭。

### 4. 圆柱面切削循环指令（G90）

G90 指令用于车削内、外圆柱面（圆锥面）和内孔（内锥面）自动固定循环。用于毛坯余量较大的粗加工，以去除大部分毛坯。

车削内、外圆柱面时的指令格式：G90 X(U)＿ Z(W)＿ F＿;

切削圆柱表面固定循环如图 1.41 所示，图 1.41 中，R 表示快速移动，F 表示进给运动，加工顺序按 1—2—3—4 进行。其中，$X$、$Z$ 表示车削循环进给路线的终点坐标，$U$、$W$ 表示增量坐标，在增量编程中，地址 U 和 W 后面数值的符号取决于轨迹 1 和轨迹 2 的方向，与坐标轴方向

项目 1　典型传动轴加工　19

相同，取正号；反之，取负号。在图 1.39 中，U 和 W 后的数值取负号。

**例 1.2**　加工图 1.42 所示的零件，毛坯为 φ70 mm 的棒料，加工轴段为 φ30 mm，加工余量较大，因此，在精车前，必须将大部分余量去除。为此，使用 G90 指令编写粗车程序，每次 X 向的背吃刀量为 5 mm，留 5 mm 余量用于半精加工和精加工，粗车程序编写如表 1.6 所示。

例 1.2 仿真加工

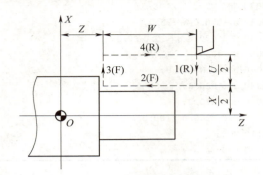

图 1.41　G90 车削圆柱表面固定循环

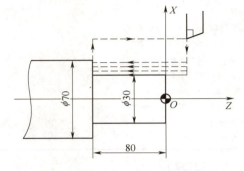

图 1.42　G90 车削圆柱面编程实例

表 1.6　例 1.2 粗车程序

```
O1003
N10 T0101;
N20 M03 S500;
N30 G00 X71.0 Z1.0;
N40 G90 X60.0 Z-80.0 F0.3;
N50 X50.0;
N60 X40.0;
N70 X30.0;
N80 G00 X65.0 Z100.0;
N90 M05;
N100 M30;
```

用 G90 指令车削圆锥面时的指令格式：G90 X(U)_ Z(W)_ R_ F_;

其中，X(U)、Z(W) 表示车削循环进给路线的终点坐标，R 为锥体大端和小端的半径差。若工件锥面起点坐标大于终点坐标，R 后的数值符号取正，反之取负，该值在此处采用半径编程。

切削过程如图 1.43 所示。

**例 1.3**　加工图 1.44 所示的零件，毛坯如图 1.44 中所示，加工锥面的大端直径为 φ20 mm，加工余量较大，为此，使用 G90 指令编写粗车程序，每次 X 向的背吃刀量为 5 mm，粗车程序编写如表 1.7 所示。

例 1.3 仿真加工

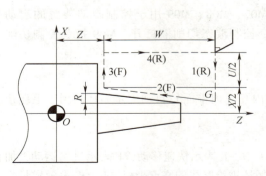

图 1.43　G90 车削圆锥表面固定循环

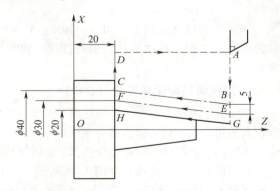

图 1.44　G90 车削圆锥面编程实例

表1.7 例1.3 粗车程序

| | |
|---|---|
| O1004 | N60 X20.0; |
| N10 T0101; | N70 G00 X65.0 Z100.0; |
| N20 M03 S500; | N80 M05; |
| N30 G00 X51.0 Z1.0; | N90 M30; |
| N40 G90 X40.0 Z-30.0 R-5.0 F0.3; | |
| N50 X30.0; | |

## 任务1.3 工艺单

### 1.3.1 毛坯准备

45钢，$\phi$50 mm×220 mm。下料，平端面，做工艺基准面，钻中心孔。采用左端夹紧、右端顶尖支撑方式加工。

### 1.3.2 工艺设计

项目1工艺表如表1.8所示。

表1.8 项目1工艺表

| 单位名称 | 河北工业职业技术大学 | 产品名称或代号 | | 零件名称 | | 零件图号 |
|---|---|---|---|---|---|---|
| | | 项目1 典型传动轴 | | 任务1 传动轴 | | ZNZZ-01 |
| 工序号 | 程序编号 | 夹具名称 | 使用设备 | 数控系统 | | 场地 |
| 001 | O0001 | 自定心卡盘 | CK6150 | FANUC 0i Mate TC | | 理实一体化教室 |
| 工序号 | 工序内容 | 刀具号 | 刀具名称 | 主轴转速 $n$ /($r\cdot min^{-1}$) | 进给量 $f$ /($mm\cdot r^{-1}$) | 背吃刀量 $a_p$/mm | 备注（程序名） |
| 1 | 粗车外圆 | T0101 | 93°外圆车刀 | 600 | 0.3 | 1 | O0001 |
| 2 | 精车外圆 | T0101 | 93°外圆车刀 | 800 | 0.1 | 0.3 | O0001 |
| 3 | 切槽 | T0202 | 切槽刀 | 500 | 0.3 | | O0001 |
| 4 | 粗车外圆 | T0303 | 93°外圆车刀 | 600 | 0.3 | 1 | O0002 |
| 5 | 精车外圆 | T0303 | 93°外圆车刀 | 800 | 0.1 | 0.3 | O0002 |
| 6 | 切槽 | T0202 | 切槽刀 | 500 | 0.3 | | O0002 |
| 7 | 切螺纹 | T0404 | 60°外螺纹刀 | 800 | 1.5 | | O0002 |
| 编制 | | 审核 | 智能制造教研室 | 批准 | 智能制造教研室 | 共1页 | 第1页 |

## 任务1.4 刀具表

项目1刀具表如表1.9所示。

表 1.9　项目 1 刀具表

| 产品名称或代号 | | 数控编程与零件加工实训件 | 零件名称 | 任务 1 传动轴 | 零件图号 | ZNZZ-01 |
|---|---|---|---|---|---|---|
| 序号 | 刀具号 | 刀具名称 | 数量 | 过渡表面 | 刀尖半径 R/mm | 备注 |
| 1 | T01 | 93°外圆车刀 | 1 | 左侧轮廓 | 0.2 | |
| 2 | T02 | 3 mm 切槽刀 | 1 | 3 mm 槽 | 0 | |
| 3 | T03 | 93°外圆车刀 | 1 | 右侧轮廓 | 0.2 | |
| 4 | T04 | 60°外螺纹刀 | 1 | 切螺纹 | 0 | |
| 编制 | | 审核 | 智能制造教研室 | 批准 | 智能制造教研室 | 共 1 页　第 1 页 |

## 任务 1.5　程序单

### 1.5.1　基点坐标计算

根据被加工的零件图，按照加工工艺路线，对零件图形进行数学处理，计算零件所需加工部分的轮廓坐标，是编程前的一个关键性的环节。一个零件的轮廓复杂多样，但大多是由许多不同的几何元素组成的，如直线、圆弧、二次曲线及列表点曲线等。各几何元素之间的交点或切点称为基点，如两直线间的交点，直线与圆弧或圆弧与圆弧间的交点或切点，圆弧与二次曲线的交点或切点等。

首先计算传动轴零件右端基点，如图 1.45 所示，右端基点坐标如表 1.10 所示。

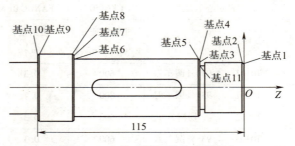

图 1.45　传动轴零件右端基点

表 1.10　右端基点坐标

| 基点 | 坐标 | 基点 | 坐标 |
|---|---|---|---|
| 1 | X28　Z0 | 7 | X39　Z-95 |
| 2 | X30　Z-1 | 8 | X40　Z-95.5 |
| 3 | X30　Z-25 | 9 | X40　Z-104.5 |
| 4 | X33　Z-25 | 10 | X40　Z-106 |
| 5 | X34　Z-25.5 | 11 | X26　Z-25 |
| 6 | X34　Z-95 | 12 | |

传动轴左端螺纹端基点如图 1.46 所示，左端螺纹端基点坐标如表 1.11 所示。

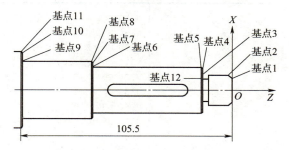

图 1.46 传动轴左端螺纹端基点

表 1.11 左端螺纹端基点坐标

| 基点 | 坐标 | 基点 | 坐标 |
| --- | --- | --- | --- |
| 1 | X12　Z0 | 7 | X29　Z-70 |
| 2 | X15.85　Z-2 | 8 | X30　Z-70.5 |
| 3 | X15.85　Z-15 | 9 | X30　Z-105 |
| 4 | X23　Z-15 | 10 | X39　Z-105 |
| 5 | X24　Z-15.5 | 11 | X40　Z-105.5 |
| 6 | X24　Z-70 | 12 | X12　Z-15 |

## 1.5.2　程序编制

程序如表 1.12 和表 1.13 所示。

表 1.12　右端加工程序

```
O0001;（右端）
N10 T0101;
N20 M03 S600;
N30 G00 X51.0 Z1.0;
N40 G90 X48.0 Z-116.0 F0.3;
N50 X46.0;
N60 X44.0;
N65 X42.0;
N70 X40.6;
N80 G90 X38.0 Z-95.0 F0.3;
N90 X36.0;
N100 X34.6;
N110 G90 X32.0 Z-25.0 F0.3;
N120 X30.6;
N130 S800;
N140 G01 X28.0 Z0.0 F0.1;
N150 G01 X30.0 Z-1.0;
N160 G01 Z-25.0;
N170 G01 X33.0;
N180 G01 X34.0 Z-25.5;
N190 G01 Z-95.0;
N200 G01 X39.0;
N210 G01 X40.0 Z-95.5;
N220 G01 Z-116.0;
N230 G01 X51.0 F0.3;
N240 G00 X60.0;
N250 G00 Z100.0;
N260 T0202;
N270 S500;
N280 G00 X40.0;
N290 G00 Z-25.0;
N300 G00 X35.0;
N310 G01 X26.0;
N320 G00 X51.0;
N330 G00 Z100.0;
N340 M05;
N350 M30;
```

表 1.13　左端螺纹端加工程序

| | |
|---|---|
| O0002;（左侧螺纹端） | N280 G01 X29.0; |
| N10 T0303; | N290 G01 X30.0 Z-70.5; |
| N20 M03 S600; | N300 G01 Z-105.0; |
| N30 G00 X51.0 Z1.0; | N310 G01 X39.0; |
| N40 G90 X48.0 Z-105.0 F0.3; | N320 G01 X40.0 Z-105.5; |
| N50 X46.0; | N330 G00 X51.0; |
| N60 X44.0; | N340 G00 Z100.0; |
| N70 X42.0; | N350 S500; |
| N80 X40.0; | N360 T0202; |
| N90 X38.0; | N370 G00 X35; |
| N100 X36.0; | N380 G00 Z-15.0; |
| N110 X34.0; | N390 G01 X12.0 F0.1; |
| N120 X32.0; | N400 G04 X1.0; |
| N130 X30.6; | N410 G00 X51.0; |
| N140 G90 X28.0 Z-70.0; | N420 G00 Z100.0; |
| N150 X26.0; | N430 T0404 |
| N160 X24.6; | N440 S800; |
| N170 G90 X22.0 Z-15.0; | N450 G00 X16.0; |
| N180 X20.0; | N460 G00 Z5.0; |
| N190 X18.0; | N470 G92 X15.15 Z-12.0 F1.5; |
| N200 X16.6; | N480 X14.55; |
| N210 S800; | N490 X14.15; |
| N220 G01 X12.0 Z0.0 F0.1; | N500 X13.99; |
| N230 X15.95 Z-2.0; | N510 G00 X51.0; |
| N240 Z-15.0; | N520 G00 Z100.0; |
| N250 G01 X23.0; | N530 M05; |
| N260 G01 X24.0 Z-15.5; | N540 M30; |
| N270 G01 Z-70.0; | |

# 任务 1.6　仿真加工

## 1.6.1　选择机床和系统

打开宇龙仿真软件，选择"机床"→"选择机床"命令，机床类型选择数控车，系统选择 FANUC 0i Mate，如图 1.47 所示。

图 1.47　FANUC 0i Mate 数控系统

## 1.6.2 定义毛坯和安装零件毛坯

选择"零件"→"定义毛坯"命令,定义毛坯尺寸为 $\phi 50\ mm \times 220\ mm$,如图 1.48 所示。选择定义好的毛坯,单击"安装零件"按钮,如图 1.49 所示。

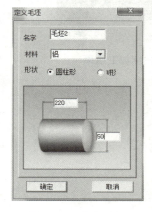

图 1.48　定义毛坯

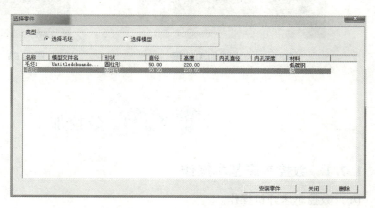

图 1.49　安装毛坯

## 1.6.3 选择和安装刀具

选择"机床"→"选择刀具"命令,在刀架上分别安装 4 把刀具,1 号刀为外圆刀具,2 号刀为切槽刀具,3 号刀为外圆刀具,4 号刀为螺纹刀具,如图 1.50 所示。

## 1.6.4 对刀操作

分别完成对刀操作,4 把刀具对刀数据如图 1.51 所示。

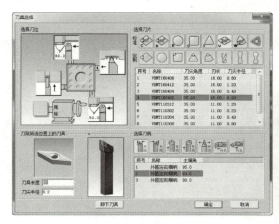

图 1.50　安装刀具

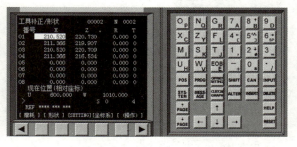

图 1.51　对刀操作

## 1.6.5 仿真加工

选择自动运行方式,执行程序 O0001,右侧加工结果如图 1.52 所示;执行程序 O0002,左侧加工结果如图 1.53 所示。

项目 1 仿真加工

项目 1　典型传动轴加工　25

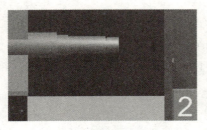 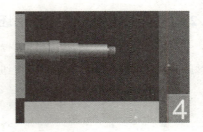

图 1.52  右侧加工结果　　　　　　　图 1.53  左侧加工结果

## 任务 1.7  数控加工

### 1.7.1  数控车床基本操作

（1）数控车床开机操作。
（2）数控车床回参考点操作。
（3）手动操作：
①JOG（手动）方式操作；
②手轮方式；
③主轴操作；
④手动换刀。
（4）数控车床关机操作。
关机过程一般为：急停关→操作面板电源关→机床电气柜电源关→总电源关。

### 1.7.2  数控系统的参数输入与调整练习

（1）机床坐标界面操作。
（2）程序管理操作：
①调出已有数控程序；
②删除一个数控程序；
③新建一个 NC 程序。
（3）数控车床系统程序编辑：
①移动光标；
②插入字符；
③删除输入域中的数据；
④删除字符；
⑤查找；
⑥替换。
（4）加工程序录入。
①空运行验证；
②使用 GRAPH 功能验证轨迹。

### 1.7.3  数控车刀安装与对刀操作练习

如图 1.54 所示，设定棒料 $Z$ 向距右端面中心处 5 mm 处为工件零点，在数控车床上安装工件，在刀架上安装刀具并对刀，最后验证对刀的正确性。

工具：数控机床、棒料、外圆车刀、卡尺或千分尺。

（1）工件的装夹。
（2）刀具的安装。
（3）对刀操作。

### 1.7.4 试切与零件加工检验

（1）自动运行加工右侧。
（2）自动运行加工左侧。
（3）使用游标卡尺测量直径。

传动轴加工结果如图 1.55 所示。

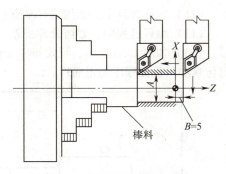

图 1.54 刀具安装与对刀操作

图 1.55 传动轴加工结果

项目 1 综合实训

项目 1 是数控编程的基本知识介绍，初学者应该多花一些时间认真学习。通过对典型传动轴的加工工艺的制定、刀具的选择、基点坐标的计算、程序的编制，掌握数控编程的方法和步骤，掌握基本指令 G90、G00、G01 的用法，对数控编程有整体的认识，同时掌握轴类零件的工艺设计方法；通过仿真加工操作，掌握 FANUC 0i Mate 系统操作、数控车床的基本操作；通过对典型传动轴的数控加工，掌握轴类零件毛坯的定位与装夹、刀具的安装与调整、对刀操作与加工坐标系设置、轴类零件的加工与质量检验，为后续的学习打下基础。

## 任务 1.9　思考与练习

（1）数控加工的过程如何？
（2）数控机床是由哪几个部分组成的？各部分的作用是什么？
（3）数控机床按工艺用途分为哪几种？
（4）数控机床按运动方式分类有哪些控制方式？
（5）什么是开环、闭环、半闭环数控机床？它们之间有什么区别？
（6）什么是机床坐标系？什么是工件坐标系？说明二者的区别与联系。
（7）一般来说，如何选择工件坐标系的原点？
（8）对于数控机床来说，常见的数控系统有哪些？
（9）如何采用试切法对刀？采用偏置法如何设置加工坐标系？
（10）轴类零件加工工艺如何制定？刀具如何选择？

（11）坐标计算中，如何选择基点？

（12）编程过程中，如何处理公差？加工结束后，如果同轴度超差，那么应该如何解决？

（13）如图1.56所示，设定棒料Z向距右端面中心处为工件编程原点，编写加工程序，通过仿真加工验证程序的正确性。

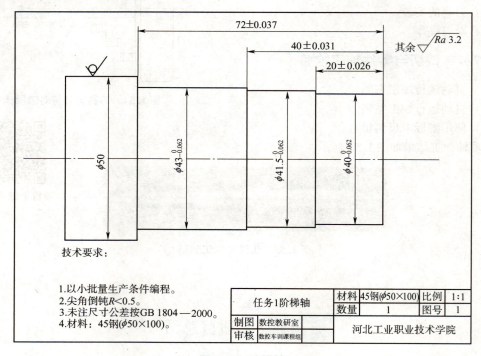

图1.56　阶梯轴

# 项目 2　法兰盘零件加工

## 任务 2.1　任务书

法兰盘是连接管道的重要部件，如图 2.1 所示，已知材料为 45 钢，毛坯尺寸为 $\phi 125$ mm × 45 mm，制定零件的加工工艺，编写零件的加工程序，在实训教学区进行实际加工。

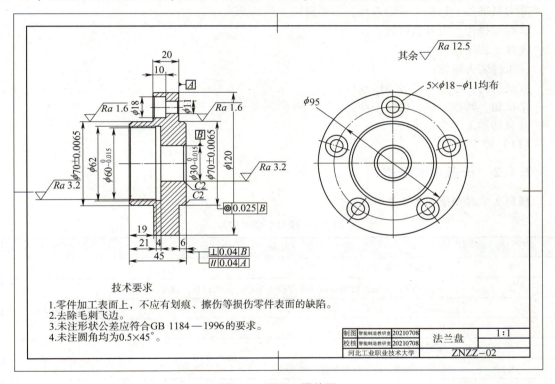

图 2.1　项目 2 零件图

### 2.1.1　任务要求

（1）进行法兰盘零件加工工艺分析。
（2）确定夹具、选用刀具。
（3）确定编程原点、编程坐标系、对刀位置及对刀方法。
（4）确定运动方向、轨迹。
（5）确定加工所用各种工艺参数。
（6）进行数值计算。

（7）编制加工程序。

（8）模拟加工、调试。

（9）掌握机床仿真操作加工步骤：

①启动机床，回参考点；

②刀具准备，包括刀柄的选择、刀片选择、刀具安装；

③刀具对刀；

④加工程序输入；

⑤工件装夹定位；

⑥试运行，空走刀或者单段运行；

⑦试切，调整刀补，检验工件；

⑧自动加工，检验工件。

（10）进行实际加工：

①启动机床，回参考点；

②刀具准备，包括刀柄的选择、刀片选择、刀具安装；

③对刀操作，刀具数据输入；

④加工程序输入；

⑤工件装夹定位；

⑥试运行，空走刀或者单段运行；

⑦试切，调整刀补，检验工件；

⑧自动加工，检验工件。

（11）加工检验。

### 2.1.2　任务学时安排

项目 2 学时安排如表 2.1 所示。

表 2.1　项目 2 学时安排

| 序号 | 内容 | 学时 |
|---|---|---|
| 1 | 相关编程基础知识学习 | 2 |
| 2 | 任务说明，分组，明确设计任务和技术条件，查阅资料，制定方案 | 1.5 |
| 3 | 编制程序 | |
| 4 | 仿真加工 | |
| 5 | 实际加工 | 1 |
| 6 | 验收，答辩，提交任务报告，评定成绩 | 0.5 |
| 合计 | | 5 |

任务 2.2　相关知识

### 2.2.1　数控加工工艺分析概述

#### 1. 数控加工工艺的概念

（1）数控加工工艺，是采用数控机床加工零件时所运用的各种方法和技术手段的总和，被应用于整个数控加工工艺过程中。数控加工工艺是伴随着数控机床的产生、发展而逐步完善起来的一种应用技术，它是人们大量数控加工实践的经验总结。

（2）数控加工工艺过程，是利用切削工具在数控机床上直接改变加工对象的形状、尺寸、表面位置、表面状态等，使其成为成品或半成品的过程。

### 2. 数控加工工艺和数控加工工艺过程的主要内容

（1）选择并确定进行数控加工的内容。

（2）对零件图样进行数控加工的工艺分析。

（3）零件图形的数学处理及编程尺寸设定值的确定。

（4）数控加工工艺方案的制定。

（5）工步、进给路线的确定。

（6）选择数控机床的类型。

（7）刀具、夹具、量具的选择和设计。

（8）切削参数的确定。

（9）加工程序的编写、校验与修改。

（10）首件试切加工与现场问题处理。

（11）数控加工工艺技术文件的定型与归档。

### 3. 数控加工工艺的特点

（1）数控加工工艺内容要求具体、详细。

（2）数控加工工艺要求更严密、精确。

（3）制定数控加工工艺要进行零件图形的数学处理和编程尺寸设定值的计算。

（4）制定数控加工工艺选择切削用量时要考虑进给速度对加工零件形状精度的影响。

（5）制定数控加工工艺时要特殊强调刀具选择的重要性。

（6）数控加工工艺的特殊要求。

（7）数控加工程序的编写、校验与修改是数控加工工艺的一项特殊内容。

### 4. 数控加工工艺与数控编程的关系

（1）将数控程序输入数控机床中，执行一个确定的加工任务的一系列指令，称为数控程序或零件程序。

（2）数控编程，即把零件的工艺过程、工艺参数及其他辅助动作，按动作顺序和数控机床规定的指令、格式，编成加工程序，再记录于程序载体（磁盘等）中，输入数控装置中，从而指挥机床加工并根据加工结果加以修正的过程。

（3）数控加工工艺与数控编程的关系：数控加工工艺分析与处理是数控编程的前提和依据，没有符合实际的、科学合理的数控加工工艺，就不可能有真正可行的数控加工程序。而数控编程就是将制定的数控加工工艺内容程序化。

## 2.2.2 数控加工工艺设计

编程人员在进行工艺分析时，要有机床说明书、编程手册、切削用量表、标准工具、夹具手册等资料，根据被加工工件的材料、轮廓形状、加工精度等选用合适的机床，制定加工方案，确定零件的加工顺序，各工序所用刀具、夹具和切削用量等。此外，编程人员应不断总结、积累工艺分析方面的实际经验，编写出高质量的数控加工程序。

### 1. 机床的合理选用

在数控机床上加工零件时，一般有两种情况。第一种情况：有零件图样和毛坯，要选择适合加工该零件的数控机床。第二种情况：已经有了数控机床，要选择适合在该机床上加工的零件。无论哪种情况，考虑的因素主要有：毛坯的材料和种类、零件轮廓形状复杂程度、尺寸大小、加工精度、零件数量、热处理要求等。概括起来有三点：

（1）要保证加工零件的技术要求，加工出合格的产品。

（2）有利于提高生产率。

（3）尽可能降低生产成本（加工费用）。

### 2. 数控加工零件工艺性分析

数控加工工艺性分析涉及面很广，在此仅从数控加工的可能性和方便性两方面加以分析。

#### 1）零件图样上尺寸数据的给出应符合编程方便的原则

（1）零件图上尺寸标注方法应适应数控加工的特点。在数控加工零件图上，应以同一基准引注尺寸或直接给出坐标尺寸。这种标注方法既便于编程，又便于尺寸之间的相互协调，在保持设计基准、工艺基准、检测基准与编程原点设置的一致性方面非常有利。零件设计人员一般在尺寸标注中较多地考虑装配等使用特性方面，不得不采用局部分散的标注方法，这样就会给工序安排与数控加工带来许多不便。由于数控加工精度和重复定位精度都很高，不会因产生较大的积累误差而破坏使用特性，因此可将局部的分散标注法改为同一基准引注尺寸或直接给出坐标尺寸的标注法。

（2）构成零件轮廓的几何元素的条件应充分，在手工编程时要计算基点或节点坐标。在自动编程时，要对构成零件轮廓的所有几何元素进行定义。因此在分析零件图时，要分析几何元素的给定条件是否充分。例如，圆弧与直线、圆弧与圆弧在图样上相切，但根据图上给出的尺寸，在计算相切条件时，变成了相交或相离状态，由于构成零件几何元素条件的不充分，在编程时无法下手。遇到这种情况，应与零件设计者协商解决。

#### 2）零件各加工部位的结构工艺性应符合数控加工的特点

（1）零件的内腔和外形最好采用统一的几何类型和尺寸，这样可以减少刀具规格和换刀次数，使编程方便，生产效益提高。

（2）内槽圆角的大小决定着刀具直径的大小，因而内槽圆角半径不应过小。零件工艺性的好坏与被加工轮廓的高低、转接圆弧半径的大小等有关。

（3）零件铣削底平面时，槽底圆角半径 $r$ 不应过大。

（4）应采用统一的基准定位。在数控加工中，若没有统一基准定位，会因工件的重新安装产生加工后的两个面上轮廓位置及尺寸不协调现象。因此要避免上述问题的产生，保证两次装夹加工后其相对位置的准确性，应采用统一的基准定位。

零件上最好有合适的孔作为定位基准孔，若没有，则要设置工艺孔作为定位基准孔（如在毛坯上增加工艺凸耳或在后续工序要铣去的余量上设置工艺孔）。若无法制出工艺孔，则至少也要用经过精加工的表面作为统一基准，以减少两次装夹产生的误差。

此外，还应分析零件所要求的加工精度、尺寸公差等是否可以得到保证，有无引起矛盾的多余尺寸或影响工序安排的封闭尺寸等。

### 3. 加工方法的选择与方案的确定

#### 1）加工方法的选择

加工方法的选择原则是保证加工表面的加工精度和表面粗糙度的要求。由于获得同一级精度及表面粗糙度的加工方法一般很多，因此在实际选择时，要结合零件的形状、尺寸大小和热处理要求等全面考虑。例如，对于公差等级 IT7 的孔采用镗削、铰削、磨削等加工方法均可达到精度要求，但箱体上的孔一般采用镗削或铰削，而不宜采用磨削。一般小尺寸的箱体孔选择铰孔，当孔径较大时应选择镗孔。此外，还应考虑生产率和经济性的要求，以及工厂的生产设备等实际情况。常用加工方法的经济加工精度及表面粗糙度可查阅有关工艺手册。

### 2）加工方案确定的原则

零件上比较精密表面的加工，常常是通过粗加工、半精加工和精加工逐步达到的。对这些表面仅仅根据质量要求选择相应的最终加工方法是不够的，还应正确地确定从毛坯到最终成形的加工方案。

确定加工方案时，首先应根据主要表面的精度和表面粗糙度的要求，初步确定为达到这些要求所需要的加工方法。例如，对于孔径不大的公差等级 IT7 的孔，最终加工方法取精铰时，在精铰孔前通常要经过钻孔、扩孔和粗铰孔等加工。

### 4. 工序与工步的划分

#### 1）工序的划分

在数控机床上加工零件，工序可以比较集中，在一次装夹中尽可能完成大部分或全部工序。首先应根据零件图样，考虑被加工零件是否可以在一台数控机床上完成整个零件的加工工作，若不能则应决定其中哪一部分在数控机床上加工，哪一部分在其他机床上加工，即对零件的加工工序进行划分。一般工序划分有以下几种方式：

（1）按零件装卡定位方式划分工序，由于每个零件结构形状不同，各加工表面的技术要求也有所不同，故加工时，其定位方式则各有差异。一般加工外形时，以内形定位；加工内形时又以外形定位。因而可根据定位方式的不同来划分工序。

（2）按粗、精加工划分工序，根据零件的加工精度、刚度和变形等因素来划分工序时，可按粗、精加工分开的原则来划分工序，即先粗加工再精加工。此时可用不同的机床或不同的刀具进行加工。通常在一次安装中，不允许将零件某一部分表面加工完毕后再加工零件的其他表面。应先切除整个零件的大部分余量，再将其表面精车一遍，以保证加工精度和表面粗糙度的要求。

（3）按所用刀具划分工序，为了减少换刀次数，压缩空程时间，减少不必要的定位误差，可按刀具集中工序的方法加工零件，即在一次装夹中，尽可能用同一把刀具加工出可能加工的所有部位，然后换另一把刀加工其他部位。在专用数控机床和加工中心中常采用这种方法。

#### 2）工步的划分

工步的划分主要从加工精度和效率两方面考虑。在一个工序内往往需要采用不同的刀具和切削用量，对不同的表面进行加工。为了便于分析和描述较复杂的工序，又把工序细分为工步。下面以加工中心为例来说明工步划分的原则：

（1）同一表面按粗加工、半精加工、精加工依次完成，或全部加工表面按先粗后精加工分开进行。

（2）对于既有铣面又有镗孔的零件，可先铣面后镗孔，使其有一段时间恢复，可减少由变形引起的对孔的精度的影响。

（3）按刀具划分工步。某些机床工作台回转时间比换刀时间短，可采用按刀具划分工步，以减少换刀次数，提高加工生产率。

总之，工序与工步的划分要根据具体零件的结构特点、技术要求等情况综合考虑。

### 5. 零件的安装与夹具的选择

#### 1）零件定位安装的基本原则

（1）力求设计、工艺与编程计算的基准统一。

（2）尽量减少装夹次数，尽可能在一次定位装夹后，加工出全部待加工表面。

（3）避免采用占机人工调整式加工方案，以充分发挥数控机床的效能。

项目 2　法兰盘零件加工　33

2）选择夹具的基本原则

根据数控加工的特点对夹具提出了两个基本要求：一是要保证夹具的坐标方向与机床的坐标方向相对固定；二是要协调零件和机床坐标系的尺寸关系。除此之外，还要考虑以下四点：

（1）当零件加工批量不大时，应尽量采用组合夹具、可调式夹具及其他通用夹具，以缩短生产准备时间、节省生产费用。

（2）在成批生产时才考虑采用专用夹具，并力求结构简单。

（3）零件的装卸要快速、方便、可靠，以缩短机床的停顿时间。

（4）夹具上各零部件应不妨碍机床对零件各表面的加工，即夹具要开敞其定位，夹紧机构元件不能影响加工中的进给（如产生碰撞等）。

### 6. 刀具选择与切削用量确定

1）刀具的选择

刀具的选择是数控加工工艺中的重要内容之一，它不仅影响机床的加工效率，而且直接影响加工质量。编程时，选择刀具通常要考虑机床的加工能力、工序内容、工件材料等因素。

与传统的加工方法相比，数控加工对刀具的要求更高。不仅要求精度高、刚度好、耐用度高，而且要求尺寸稳定、安装调整方便。这就要求采用新型优质材料制造数控加工刀具，并优选刀具参数。

选取刀具时，要使刀具的尺寸与被加工工件的表面尺寸和形状相适应。在生产中，平面零件周边轮廓的加工常采用立铣刀；铣削平面时，应选硬质合金刀片铣刀；加工凸台、凹槽时，选高速钢立铣刀；加工毛坯表面或粗加工孔时，可选镶硬质合金的玉米铣刀。选择立铣刀加工时，刀具的有关参数，推荐按经验数据选取。曲面加工常采用球头铣刀，但加工曲面较平坦部位时，刀具以球头顶端刃切削，切削条件较差，因而应采用环形刀。在单件或小批量生产中，为取代多坐标联动机床，常采用鼓形刀或锥形刀来加工飞机上一些变斜角零件。加镶齿盘铣刀，适用于在五坐标联动的数控机床上加工一些球面，其效率比用球头铣刀高近 10 倍，并可获得好的加工精度。

在加工中心上，各种刀具分别装在刀库上，按程序规定随时进行选刀和换刀工作，因此必须有一套连接普通刀具的接杆，以便使钻、镗、扩、铰、铣削等工序用的标准刀具，迅速、准确地装到机床主轴或刀库上。编程人员应了解机床上所用刀柄的结构尺寸及调整方法、调整范围，以便在编程时确定刀具的径向和轴向尺寸。目前我国的加工中心采用 TSG 工具系统，其柄部有直柄（3 种规格）和锥柄（4 种规格）两种，共包括 16 种不同用途的刀。

2）切削用量的确定

切削用量包括主轴转速（切削速度）、背吃刀量、进给量。对于不同的加工方法，需要选择不同的切削用量，并应编入程序单内。

合理选择切削用量的原则是，粗加工时，一般以提高生产率为主，但也应考虑经济性和加工成本；半精加工和精加工时，应在保证加工质量的前提下，兼顾切削效率、经济性和加工成本。具体数值应根据机床说明书、切削用量手册和经验而定。

### 7. 对刀点与换刀点的确定

在编程时，应正确地选择"对刀点"和"换刀点"的位置。"对刀点"就是在数控机床上加工零件时，刀具相对于工件运动的起点。由于程序段从该点开始执行，所以对刀点又称为"程序起点"或"起刀点"。

1）对刀点的选择

（1）便于用数字处理和简化程序编制。

（2）在机床上找正容易，在加工中便于检查。

（3）引起的加工误差小。

对刀点可选在工件上，也可选在工件外面（如选在夹具上或机床上），但必须与零件的定位基准有一定的尺寸关系。为了提高加工精度，对刀点应尽量选在零件的设计基准或工艺基准上，如以孔定位的工件，可选孔的中心作为对刀点。刀具的位置则以此孔来找正，使刀位点与对刀点重合。工厂常用的找正方法是将千分表装在机床主轴上，然后转动机床主轴，使刀位点与对刀点一致。一致性越好，对刀精度越高。所谓"刀位点"是代表刀具的基准点，如车刀、镗刀的刀尖；钻头的钻尖；立铣刀、面铣刀刀头底面的中心，球头铣刀的球头中心。

零件安装后工件坐标系与机床坐标系就有了确定的尺寸关系。对刀点既是程序的起点，也是程序的终点，因此在成批生产中要考虑对刀点的重复精度，该精度可用对刀点相距机床原点的坐标值（$X0$，$Y0$）来校核。

所谓"机床原点"是指机床上一个固定不变的极限点。例如，对车床而言，机床原点是指车床主轴回转中心与车床卡盘端面的交点。

### 2）换刀点选择

在加工过程中需要换刀时，应规定换刀点。所谓"换刀点"是指刀架转位换刀时的位置。该点可以是某一固定点（如加工中心机床，其换刀机械手的位置是固定的），也可以是任意的一点（如车床）。换刀点应设在工件或夹具的外部，以刀架转位时不碰工件及其他部件为准。其设定值可用实际测量方法或计算确定。

### 8. 加工路线的确定

在数控加工中，刀具刀位点相对于工件运动的轨迹称为加工路线。编程时，加工路线的确定原则主要有以下几点：

（1）加工路线应保证被加工零件的精度和表面粗糙度，且效率较高。

（2）使数值计算简单，以减少编程工作量。

（3）应使加工路线最短，这样既可减少程序段，又可减少空刀时间。

对点位控制的数控机床，只要求定位精度较高，定位过程尽可能快，而刀具相对工件的运动路线是无关紧要的，因此这类机床应按空程最短来安排进给路线。除此之外还要确定刀具轴向的运动尺寸，其大小主要由被加工零件的孔深来决定，但也应考虑一些辅助尺寸，如刀具的引入距离和超越量。

在数控机床上车螺纹时，沿螺距方向的 $Z$ 向进给应和机床主轴的旋转保持严格的速比关系，因此应避免在进给机构加速或减速过程中切削。为此要有引入距离 $\delta_1$ 和超越距离 $\delta_2$。$\delta_1$ 和 $\delta_2$ 的数值与机床拖动系统的动态特性有关，与螺纹的螺距和螺纹的精度有关，一般为 $2\sim5$ mm，对大螺距和高精度的螺纹取大值；一般取 1/4 左右。当螺纹收尾处没有退刀槽时，收尾处的形状与数控系统有关，一般按 45° 收尾。

铣削平面零件时，一般采用立铣刀侧刃进行切削。为减少接刀痕迹，保证零件表面质量，对刀具的切入和切出程序需要精心设计。铣削外表面轮廓时，铣刀的切入和切出点应沿零件轮廓曲线的延长线上切向切入和切出零件表面，而不应沿法向直接切入零件，以避免加工表面产生划痕，保证零件轮廓光滑。

铣削内轮廓表面时，切入和切出无法外延，这时铣刀可沿零件轮廓的法线方向切入和切出，并将其切入、切出点选在零件轮廓两几何元素的交点处。

加工过程中，在工件、刀具、夹具、机床系统平衡弹性变形的状态下，当进给停顿时，切削力减小，会改变系统的平衡状态，刀具会在进给停顿处的零件表面上留下划痕，因此在轮廓加工中应避免进给停顿。

铣削曲面时，常用球头刀采用"行切法"进行加工。所谓行切法是指刀具与零件轮廓的切点轨迹是一行一行的，而行间的距离是按零件加工精度的要求确定的。

### 2.2.3 数控加工工艺文件

编写数控加工专用技术文件是数控加工工艺设计的内容之一。这些专用技术文件既是数控加工、产品验收的依据，也是需要操作者遵守、执行的过程；有的则是加工程序的具体说明或附加说明，目的是让操作者更加明确程序的内容、定位装夹方式、各个加工部位所选的刀具及其他问题。

为加强技术文件管理，数控加工专用技术文件也应该走标准化、规范化的道路，但目前还有较大困难，只能先做到按部门或按单位局部统一。下面介绍几种常用数控加工专用技术文件，仅供读者参考。

#### 1. 数控加工工序卡

数控加工工序卡（之后简称工艺表）与普通加工工序卡有较大区别。数控加工一般采用工序集中，每个加工工序可划分为多个工步，工艺表不仅应包含每个工步的加工内容，还应包含其程序编号、刀具规格、刀具号、切削用量等内容。它不仅是编程人员编制程序时必须遵循的基本工艺文件，同时是指导操作人员进行数控机床操作和加工的主要资料。不同的数控机床，工艺表可采用不同的格式和内容。表 2.2 所示为加工工序卡的一种格式。

表 2.2　工艺表

| 单位名称 | 河北工业职业技术大学 | 产品名称或代号 | | 零件名称 | | 零件图号 |
|---|---|---|---|---|---|---|
| 工序号 | 程序编号 | 夹具名称 | 使用设备 | 数控系统 | | 场地 |
| | | | | | | |
| 工序号 | 工序内容 | 刀具号 | 刀具名称 | 主轴转速 $n$ / $(r \cdot min^{-1})$ | 进给量 $f$ / $(mm \cdot r^{-1})$ | 背吃刀量 $a_p$/mm | 备注（程序名） |
| | | | | | | | |
| | | | | | | | |
| | | | | | | | |
| | | | | | | | |
| | | | | | | | |
| | | | | | | | |
| | | | | | | | |
| | | | | | | | |
| 编制 | | 审核 | | 批准 | | 共 1 页 | 第 1 页 |

#### 2. 数控加工程序说明卡

实践证明，仅用加工程序单和工艺规程来进行加工还有许多不足之处。由于操作人员对程序的内容不清楚，不能完全理解编程人员的意图，经常需要编程人员在现场进行口头解释、说明与指导，这种做法在程序仅使用一两次就不用了的场合还是可以的。但是，若程序适用于长期批量生产，则编程人员很难到达现场。再者，如果编程人员临时不在现场或调离，已经熟悉的操作人员不在现场或调离，麻烦就更多了，弄不好会造成质量事故或长期停产。因此，对加工程序进行必要的详细说明是很有用的，特别是对那些需要长时间保存和使用的程序尤为重要。

根据应用实践，一般应对加工程序作出说明的主要有以下内容：

（1）所用数控设备型号及控制机型号。

（2）程序原点、对刀点及允许的对刀误差。

（3）工件相对于机床的坐标方向及位置（用简图表述）。

（4）镜像加工使用的对称轴。

（5）所用刀具的规格、图号及其在程序中对应的刀具号（如 D03 或 T0101 等），必须按实际刀具半径或长度加大或缩小补偿值的特殊要求（如用同一条程序、同一把刀具利用加大刀具半径补偿值进行粗加工），更换该刀具的程序段号等。

（6）整个程序加工内容的顺序安排（相当于工步内容说明与工步顺序），使操作人员明白先干什么后干什么。

（7）子程序说明。对程序中编入的子程序应说明其内容，使人明白每条子程序是干什么的。

（8）其他需要作特殊说明的问题，如需要在加工中更换夹紧点（挪动压板）的计划停车程序段号、中间测量用的计划停车程序段号、允许的最大刀具半径和长度补偿值等。

### 3. 数控加工进给路线图

在数控加工中，常常要注意防止刀具在运动中与夹具、工件等发生意外的碰撞，为此，必须设法告诉操作人员关于编程中的刀具运动路线（如从哪里下刀、在哪里抬刀、哪里是斜下刀等），使操作人员在加工前就了解并计划好夹紧位置及夹紧元件的高度，这样可以减少上述事故的发生。此外，对有些被加工零件，由于工艺性问题，必须在加工过程中挪动夹紧位置，也需要告诉操作人员在哪个程序段前挪动、夹紧点在零件的什么位置、更换到什么位置、需要在什么位置事先备好夹紧元件等，以防到时候手忙脚乱或出现安全问题。这些用程序说明卡或工序说明卡是难以说明或表达清楚的，如果用进给路线图加以附加说明效果就会更好。

为简化进给路线图，一般可以采用统一约定的符号来表示。不同机床可以采用不同图例与格式。

### 4. 数控加工刀具卡

数控加工刀具卡主要反映使用刀具的名称、编号、规格、长度和半径补偿值，以及所用刀柄的型号等内容，它是调刀人员准备和调整刀具、机床操作人员输入刀补参数的主要依据。表2.3所示为加工中心加工刀具卡的一种格式。

表2.3　数控加工刀具卡

| 产品名称<br>或代号 | | 数控编程与零件<br>加工实训件 | 零件名称 | | | 零件图号 | |
|---|---|---|---|---|---|---|---|
| 序号 | 刀具号 | 刀具名称 | 数量 | 过渡表面 | 刀尖半径 $R$/mm | 备注 | |
| 1 | | | | | | | |
| 2 | | | | | | | |
| 3 | | | | | | | |
| 4 | | | | | | | |
| 编制 | | 审核 | | 批准 | | 共 1 页 | 第 1 页 |

项目 2　法兰盘零件加工　37

### 5. 数控加工刀具调整图

数控加工刀具调整图要反映如下内容：

（1）本工序所需刀具的种类、形状、安装位置、预调尺寸和刀尖圆弧半径等，有时还包括刀补组号。

（2）刀位点。若以刀具尖点为刀位点，则刀具调整图中 X 向和 Z 向的预调尺寸终止线交点为该刀具的刀位点。

（3）工件的安装方式及待加工部位。

（4）工件的坐标原点。

（5）主要尺寸的程序设定值。

### 6. 数控加工专用技术文件的编写要求

（1）字迹工整、文字简练达意。

（2）加工图清晰、尺寸标注准确无误。

（3）应该说明的问题要全部说得清楚、正确。

（4）文图相符、文实相符，不能互相矛盾。

（5）当程序更改时，相应文件要同时更改，须办理更改手续的要及时办理。

（6）准备长期使用的程序和文件要统一编号，办理存档手续，建立借阅（借用）、更改、复制等管理制度。

## 2.2.4 数控车编程常用指令

### 1. 主轴最高转速限制（G50）

编程格式：G50 S_;

其中，S 后面的数字表示最高转速，单位为 r/min。

例：G50 S3000 表示最高转速为 3 000 r/min。

### 2. 恒线速控制（G96）

编程格式：G96 S_;

其中，S 后面的数字表示恒定的线速度，单位为 m/min。

例：G96 S150；表示切削点线速度控制为 150 m/min。

该指令用于车削端面或直径变化较大的场合。采用此功能，可保证当工件直径变化时主轴的线速度不变，从而保证切削速度不变，提高加工质量。

### 3. 恒线速取消（G97）

编程格式：G97 S_;

其中，S 后面的数字表示恒线速度控制取消后的主轴转速，如 S 未指定，将保留 G96 的最终值。

例 2.1 仿真加工

**例 2.1** 使用 G96 指令完成端面切削，加工程序如表 2.4 所示。

表 2.4 例 2.1 加工程序

| | |
|---|---|
| O2001; | N60 G01 Z -1.0 F0.3; |
| N10 T0101; | N70 G01 X12.0 F0.3; |
| N20 M03 S200; | N80 G00 Z5.0; |
| N30 G00 X131.0 Z1.0; | N90 G97 G00 X131.0 Z100.0; |
| N40 G50 S1000; | N100 M05; |
| N50 G96 S800; | N110 M30; |

### 4. 端面车削循环指令（G94）

G94 指令用于车削垂直端面和锥形端面的自动固定循环，用于毛坯余量较大的粗加工，以去除大部分毛坯。

编程格式：直端面 G94 X(U)_ Z(W)_ F_；
　　　　　锥形端面 G94 X(U)_ Z(W)_ R_ F_；

车削垂直端面的走刀路线如图 2.2 所示，车削锥形端面的走刀路线如图 2.3 所示。图 2.2 和图 2.3 中，R 表示快速移动，F 表示进给运动，加工顺序按 1、2、3、4 进行。X、Z 为端面终点坐标值，U、W 为增量值，R 为圆锥面起点 Z 坐标减去终点 Z 坐标的差值，有正负之分。

用 G94 指令进行粗车时，每次车削一层余量，再次循环时只需按背吃刀量依次改变 Z 的坐标值。

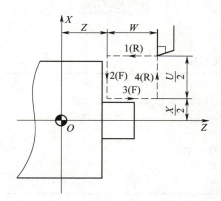

图 2.2　G94 指令车削垂直端面的走刀路线

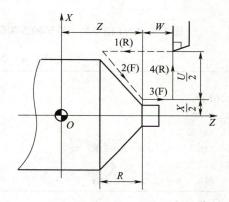

图 2.3　G94 指令车削锥形端面的走刀路线

**例 2.2**　加工图 2.4 所示的零件，用 G94 指令编程，如表 2.5 所示。

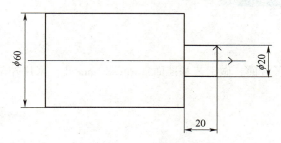

图 2.4　G94 指令加工垂直端面实例

例 2.2 仿真加工

表 2.5　例 2.1 加工程序

| | |
|---|---|
| O2002; | N70 Z-13.0; |
| N10 T0101; | N80 Z-16.0; |
| N20 M03 S500; | N90 Z-20.0; |
| N30 G00 X61.0 Z1.0; | N100 G00 X65.0; |
| N40 G94 X20.0 Z-3.0 F0.3; | N110 G00 Z100.0; |
| N50 Z-6.0; | N120 M05; |
| N60 Z-10.0; | N130 M30; |

**例 2.3**　加工图 2.5 所示的零件，用 G94 指令编程，如表 2.6 所示。

项目 2　法兰盘零件加工

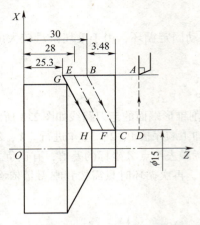

图 2.5 G94 指令加工锥形端面实例

例 2.3 仿真加工

表 2.6 例 2.2 加工程序

| | |
|---|---|
| O2003; | N70 G94 X15.0 Z-13.0 R-3.48; |
| N10 T0101; | N80 G94 X15.0 Z-16.0 R-3.48; |
| N20 M03 S500; | N90 G94 X15.0 Z-20.0 R-3.48; |
| N30 G00 X61.0 Z1.0; | N100 G00 X65.0; |
| N40 G94 X15.0 Z-3.0 R-3.48 F0.3; | N110 G00 Z100.0; |
| N50 G94 X15.0 Z-6.0 R-3.48; | N120 M05; |
| N60 G94 X15.0 Z-10.0 R-3.48; | N130 M30; |

## 任务 2.3　工艺单

### 2.3.1　毛坯准备

45 钢，$\phi 125$ mm × 45 mm。下料，平端面，做工艺基准面，钻 $\phi 28$ mm 孔。采用左端工艺基准面定位，台阶面靠紧夹紧。

### 2.3.2　工艺设计

项目 2 工艺表如表 2.7 所示。

表 2.7　项目 2 工艺表

| 单位名称 | 河北工业职业技术大学 | 产品名称或代号 | | 零件名称 | | 零件图号 |
|---|---|---|---|---|---|---|
| | | 项目 2 法兰盘 | | 任务 2 法兰盘 | | ZNZZ-02 |
| 工序号 | 程序编号 | 夹具名称 | 使用设备 | 数控系统 | | 场地 |
| 001 | O0003 | 自定心卡盘 | CK6150 | FANUC 0i Mate TC | | 理实一体化教室 |
| 工序号 | 工序内容 | 刀具号 | 刀具名称 | 主轴转速 $n$ /(r·min$^{-1}$) | 进给量 $f$ /(mm·r$^{-1}$) | 背吃刀量 $a_p$/mm | 备注（程序名）|
| 1 | 粗车端面和外圆 | T0101 | 93°外圆车刀 | 500 | 0.3 | 1.0 | O0003 |
| 2 | 精车外圆 | T0101 | 93°外圆车刀 | 400 | 0.1 | 0.3 | O0003 |

续表

| 3 | 粗车内孔 | T0202 | 93°内圆车刀 | 500 | 0.3 | 1.0 | O0003 |
|---|---|---|---|---|---|---|---|
| 4 | 精车内孔 | T0202 | 93°内圆车刀 | 400 | 0.1 | 0.3 | O0003 |
| 5 | 粗车端面和外圆 | T0303 | 93°外圆车刀 | 500 | 0.3 | 1.0 | O0004 |
| 6 | 精车外圆 | T0303 | 93°外圆车刀 | 400 | 0.1 | 0.3 | O0004 |
| 7 | 粗车内孔 | T0202 | 93°内圆车刀 | 500 | 0.3 | 1.0 | O0004 |
| 8 | 精车内孔 | T0303 | 93°内圆车刀 | 400 | 0.1 | 0.3 | O0004 |
| 9 | 切槽 | T0404 | 3 mm 内孔切槽刀 | 500 | 0.3 | | O0004 |
| 编制 | | 审核 | 智能制造教研室 | 批准 | 智能制造教研室 | 共1页 | 第1页 |

任务 2.4　刀具选择

项目 2 刀具表如表 2.8 所示。

表 2.8　项目 2 刀具表

| 产品名称或代号 | | 数控编程与零件加工实训件 | 零件名称 | 任务 2 法兰盘 | 零件图号 | ZNZZ – 02 |
|---|---|---|---|---|---|---|
| 序号 | 刀具号 | 刀具名称 | 数量 | 过渡表面 | 刀尖半径 $R$/mm | 备注 |
| 1 | T01 | 93°外圆车刀 | 1 | 端面和 $\phi70$ mm 外圆 | 0.2 | |
| 2 | T02 | 93°内孔车刀 | 1 | $\phi30$ mm 内孔 | 0.2 | |
| 3 | T03 | 93°外圆车刀 | 1 | 端面和 $\phi70$ mm 外圆 | 0.2 | |
| 4 | T04 | 3 mm 内孔切槽刀 | 1 | 4 mm 槽 | 0 | |
| 编制 | | 审核 | 智能制造教研室 | 批准 | 智能制造教研室 | 共1页　第1页 |

任务 2.5　程序单

### 2.5.1　基点坐标计算

右侧、左侧基点如图 2.6 和图 2.7 所示。

项目 2　法兰盘零件加工　41

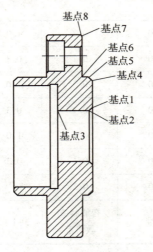

图 2.6 右端基点　　　　　图 2.7 左端基点

右侧、左侧基点坐标如表 2.9、表 2.10 所示。

表 2.9 右侧基点坐标

| 基点 | 坐标 | 基点 | 坐标 |
| --- | --- | --- | --- |
| 1 | X34　Z0 | 5 | X70　Z-2 |
| 2 | X30　Z-2 | 6 | X70　Z-6 |
| 3 | X30　Z-20 | 7 | X119　Z-6 |
| 4 | X66　Z0 | 8 | X120　Z-6.5 |

表 2.10 左侧基点坐标

| 基点 | 坐标 | 基点 | 坐标 |
| --- | --- | --- | --- |
| 1 | X61　Z0 | 6 | X66　Z0 |
| 2 | X60　Z-0.5 | 7 | X70　Z-2 |
| 3 | X60　Z-21 | 8 | X70　Z-19 |
| 4 | X62　Z-21 | 9 | X119　Z-19 |
| 5 | X62　Z-25 | 10 | X120　Z-19.5 |

### 2.5.2 程序编制

程序如表 2.11 和表 2.12 所示。

表 2.11 右侧加工程序

| | |
| --- | --- |
| O0003；右端<br>N10 T0101；<br>N20 M03 S500；<br>N30 G00 X121.0 Z1.0；<br>N40 G94 X70.6 Z-2.0 F0.3；<br>N50 Z-4.0； | N60 Z-6.0；<br>N70 G96 S400；<br>N80 G00 X70.0；<br>N90 G01 X66.0 Z0.0 F0.1；<br>N100 G01 X70.0 Z-2.0；<br>N110 G01 Z-6.0； |

续表

| | |
|---|---|
| N120 G01 X119.0; | N170 G01 Z0 F0.1; |
| N125 G01 X120.0 Z-6.5; | N180 G01 X30.0 Z-2.0; |
| N130 G00 X121.0 Z100.0; | N190 G01 Z-21.0; |
| N140 T0202; | N200 G00 Z100.0; |
| N150 G00 X34.0; | N210 M05; |
| N160 G00 Z5.0; | N220 M30; |

表 2.12　左侧加工程序

| | |
|---|---|
| O0004；左端 | N290 X39.0; |
| N10 T0303; | N300 X42.0; |
| N20 M03 S500; | N310 X45.0; |
| N30 G00 X121.0 Z1.0; | N320 X48.0; |
| N40 G94 X70.6 Z-2.0 F0.3; | N330 X51.0; |
| N50 Z-4.0; | N340 X54.0; |
| N60 Z-6.0; | N350 X57.0; |
| N70 Z-8.0; | N360 X59.4; |
| N80 Z-10.0; | N370 G96 S200; |
| N90 Z-12.0; | N380 G00 X62.0; |
| N100 Z-14.0; | N390 G01 X62.0 Z0 F0.1; |
| N110 Z-16.0; | N400 G01 X60.0 Z-1.0; |
| N120 Z-18.0; | N410 G01 Z-25.0; |
| N130 Z-19.0; | N420 G00 X58.0; |
| N140 G00 X70.0; | N430 G00 Z100.0; |
| N150 G96 S200; | N440 G97; |
| N160 G01 X66.0 Z0.0 F0.1; | N450 S500; |
| N170 G01 X70.0 Z-2.0; | N460 T0404; |
| N180 G01 Z-19.0; | N470 G00 X55.0; |
| N190 G01 X119.0; | N480 G00 Z-25.0; |
| N200 G01 X120.0 Z-19.5; | N490 G01 X62.0 F0.3; |
| N210 G00 X121.0 Z100.0; | N500 G00 X55.0; |
| N220 G97; | N510 G01 Z-24.0; |
| N230 S500; | N520 G01 X62.0; |
| N240 T0202; | N530 G01 Z-25.0; |
| N250 G00 X30.0; | N540 G00 X55.0; |
| N260 G00 Z1.0; | N550 G00 Z100.0; |
| N270 G90 X33.0 Z-25.0 F0.3; | N560 M05; |
| N280 X36.0; | N570 M30; |

## 任务 2.6　仿真加工

### 2.6.1　选择机床和系统

打开宇龙仿真软件，选择"机床"→"选择机床"命令，机床类型选择数控车，系统选择 FANUC 0i Mate，如图 2.8 所示。

图 2.8　FANUC 0i Mate 数控系统（MDI 键盘和操作面板）

### 2.6.2　定义毛坯和安装零件毛坯

选择"零件"→"定义毛坯"命令，定义毛坯尺寸为 φ120 mm × 45 mm，内孔为 φ29 mm，通孔，如图 2.9 所示。然后选择定义好的毛坯，单击"安装零件"按钮，如图 2.10 所示。

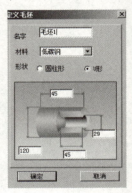
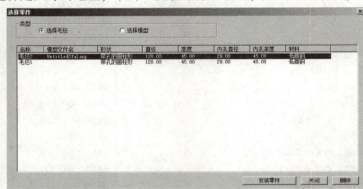

图 2.9　定义毛坯　　　　　　　　　　　图 2.10　安装毛坯

### 2.6.3　选择和安装刀具

选择"机床"→"选择刀具"命令，在刀架上分别安装 4 把刀具，1 号刀为外圆刀具，2 号刀为切内孔刀具，3 号刀为外圆刀具，4 号刀为切内槽刀具，如图 2.11 所示。

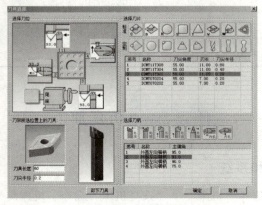

图 2.11　安装刀具

## 2.6.4 对刀操作

分别完成对刀操作,4 把刀具对刀数据如图 2.12 所示。

图 2.12 对刀数据

## 2.6.5 仿真加工

选择自动运行方式,执行程序 O0003,右侧加工结果如图 2.13 所示;执行程序 O0004,左侧加工结果如图 2.14 所示。

项目 2 仿真操作

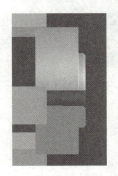
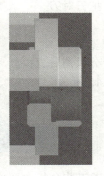

图 2.13 右侧加工结果　　　　　　　图 2.14 左侧加工结果

任务 2.7 数控加工

## 2.7.1 数控车床基本操作

（1）数控车床开机操作。
（2）数控车床回参考点操作。
（3）自定心卡盘反爪安装,注意卡爪安装顺序。
（4）盘类毛坯安装与找正。
（5）内孔刀具安装与调整。
（6）钻头与锥套的使用,尾座的使用。
（7）关机操作:关机过程一般为急停关→操作面板电源关→机床电气柜电源关→总电源关。

## 2.7.2 数控加工程序的输入与编辑练习

（1）机床坐标界面操作。

项目 2 法兰盘零件加工　45

（2）程序管理操作：
①新建一个数控程序；
②删除一个数控程序；
③检索一个 NC 程序。
（3）数控车床系统程序编辑：
①移动光标；
②插入字符；
③删除输入域中的数据；
④删除字符；
⑤查找；
⑥替换。
（4）加工程序录入：
①空运行验证；
②使用 GRAPH 功能验证轨迹。

项目 2 综合实训

### 2.7.3　试切与零件加工检验

（1）对刀操作，完成 4 把刀对刀。
（2）自动运行加工右侧。
（3）自动运行加工左侧。
（4）使用游标卡尺和千分尺测量直径。
法兰盘加工结果如图 2.15 所示。

图 2.15　法兰盘加工结果

## 任务 2.8　项目总结

项目 2 主要介绍数控加工工艺分析主要内容，使读者对数控编程工艺分析有整体的认识；通过项目 2 的工艺设计，系统地掌握数控加工工艺分析的内容、刀具选择、切削参数确定，掌握盘类零件的工艺设计方法。通过法兰类零件编程，掌握 G94 指令、G96 指令、G97 指令的应用，通过法兰类零件加工，掌握自定心卡盘反爪的应用，盘类零件毛坯的安装与找正，内孔刀具的安装与调整，内孔刀具的对刀。通过法兰盘零件的加工检验，掌握内孔的测量等内容，判断零件加工是否符合技术要求。加工效率的高低与加工工艺有着很大的联系，读者要重点掌握工艺有关的内容，为后序的学习打下基础。

## 任务 2.9　思考与练习

（1）数控加工工艺分析的内容有哪些？
（2）数控加工常用方法有哪些？如何选择？
（3）数控加工的工序和工步如何划分？试举例说明。
（4）数控车床、数控铣床常用的夹具有哪些？各有何特点？
（5）什么是对刀点和换刀点？它们之间有什么区别？
（6）G96 指令、G97 指令如何应用？有何注意事项？

（7）G94 指令如何应用？进刀路线与 G90 指令有何不同？

（8）内孔刀具如何对刀？内孔切槽刀如何对刀？

（9）如图 2.16 所示，使用 G94 指令编写轴套加工程序，通过仿真加工验证程序的正确性。

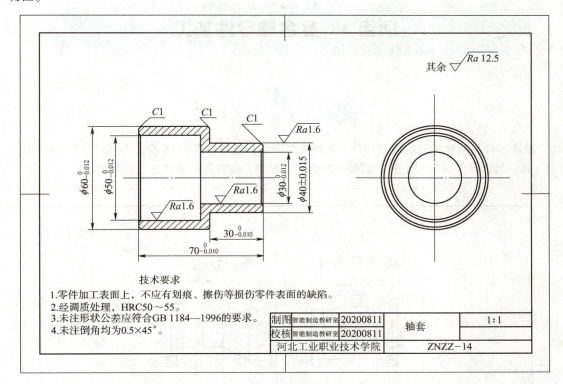

图 2.16　轴套

# 项目3 复合轴零件加工

## 任务 3.1 任务书

轴类零件是机械传动的重要部件，如图 3.1 所示，已知材料为 45 钢，毛坯尺寸为 $\phi 50$ mm × 125 mm，制定零件的加工工艺，编写零件的加工程序，在实训教学区进行实际加工。

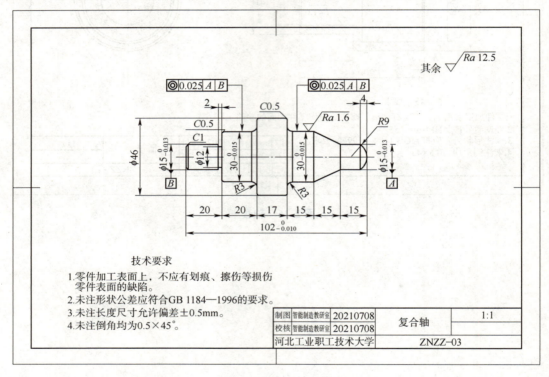

图 3.1 项目 3 零件图

### 3.1.1 任务要求

（1）进行复合轴零件加工工艺分析。
（2）确定定位、夹紧方式，选用刀具。
（3）确定编程原点、编程坐标系、对刀位置及对刀方法。
（4）确定运动方向、轨迹。
（5）确定加工所用各种工艺参数。
（6）进行数值计算。

（7）重点掌握 G71、G72、G73、G02/G03 指令，刀尖圆弧半径补偿指令，编制传动轴加工程序。

（8）掌握机床仿真操作加工步骤：
①启动机床，回参考点；
②刀具准备，包括刀片选择、刀柄选择、刀具安装与调整；
③刀具对刀操作；
④加工程序输入；
⑤工件装夹；
⑥试运行，空走刀或者单段运行；
⑦试切，调整刀补，检验工件；
⑧自动加工，检验工件。

（9）进行实际加工：
①启动机床，回参考点；
②刀具准备，包括刀具的选择、刀具安装与调整；
③刀具对刀操作；
④加工程序输入；
⑤工件装夹定位；
⑥试运行，空走刀或者单段运行；
⑦试切，调整刀补，检验工件；
⑧自动加工，检验工件。

（10）加工检验。

## 3.1.2 任务学时安排

项目 3 学时安排如表 3.1 所示。

表 3.1　项目 3 学时安排

| 序号 | 内容 | 学时 |
| --- | --- | --- |
| 1 | 相关编程基础知识学习 | 2 |
| 2 | 任务说明，分组，明确设计任务和技术条件，查阅资料，制定方案 | 1.5 |
| 3 | 编制程序 | |
| 4 | 仿真加工 | |
| 5 | 实际加工 | 1 |
| 6 | 验收，答辩，提交任务报告，评定成绩 | 0.5 |
| 合计 | | 5 |

任务 3.2　相关知识

### 3.2.1　数控加工常用刀具种类

刀具的选择是制定数控加工工艺中的重要内容之一，它不仅影响机床的加工效率，而且直接影响到零件的加工质量。数控加工不仅要求刀具精度高、强度大、刚度好、耐用度高，而且要求其尺寸稳定、安装调整方便。

### 1. 数控车床的刀具种类

数控车床使用的刀具比较简单，从切削方式上可以分为圆表面切削刀具、端面切削刀具、中心孔类刀具三类；按照车削刀具结构分为整体式、焊接式、机械夹紧式三类。数控车床一般使用标准的机夹可转位刀具，如图3.2所示。

**图3.2 常用的数控车削机夹可转位刀具**

机夹可转位车刀的主要结构有刀片、定位机构、夹紧机构、刀柄。刀片用于切削，使用时，刀片依据材质、刀片尺寸、刀片形状等参数进行选择，具体选择参照国家标准GB 2078—2019。定位机构包括刀垫、定位销等元件，用于保证刀片在刀柄上的正确位置。夹紧机构用于将刀片可靠地夹紧在刀柄上。刀柄用于将车削刀具系统安装到数控车床的刀架上。上压式机夹车刀主要组成如图3.3所示。

数控车床刀具常用的夹紧机构分为螺钉式夹紧机构、杠杆式夹紧机构、偏心式夹紧机构等。

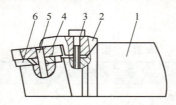

**图3.3 上压式机夹车刀主要组成**
1—刀柄；2—压板；3—压紧螺钉；4—刀片；5—定位销；6—刀垫

数控车床使用的刀片材料一般为硬质合金、涂层硬质合金和陶瓷，常用的车削硬质合金刀片如图3.4所示。在数控车床使用的孔类刀具中，小尺寸的刀具可以是整体硬质合金和高速钢的；大尺寸的刀具一般为高速钢或焊接硬质合金、机夹硬质合金的。

**图3.4 常用的车削硬质合金刀片**

按照刀具的切削方式分类，刀具分为：

（1）圆表面切削刀具，主要包括外圆刀具、外螺纹刀具、切断刀具、内圆刀具、内螺纹刀具。

（2）端面切削刀具，主要是端面刀具。常用的是主偏角为45°、90°的端面车刀。

（3）中心孔类刀具，主要包括中心孔钻头、镗刀、丝锥等。

### 2. 数控加工刀具的特点

为了能够实现数控机床上刀具高效、多能、快速更换和经济的目的，数控机床所用的刀具主要具备以下特点：

（1）刀片和刀具几何参数和切削参数的规范化、典型化。

（2）刀片或刀具材料及切削参数与被加工工件的材料之间匹配的选用原则。

（3）刀片或刀具的耐用度及其经济寿命指标的合理化。

（4）刀片及刀柄的定位基准的优化。

（5）刀片及刀柄对机床主轴的相对位置的要求高。

（6）对刀柄的强度、刚性及耐磨性的要求高。

（7）对刀柄或工具系统的装机重量限制的要求。

（8）对刀具柄的转位、装拆和重复精度的要求。

（9）对刀片及刀柄切入的位置和方向的要求。

（10）刀片和刀柄高度的通用化、系列化，由专业厂家生产。

（11）整个数控工具系统自动换刀系统的优化。

## 3.2.2 数控加工刀具常用材料

在数控加工刀具切削过程中，数控加工刀具直接完成切除余量和形成已加工表面的任务。数控加工刀具切削性能的优劣，取决于构成切削部分的材料、几何形状和刀具结构。由此可见数控刀具材料的重要性，它对数控刀具寿命、加工效率、加工质量和加工成本影响极大。因此，应当重视数控加工刀具材料的正确选择和合理使用。

### 1. 刀具材料要求

在数控切削加工时，数控加工刀具切削部分与切屑、工件相互接触的表面上承受很大的压力和强烈的摩擦，数控加工刀具在高温下进行切削的同时，还承受着切削力、冲击和振动，因此数控加工刀具材料应具备以下基本要求：

（1）硬度，刀具材料必须具有高于工件材料的硬度，常温硬度须在62HRC以上，并要求保持较高的高温硬度。

（2）耐磨性，耐磨性表示刀具抵抗磨损的能力，它是刀具材料力学性能、组织结构和化学性能的综合反映。

（3）强度和韧性为了承受切削力、冲击和振动，数控加工刀具材料应具有足够的强度和韧性，但硬度和耐磨性这两个方面的性能是互相矛盾的。一种好的刀具材料，应当根据它的使用要求，兼顾硬度和耐磨性两方面的性能，且有所侧重。

（4）耐热性，数控加工刀具材料在高温下应保持较高的硬度、耐磨性、强度和韧性，并有良好的抗扩散、抗氧化的能力。

（5）导热性和膨胀系数，在其他条件相同的情况下，刀具材料的热导率（导热系数）越大，由刀具传出的热量越多，有利于降低切削温度和提高刀具寿命。线膨胀系数小，则可减少

项目3　复合轴零件加工　51

刀具的热变形。数控加工中广泛使用涂层刀具，应考虑刀片与刀柄材料、涂层与基体材料线膨胀系数的匹配。

（6）工艺性，为了便于制造，要求数控加工刀具材料有较好的可加工性（包括锻、轧、焊接、切削加工）和可磨削性、热处理特性等。材料的高温塑性对热轧刀具十分重要。

### 2. 常用刀具材料

数控机床刀具从制造采用的材料上可以分为高速钢刀具、硬质合金刀具、陶瓷刀具、立方氮化硼刀具、聚晶金刚石刀具。目前数控机床用得最普遍的刀具是硬质合金刀具。

（1）高速钢（High Speed Steel，HSS），高速钢是添加了钨（W）、钼（Mo）、铬（Cr）、钒（V）等合金元素的高合金工具钢。随着材料科学的发展，高速钢刀具材料的品种已从钨系列发展到钨钼系、钨钼铝系、钨钼钴系，其中钨钼铝系高速钢是我国特有的品种。高速钢仍是数控机床刀具材料的选择对象之一。

（2）硬质合金（Cemented Carbide），机床刚性、主轴转速及切削力的提高，对刀具材料也提出了能适应高速切削的要求，这样就相继开发出了硬质合金。

国产硬质合金刀具材料的品种基本分为三大类。第一类是以碳化钨为主的加上钴黏结剂的钨钴类，牌号为"YG"；第二类是以碳化钨和碳化钛为主的加上钴黏结剂的钨钴钛类，牌号为"YT"；第三类是在碳化钨和碳化钛的基础上，加入少量的碳化铌、碳化钽等碳化物，形成一种所谓"万能型"的硬质合金，牌号为"YW"。

硬质合金刀片材料，按ISO标准主要以硬质合金的硬度、抗弯强度等指标为依据，分为P、M、K三大类。

①P类，相当于国内牌号YT，用于加工产生长切屑的金属材料，如铸钢、可锻铸铁、不锈钢、耐热钢等。

②M类，相当于国内牌号YW，用于切削黑色金属或有色金属，如铸钢、奥氏体不锈钢、耐热钢、可锻铸铁、合金铸铁等。

③K类，相当于国内牌号YG，用于切削黑色金属、有色金属、非金属材料，如铸铁、铝合金、铜合金、塑料等。

（3）陶瓷（Ceramics），陶瓷是含有金属氧化物或氮化物的无机非金属材料。由于早期的陶瓷刀片脆性、不均匀性和强度低，因此其应用没有取得令人满意的效果。现在出现的强度高、均一、质量好的各类陶瓷刀片，配合功率更高、刚性更好的高速机床，其应用已经取得了重大的进展。

陶瓷刀具材料目前主要分为氧化铝类和氮化硅类两大系列。氧化铝类又包括纯氧化铝型、复合氧化铝型、增强氧化铝型三类。氮化硅类包括赛隆、微密氮化硅和复合氮化硅三类。

目前，陶瓷刀具也已经被制成了与硬质合金刀具类似的可转位刀片，在车削加工中得到了广泛的应用。

（4）立方氮化硼（Cubic Boron Nitride，CBN），立方氮化硼刀具材料是1957年由美国通用电气公司首先合成的。我国于1967年首次合成，1973年四川省立方氮化硼协作组研制出第一代立方氮化硼刀片，1980年成都工具研究所试制成功FD系列立方氮化硼复合刀片，1982年又研制出新的换代产品LDP－J－CFⅡ型复合刀片。

立方氮化硼刀具具有较高的硬度和热稳定性，主要适用于各种淬火钢、耐磨铸铁、喷涂材料、钛合金等高硬度难加工材料的半精加工及精加工。其在加工难加工材料方面，显示出特有的优越性。

（5）聚晶金刚石（Poly Crystalline Diamond，PCD），天然金刚石作为切削刀具材料已有较长历史，而人造（Man-Made）的聚晶金刚石作为切削刀具材料还是近期的事。聚晶金刚石刀片绝大多数是将聚晶金刚石与硬质合金基材一起烧结而成的。

聚晶金刚石的硬度很高，耐磨性好，有锋利的刀刃，可以把切屑从零件的表面上很干净地剪下来，保持零件表面的完整和光洁，但是聚晶金刚石刀片在正常的切削温度下，会与含有铁、镍或钴的合金发生反应，所以只能用于高效地加工有色金属和非金属材料。

上述五大类刀具材料，从总体上分析，在材料的硬度、耐磨性方面，聚晶金刚石最高，递次降低，直到高速钢；而在材料的韧性方面则是高速钢最高，聚晶金刚石最低。在数控机床、车削中心、加工中心等现代机床中，使用广泛的是高速钢和硬质合金这两类。因为目前这两类材料从经济性、成熟性、适应性、多样性到工艺性等各方面的综合效果都优于陶瓷、立方氮化硼、聚晶金刚石等刀具材料。但在以车代磨加工淬火钢时，陶瓷、立方氮化硼刀具具有很大的优势，聚晶金刚石刀片则主要用于加工有色金属和非金属材料、修磨砂轮等。

### 3.2.3 数控刀具的选择

**1. 数控可转位刀片与刀片代码**

数控机床用刀片主要是各类机夹可转位硬质合金刀片。要正确地选用机夹式可转位刀片，首先要了解各类型的机夹式可转位刀片的代码（Code）。

按国际标准 ISO 1832—1985 的可转位刀片的代码方法，代码是由 10 位字符串组成的，其排列如下：

| 1 | 2 | 3 | 4 | 5 | 6 | 7 | 8 | 9 | 10 |
|---|---|---|---|---|---|---|---|---|---|

其中每一位字符串代表刀片某种参数的意义，现分别叙述如下：

（1）第一位字母表示刀片的几何形状及其夹角。常用的车刀刀片形状如图 3.5 所示。

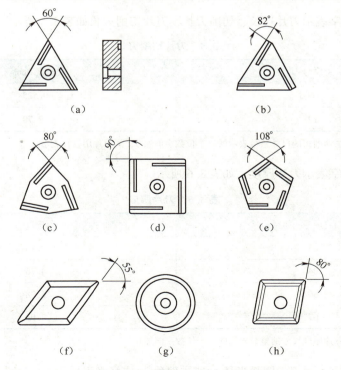

图 3.5 常用的车刀刀片形状

(a) T型；(b) F型；(c) W型；(d) S型；(e) P型；(f) D型；(g) R型；(h) C型

（2）第二位字母表示刀片主切削刃后角（法后角）。常用的后角度数如表3.2所示。

表3.2　常用的后角度数

| 字母 | A | B | C | D | E | F | G | N | P | Q |
|---|---|---|---|---|---|---|---|---|---|---|
| 度数/（°） | 3 | 5 | 7 | 15 | 20 | 25 | 30 | 0 | 11 | 其他 |

（3）第三位字母表示刀片内接圆直径 $d$ 与厚度 $s$ 的精度级别，如表3.3所示。

表3.3　刀片内接圆直径与厚度的精度级别

| 内接圆直径 $d$/mm | 6.35 | 9.525 | 12.70 | 13.375 | 19.05 | 25.40 |
|---|---|---|---|---|---|---|
| G 级 | 0.025 | | | | | |
| M 级 | 0.05 | 0.05 | 0.08 | 0.10 | 0.10 | 0.03 |
| U 级 | 0.08 | 0.08 | 0.13 | 0.18 | 0.18 | 0.25 |
| 刀片厚度偏差/mm | 0.13 | | | | | |

（4）第四位字母表示刀片型式、紧固方法或断屑槽，如表3.4所示。

表3.4　刀片型式、紧固方法、卷屑槽形

| 字母 | A | N | R | M | G | X |
|---|---|---|---|---|---|---|
| 紧固方式及槽形 | | | | | | 其他特殊型式 |

（5）第五位数字表示刀片边长、切削刃长，刀片切削刃长如表3.5所示。

表3.5　刀片切削刃长

| 序号 | 长度/mm |
|---|---|
| 09 | 9.525 |
| 12 | 12.70 |

注：表中长度是以主切削刃的尺寸整数表示的。个位数字前加0，圆刀片用直径表示。

（6）第六位数字表示刀片厚度，如表3.6所示。

表3.6　刀片厚度

| 序号 | 厚度/mm |
|---|---|
| 03 | 3.18 |
| 04 | 4.76 |
| 06 | 6.38 |
| 07 | 7.93 |

注：表中厚度是以刀片厚度尺寸的整数表示的。个位数字前加0。

（7）第七位数字表示刀尖圆弧半径 $r_g$ 或主偏角 $\kappa_r$ 或修光刃后角 $\alpha_n$，刀尖圆弧半径如表3.7所示。

表 3.7　刀尖圆弧半径

| 序号 | 半径/mm |
|---|---|
| 02 | 0.2 |
| 04 | 0.4 |
| 05 | 0.5 |
| 08 | 0.8 |

（8）第八位字母表示切削刃状态、刀尖切削刃或倒棱切削刃。切削刃形状如表 3.8 所示。

表 3.8　切削刃形状

| 字母 | 切削刃形状 |
|---|---|
| F | 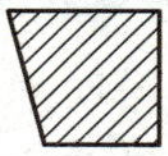 |
| E |  |
| T | 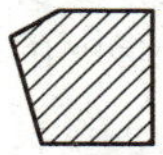 |
| S | 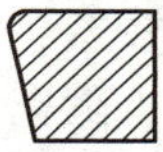 |

（9）第九位字母表示进给方向。进给方向如表 3.9 所示。

表 3.9　进给方向

| 字母 | 进给方向 |
|---|---|
| R | 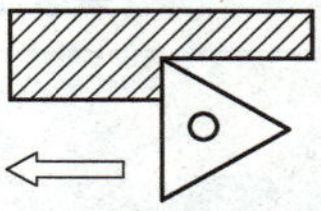 |
| L | 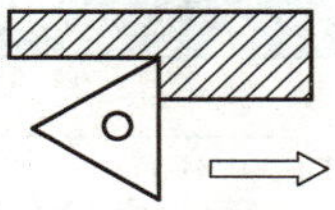 |
| N | 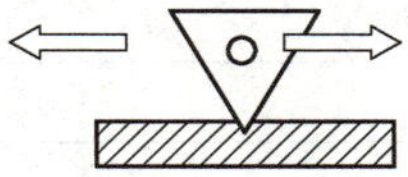 |

（10）厂商的补充符号或倒刃角度。一般情况下，第八和第九位字母是当有要求时才填写。第十位字母根据厂商而有所不同，如 SANDVIK 公司用其表示断屑槽形代号或代表设计有断屑槽等。

根据可转位刀片的切削方式不同，应分别按车、铣、钻、镗的工艺来叙述可转位刀片代码的具体内容。

### 2. 数控车削刀具的选择

#### 1）刀片材质的选择

正确选用适当牌号的硬质合金对于发挥其性能具有重要意义。选择刀片材质主要依据被加工工件的材料、被加工表面的精度、表面质量要求、切削载荷的大小，以及切削过程中有无冲

项目 3　复合轴零件加工　55

击和振动等因素选择合适的刀片材料。

（1）WC–Co（K类）硬质合金，适用于加工铸铁、有色金属及其合金。粗加工选用牌号为YG8、YG6A（K30）；半精加工选用牌号为YG6K10、YG6AK20；精加工选用牌号为YG3x、YG3（K01）。

（2）WC–TiC–Co（P类）硬质合金，适用于高速切削钢料。粗加工选用牌号为YT5（P30）；半精加工选用牌号为YT14（P10）、YT15（Pro）；精加工选用牌号YT30（P10）。

（3）通用（M类）硬质合金，既适用于切削铸铁，又适用于切削钢类材料。粗加工选用牌号为YW2（M30）；精加工选用牌号为YW1（M10）。

**2）刀片几何参数的选择**

刀片几何参数的选择主要依据被加工零件的表面形状、切削方法、刀具寿命等因素选择。使用时查阅刀具手册。

（1）前角。

前角的大小影响切削变形和切削力的大小、刀具寿命及加工表面质量高低。前角的数值与工件材料、加工性质和刀具材料有关。选择前角的大小主要根据以下几个原则：

①车削塑性金属时可取较大的前角；车削脆性金属时应取较小的前角。工件材料软，可选择较大的前角；工件材料硬，应选择较小的前角。

②粗加工，尤其是车削有硬皮的铸、锻件时，为了保证切削刃有足够的强度，应取较小的前角；精加工时，为了得到较小的表面粗糙度，一般应取较大的前角。

③车刀材料的强度、韧性较差，前角应取小些；反之前角应取较大值。高速钢刀具的前角比硬质合金刀具的合理前角大，陶瓷刀具的合理前角比硬质合金刀具小。

④工艺系统刚性差和机床功率小时，宜选较大的前角，以减少振动。

⑤数控机床、自动线刀具，为保证刀具工作的稳定性（不发生崩刃及破损），一般选用较小的前角。

车刀前角的参考值如表3.10所示。

表3.10　车刀前角的参考值

| 工件材料 | 刀具材料 | |
|---|---|---|
| | 高速钢 | 硬质合金 |
| | 前角/（°） | |
| 灰铸铁 HT150 | 0～5 | 5～10 |
| 高碳钢和合金钢（$\sigma_b = 800 \sim 1\ 000$ MPa） | 15～25 | 5～10 |
| 中碳钢（$\sigma_b = 600 \sim 800$ MPa） | 25～30 | 10～15 |
| 低碳钢 | 30～40 | 25～30 |
| 铝合金 | 35～45 | 30～35 |

（2）后角。

后角太大会降低车刀的强度；后角太小，会增加后刀面与工件的摩擦。选择后角主要根据以下几个原则：

①粗加工时取较小的后角（硬质合金车刀一般为5°～7°，高速钢车刀为6°～8°）；精加工时，应取较大的后角（硬质合金车刀为8°～10°；高速钢车刀为8°～12°）。

②工件材料的强度、硬度高时，宜取较小的后角；工件材料硬度低、塑性较大时，主后刀面的摩擦对已加工表面的质量和刀具磨损影响较大，此时应取较大的后角；加工脆性材料时，切削力集中在切削刃附近，为强化切削刃，宜选取较小的后角。

（3）主偏角。

主偏角的功用主要影响刀具寿命、已加工表面粗糙度及切削力的大小。主偏角较小，则刀头强度高、散热条件好、已加工表面残留面积高度小、作用主切削刃的长度长、单位作用主切削刃上的切削负荷小；其负面效应为背向力（吃刀抗力）大、切削厚度小、断屑效果差。主偏角较大时，所产生的影响与上述完全相反。选择主偏角首先应考虑工件的形状。

主偏角的选择原则如下：

①粗加工和半精加工时，硬质合金车刀应选择较大的主偏角，以利于减少振动，提高刀具寿命和断屑能力。例如，在生产中效果显著的强力切削车刀的主偏角就取为75°。

②加工很硬的材料，如淬硬钢和冷硬铸铁时，为减少单位长度切削刃上的负荷，改善刀刃散热条件，提高刀具寿命，应取$\kappa_r = 10° \sim 30°$，工艺系统刚性好的取小值，反之取大值。

③工艺系统刚性低时，应取较大的主偏角，甚至取$\kappa_r \geq 90°$，以减小背向力，从而降低工艺系统的弹性变形和振动。

④数控加工中或单件小批量普通加工生产时，希望用一两把车刀加工出工件上的所有表面，则应选用通用性较好的$\kappa_r = 45°$或$\kappa_r = 90°$的车刀。

⑤需要从工件中间切入的车刀，应适当增大主偏角和副偏角，一般选用45° ~ 60°的主偏角；有时主偏角的大小取决于工件形状。例如，车阶梯轴时，则需用$\kappa_r = 90°$的刀具。

常用的车刀主偏角有45°、60°、75°和90°等几种。

（4）副偏角。

副偏角的功用主要是减小副切削刃和已加工表面之间的摩擦。减小副偏角可以减小工件的表面粗糙度。副偏角太大时，刀尖角就会减小，影响刀头强度。副偏角一般为6° ~ 8°。当加工中间切入的工件时，副偏角应取得较大（45° ~ 60°）。

副偏角的选择原则如下：

①一般刀具的副偏角，在不引起振动的情况下，可选取较小的副偏角，如车刀可取5° ~ 10°。

②精加工刀具的副偏角应取得更小一些，以减小残留面积，从而减小表面粗糙度。

③加工高强度、高硬度材料或断续切削时，应取较小的副偏角，以提高刀尖强度，改善散热条件。

④切断刀只能取很小的副偏角，即1° ~ 2°。

（5）刃倾角。

刃倾角主要影响切屑的流向和刀尖的强度。刃倾角为正时，刀尖先接触工件，切屑流向待加工表面，可避免缠绕和划伤已加工表面，对半精加工、精加工有利。刃倾角为负时，刀尖后接触工件，切屑流向已加工表面，可避免刀尖受冲击，起保护刀尖的作用，并可改善散热条件。

合理刃倾角的选择原则如下：

①粗加工刀具，可取负，以使刀具具有较高的强度和较好的散热条件，并使切入工件时刀尖免受冲击；精加工时，取正，使切屑流向待加工表面，以提高表面质量。

②断续切削、工件表面不规则、冲击力大时，应取负，以提高表面质量。

③切削硬度很高的工件材料，应取绝对值较大的负刃倾角，以使刀具具有足够的强度。

④工艺系统刚性差时，应取正，以减小背向力。

### 3.2.4 数控车床编程常用指令

#### 1. 圆弧插补指令（G02、G03）

圆弧插补指令使刀具在指定平面内按给定的进给速度做圆弧运动，切削出母线为圆弧曲线的回转体。顺时针圆弧插补用 G02 指令，逆时针圆弧插补用 G03 指令。数控车床是两坐标的数控机床，只有 X 轴和 Z 轴，在判断圆弧的逆、顺方向时，应按右手定则将 Y 轴也加以考虑。观察者让 Y 轴的正向指向自己，即可判断圆弧的逆、顺方向。应该注意前置刀架与后置刀架的区别。

加工圆弧时，经常有两种方法，一种是采用圆弧的半径和终点坐标来编程，另一种是采用分矢量和终点坐标来编程。

（1）用圆弧半径 R 和终点坐标进行圆弧插补。

编程格式：G02/G03 X(U)_ Z(W)_ R_ F_；

其中，X(U) 和 Z(W) 为圆弧的终点坐标值，R 为圆弧半径，由于在同一半径的情况下，从圆弧的起点 A 到终点 B 有两个圆弧的可能性，为区分两者，规定圆弧对应的圆心角小于等于 180°时，用"+R"表示；反之，用"-R"表示。图 3.6（a）所示的圆弧 1 所对应的圆心角为 120°，所以圆弧半径用"+20"表示；图 3.6（a）中的圆弧 2 所对应的圆心角为 240°，所以圆弧半径用"-20"表示。F 为加工圆弧时的进给量。

（2）用分矢量和终点坐标进行圆弧插补。

编程格式：G02/G03 X(U)_ Z(W)_ I_ K_ F_；

其中，X(U) 和 Z(W) 为圆弧的终点坐标值，I、K 分别为圆心相对圆弧起点的增量坐标，有正负之分，圆弧的方向矢量是指从圆弧起点指向圆心的矢量，然后将其在 X 轴和 Z 轴上分解，当分矢量的方向与坐标轴的方向不一致时取负号。如图 3.6（b）所示，图 3.6（b）中所示 I 和 K 均为负值。F 为加工圆弧时的进给量。

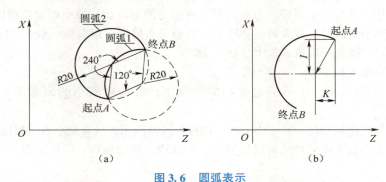

**图 3.6　圆弧表示**
(a) 圆弧插补时 ±R 的判断；(b) 分矢量 I、K 正负的判断

**例 3.1** 加工图 3.7 所示的手柄，选右端面 O 点为编程原点。用上述两种圆弧插补指令编程，如表 3.11 所示。

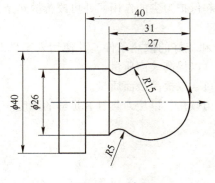

图 3.7　手柄

例 3.1 程序 O3001

例 3.1 程序 O3002

58　数控机床编程技术

表 3.11 手柄的加工程序

| 用圆弧半径 R 和终点坐标表示的圆弧指令编程 | 用分矢量和终点坐标表示的圆弧插补指令编程 |
|---|---|
| O3001<br>N010 T0101;<br>N020 G00 X40.0 Z5.0;<br>N030 M03 S400;<br>N040 G00 X0;<br>N050 G01 Z0 F0.3;<br>N060 G03 U24.0 W-24.0 R15.0;<br>N070 G02 X26.0 Z-31.0 R5.0;<br>N080 G01 Z-40.0;<br>N090 G01 X42.0;<br>N100 G01 Z-45.;<br>N110 G00 Z5.0;<br>N120 M05;<br>N130 M30; | O3002<br>N010 T0101;<br>N020 G00 X40.0 Z5.0;<br>N030 M03 S400;<br>N040 G00 X0;<br>N050 G01 Z0 F0.3;<br>N060 G03 U24.0 W-24.0 I0.0 K-15.0;<br>N070 G02 X26.0 Z-31.0 I4.0 K-3.0;<br>N080 G01 Z-40.0;<br>N090 G01 X42.0;<br>N100 G01 Z-45.0;<br>N110 G00 Z5.0;<br>N120 M05;<br>N130 M30; |

**2. 暂停指令（G04）**

G04 指令常用于车槽、镗平面、孔底光整及车台阶轴清根等场合，可使刀具做短时间的无进给光整加工，以提高表面加工质量。执行该程序段后暂停一段时间，当暂停时间过后，继续执行下一段程序。

编程格式：G04 X(P)_;

其中，X(P) 为暂停时间。X 后的数字用小数表示，单位为 s；P 后的数字用整数表示，单位为 ms。

例：G04 X2.0 表示暂停 2 s；G04 P1000 表示暂停 1 000 ms。

**3. 刀尖圆弧补偿指令（G40、G41、G42）**

数控程序一般是针对刀具上某一点（即刀位点），按工件轮廓储存编制的。如图 3.8 所示，车刀的刀位点一般为理想状态下假想刀尖 M 点或刀尖圆弧圆心 S 点。但实际加工的车刀，由于工艺或其他要求，刀尖不是上面提到的假想刀尖，而是一段圆弧。切削时，刀具的切削点在刀尖圆弧上变动，实际切削点与刀位点之间的位置偏差造成过切或少切现象，如图 3.9 所示，这种误差可用刀尖圆弧半径补偿指令来消除，如图 3.10 所示。

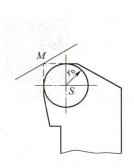

图 3.8 假想刀尖的位置

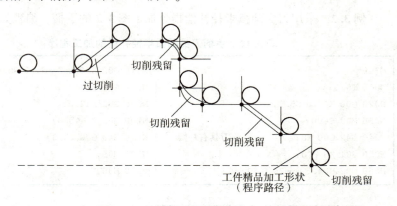

图 3.9 刀尖圆弧引起的过切与少切现象

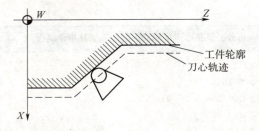

编程格式：G41/G42/G40 G01/G00 X(U)_ Z(W)_;

其中，G40 为取消刀尖圆弧半径补偿，即按程序轨迹进给；G41 为刀具左补偿，指沿刀具轨迹的切削方向看，刀具在工件的左侧；G42 为刀具右补偿，指沿刀具轨迹的切削方向看，刀具在工件的右侧。

图 3.10　采用刀尖圆弧半径补偿指令消除误差

使用时必须注意的是：

（1）当前面有 G41、G42 指令时，如果要转换为 G42、G41 指令或结束半径补偿，则应先指定 G40 指令，取消前面的刀尖圆弧半径补偿。

（2）程序结束时，必须清除刀补。

（3）G41、G42、G40 指令应在 G00 或 G01 程序段中加入。

（4）工件中有圆锥、圆弧时，必须在精车圆锥、圆弧时进行刀尖圆弧半径补偿，一般在切入工件时建立刀补。

（5）必须在数控系统刀尖圆弧半径补偿设定界面内填入该把刀具的刀尖半径（图 3.11 中的 P1）和对应的假想刀尖方位号（图 3.11 中的 P2），否则 G41、G42 指令无效。

假想刀尖的方位是由切削时刀具的方向决定的，FANUC 0i 用 0~9 来确定假想刀尖的方位，如图 3.12 所示，其中，A 为假想刀尖；0~9 为刀尖号。

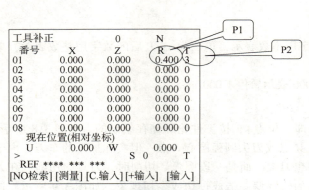

图 3.11　刀尖圆弧半径补偿设定界面

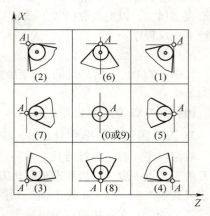

图 3.12　假想刀尖的位置

**例 3.2**　采用刀尖圆弧半径补偿指令加工图 3.7 的手柄，编程如表 3.12 所示。

表 3.12　手柄刀尖圆弧半径补偿的加工程序

| | |
|---|---|
| O3003 | N070 G02 X26.0 Z-31.0 R5.0; |
| N010 T0101; | N080 G01 Z-40.0; |
| N020 G00 X40.0 Z5.0; | N090 G01 X42.0; |
| N030 M03 S400; | N100 G01 Z-45.0; |
| N040 G42 G00 X0;　　　//刀具右补偿 | N110 G40 G00 Z5.0;　　//取消补偿 |
| N050 G01 Z0 F60; | N120 M05; |
| N060 G03 U24.0 W-24.0 R15.0; | N130 M30; |

例 3.2 仿真加工

刀尖圆弧半径补偿输入如图 3.13 所示。

仿真加工完成后，测量圆弧尺寸，如图 3.14 和图 3.15 所示。

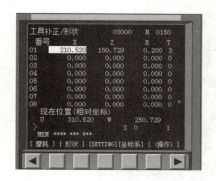

图 3.13 刀尖圆弧半径补偿输入

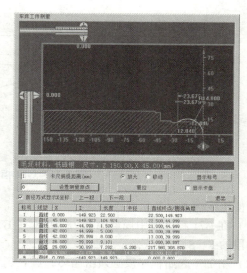

图 3.14 刀尖圆弧半径未补偿

### 4. 复合固定循环

在数控车床上加工圆棒料时，加工余量较大，加工时首先要进行粗加工，然后进行精加工。进行粗加工时，需要多次重复切削，才能加工到规定尺寸，因此，编制程序非常复杂。应用轮廓切削循环指令，只需指定精加工路线和粗加工的切削深度，数控系统就会自动计算出粗加工路线和加工次数，因此可大大简化编程。

#### 1) 外圆粗车循环指令（G71）

该指令用于把圆柱棒料粗车成阶梯轴或内孔需切除较多余量的情况。

编程格式：

G71 U(Δd) R(e);

G71 P(ns) Q(nf) U(Δu) W(Δw) F(f) S(s) T(t);

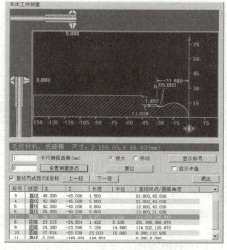

图 3.15 刀尖圆弧半径补偿

其中，Δd 为切削深度，是半径值，且为正值；e 为退刀量；ns 为精加工开始程序段的程序段号。nf 为精加工结束程序段的程序段号。Δu 为 X 轴方向精加工余量，是直径值。Δw 为 Z 轴方向精加工余量。f 为粗车时的进给量。s 为粗车时的主轴转速。t 为粗车时所用刀具的刀具号。

G71 指令一般用于加工轴向尺寸较长的零件，在切削循环过程中，刀具沿 X 方向进刀，平行于 Z 轴切削。

G71 指令的进给路线如图 3.16 所示，图 3.16 中 C 为粗加工循环的起点，A 是毛坯端面外径上的一点。只要给出 AA′B 之间的精加工形状及径向精车余量 Δu/2、轴向精车余量 Δw/2 及切削深度 Δd 就可以完成 AA′BA 区域的粗车工序。

#### 2) 外圆精车循环指令（G70）

用 G71 指令完成粗车循环后，使用 G70 指令可实现精车循环。精车时的加工量是粗车循环时留下的精车余量，加工轨迹是工件的轮廓线。

编程格式：G70 P(ns) Q(nf);

其中，P(ns) 和 Q(nf) 的含义与粗车循环指令中的含义相同。

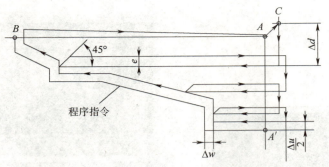

**图 3.16　G71 指令的进给路线**

当使用该指令时必须注意的是：

（1）在 G71 程序段中规定的 F、S、T 对于 G70 指令无效，但在执行 G70 指令时顺序号 ns～nf 程序段的 F、S、T 有效。

（2）精加工起始程序段必须由循环起点 C 到 A′，且没有 Z 轴的移动指令。

**例 3.3**　车削图 3.17 所示的零件。粗车刀 T0101，精车刀 T0202，精车余量 X 轴为 0.2 mm，Z 轴为 0.05 mm。粗车的切削速度为 150 r/min，精车的切削速度为 180 r/mm。粗车的进给量为 0.2 mm/r，精车的进给量为 0.07 mm/r。粗车时每次背吃刀量为 3 mm。

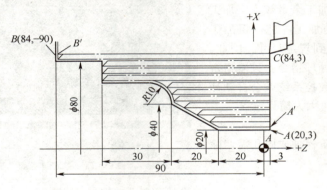

**图 3.17　外圆车削循环实例**

例 3.3 仿真加工

G71 指令的加工程序如表 3.13 所示。

**表 3.13　G71 指令的加工程序**

```
O3004;                          N120 G01 Z-90.0;
N10 T0101;                      N130 G01 X84.0;
N20 G96 M03 S150;               N140 G00 Z3.0;
N30 G00 X84.0 Z3.0;             N150 G00 X100.0 Z100.0;
N40 G71 U3.0 R1.0;              N160 T0202;
N50 G71 P60 Q130 U0.2 W0.05 F0.2;  N170 G00 X84.0 Z3.0;
N60 G00 X20.0;                  N180 G70 P60 Q130;
N70 G01 Z-20.0 F0.07 S180;      N190 G00 Z3.0;
N80 X40.0 W-20.0;               N200 G00 X100.0 Z100.0;
N90 G03 X60.0 W-10.0 R10.0;     N210 M05;
N100 G01 W-20.0;                N220 M30;
N110 G01 X80.0;
```

3）端面粗车循环指令（G72）

端面粗车循环指令 G72 一般用于加工端面尺寸较大的零件，即所谓的盘类零件，在切削循环过程中，刀具沿 Z 方向进刀，平行于 X 轴切削。

编程格式：

G72 U(Δd) R(e);

G72 P(ns) Q(nf) U(Δu) W(Δw) F(f) S(s) T(t);

G72 程序段中的各地址码的含义与 G71 相同。

G72 指令的进给路线如图 3.18 所示，图 3.18 中 C 为粗加工循环的起点，A 是毛坯端面外径上的一点。只要给出 AA'B 之间的精加工形状及径向精车余量 Δu/2、轴向精车余量 Δw/2 及切削深度 Δd 就可以完成 AA'BA 区域的粗车工序。

当使用该指令时必须注意的是：

(1) 用 G72 指令完成粗车循环后，使用 G70 指令可实现精车循环。精车时的加工量是粗车循环时留下的精车余量，加工轨迹是工件的轮廓线。

(2) 在 G72 程序段中规定的 F、S、T 对于 G70 指令无效，但在执行 G70 指令时顺序号 ns～nf 程序段的 F、S、T 有效。

(3) 精加工起始程序段必须由循环起点 C 到 A'，且没有 X 轴的移动指令。

**例 3.4** 车削图 3.19 所示的零件。粗车刀 T0101，精车刀 T0202，精车余量 X 轴为 0.2 mm，Z 轴为 0.05 mm。粗车时主轴转速为 150 r/min，精车时主轴转速为 180 r/mm。粗车的进给量为 0.2 mm/r，精车为 0.07 mm/r。粗车时每次背吃刀量为 3 mm。

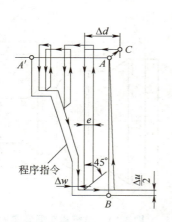

图 3.18　G72 指令的进给路线

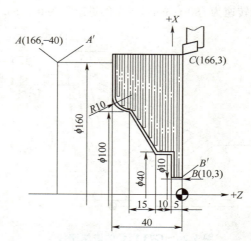

图 3.19　端面车削循环实例

G72 指令的加工程序如表 3.14 所示。

**表 3.14　G72 的指令加工程序**

| | |
|---|---|
| O3005; | N100 G01 U-60.0 W15.0; |
| N10 T0101; | N110 G01 W10.0; |
| N20 M03 S500; | N120 G01 U-25.0; |
| N30 G00 X136.0 Z0.5; | N130 G01 W4.0; |
| N40 G72 W2.0 R0.5; | N135 G01 U-2.0 W1.0; |
| N50 G72 P60 Q135 U0.6 W0.1 F0.2; | N140 G70 P60 Q135; |
| N60 G00 Z-40.0 S800; | N150 G00 X135.0 Z100.0; |
| N70 G01 U-4.0 F0.3; | N160 M05; |
| N80 G01 U-12.0 F0.1; | N170 M30; |
| N90 G03 U-20.0 W10.0 R10.0; | |

#### 4）仿行粗车循环指令（G73）

G73 指令用于零件毛坯已基本成形的铸件或锻件的加工。铸件或锻件的形状与零件轮廓接近，这时若仍使用 G71 指令或 G72 指令，则会产生许多无效切削而浪费加工时间。

编程格式：

G73 U(Δi) W(Δk) R(d);
G73 P(ns) Q(nf) U(Δu) W(Δw) F(f) S(s) T(t);

其中，$\Delta i$ 为 $X$ 向粗加工切除的总余量，是半径值。$\Delta k$ 为 $Z$ 向粗加工切除的总余量。$d$ 为粗切削次数。

其余各地址码含义与 G71 指令相同。

G73 指令的进给路线如图 3.20 所示。

当使用该指令时必须注意的是：

（1）用 G73 指令完成粗车循环后，使用 G70 指令可实现精车循环。精车时的加工量是粗车循环时留下的精车余量，加工轨迹是工件的轮廓线。

（2）在 G73 程序段中规定的 F、S、T 对于 G70 指令无效，但在执行 G70 指令时顺序号 ns～nf 程序段的 F、S、T 有效。

**例 3.5** 车削图 3.21 所示的零件，毛坯如图 3.21 中点画线所示。粗车刀 T0101，精车刀 T0202，粗车余量 $X$ 轴为 8.0 mm，$Z$ 轴为 8.0 mm，需粗车 4 次；精车余量 $X$ 轴为 0.2 mm，$Z$ 轴为 0.05 mm。粗车时主轴转速为 150 r/min，精车时主轴转速为 180 r/mm。粗车的进给量为 0.2 mm/r，精车为 0.07 mm/r。

例 3.5 仿真加工

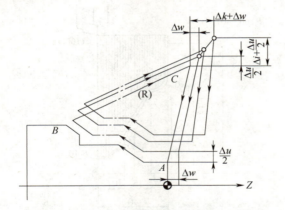

图 3.20　G73 指令的进给路线

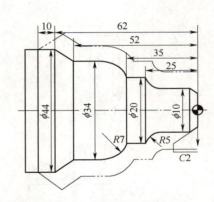

图 3.21　仿行粗车循环实例

G73 指令的加工程序如表 3.15 所示。

表 3.15　G73 指令的加工程序

```
O3006;
N10 T0101;
N20 M03 S500;
N30 G00 X46.0 Z0.5;
N40 G73 U20.0 W0 R6;
N50 G73 P60 Q160 U0.6 W0 F0.2;
N60 G01 X6.0 F0.3;
N70 G01 Z0.0;
N80 G01 X10.0 Z-2.0;
N90 G01 Z-20.0;
N100 G02 X20.0 Z-25.0 R5.0;
N110 G01 Z-35.0;
N120 G03 X34.0 Z-42.0 R7.0;
N130 G01 Z-52.0;
N140 G01 X44.0 Z-62.0;
N150 Z-72.0;
N160 G01 X51.0;
N170 G70 P60 Q160;
N180 G00 X60.0 Z100.0;
N190 M05;
N200 M30;
```

## 任务 3.3 工艺单

### 3.3.1 毛坯准备

45 钢，$\phi$50 mm×102 mm。下料，平端面，做工艺基准面。采用左端工艺基准面定位，台阶面靠紧夹紧加工。

### 3.3.2 工艺设计

项目 3 的工艺表如表 3.16 所示。

表 3.16 项目 3 工艺表

| 单位名称 | 河北工业职业技术大学 | 产品名称或代号 | | 零件名称 | 零件图号 |
|---|---|---|---|---|---|
| | | 项目 3 复合轴 | | 任务 3 复合轴 | ZNZZ – 03 |
| 工序号 | 程序编号 | 夹具名称 | 使用设备 | 数控系统 | 场地 |
| 001 | O0005 | 自定心卡盘 | CK6150 | FANUC 0i Mate TC | 理实一体化教室 |
| 工序号 | 工序内容 | 刀具号 | 刀具名称 | 主轴转速 $n$ / ($r \cdot min^{-1}$) | 进给量 $f$ / ($mm \cdot r^{-1}$) | 背吃刀量 $a_p$/mm | 备注 （程序名） |
| 1 | 粗车外圆 | T0101 | 93°外圆车刀 | 600 | 0.3 | 1 | O0005 |
| 2 | 精车外圆 | T0101 | 93°外圆车刀 | 800 | 0.1 | 0.3 | O0005 |
| 3 | 粗车外圆 | T0202 | 93°外圆车刀 | 600 | 0.3 | 1 | O0006 |
| 4 | 精车外圆 | T0202 | 93°外圆车刀 | 800 | 0.1 | 0.3 | O0006 |
| 5 | 切槽 | T0303 | 切槽刀 | 500 | 0.3 | | O0006 |
| 编制 | | 审核 | 智能制造教研室 | 批准 | 智能制造教研室 | 共 1 页 | 第 1 页 |

## 任务 3.4 刀具选择

项目 3 的刀具表如表 3.17 所示。

表 3.17 项目 3 刀具表

| 产品名称或代号 | | 数控编程与零件加工实训件 | 零件名称 | 任务 3 复合轴 | 零件图号 | ZNZZ – 03 | |
|---|---|---|---|---|---|---|---|
| 序号 | 刀具号 | 刀具名称 | 数量 | 过渡表面 | 刀尖半径 $R$/mm | 备注 | |
| 1 | T01 | 93°外圆车刀 | 1 | 左端轮廓 | 0.2 | | |
| 2 | T02 | 93°外圆车刀 | 1 | 右端轮廓 | 0.2 | | |
| 3 | T03 | 2 mm 切槽刀 | 1 | 2 mm 槽 | 0 | | |
| 编制 | | 审核 | 智能制造教研室 | 批准 | 智能制造教研室 | 共 1 页 | 第 1 页 |

项目 3 复合轴零件加工 65

## 任务 3.5  程序单

### 3.5.1  基点坐标计算

项目 3 的基点坐标如图 3.22 和图 3.23 所示。

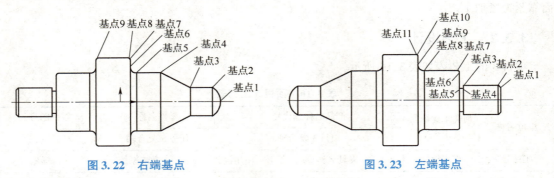

图 3.22  右端基点 　　　　　　　图 3.23  左端基点

右侧和左侧基点坐标如表 3.18 和表 3.19 所示。

表 3.18  右侧基点坐标

| 基点 | 坐标 | 基点 | 坐标 |
| --- | --- | --- | --- |
| 1 | X0　Z0 | 6 | X36　Z−45 |
| 2 | X15　Z−4 | 7 | X45　Z−45 |
| 3 | X15　Z−15 | 8 | X46　Z−45.5 |
| 4 | X30　Z−30 | 9 | X46　Z−63 |
| 5 | X30　Z−42 | 10 | |

表 3.19  左侧基点坐标

| 基点 | 坐标 | 基点 | 坐标 |
| --- | --- | --- | --- |
| 1 | X13　Z0 | 7 | X30　Z−20.5 |
| 2 | X15　Z−1 | 8 | X30　Z−37 |
| 3 | X15　Z−18 | 9 | X36　Z−40 |
| 4 | X12　Z−18 | 10 | X45　Z−40 |
| 5 | X12　Z−20 | 11 | X46　Z−40.5 |
| 6 | X29　Z−20 | 12 | |

### 3.5.2  程序编制

程序如表 3.20 和表 3.21 所示。

表 3.20　右侧加工程序

| | |
|---|---|
| O0005;<br>N10 T0101;<br>N20 M03 S500;<br>N30 G00 X51.0 Z1.0;<br>N40 G71 U2.0 R0.5;<br>N50 G71 P60 Q150 U0.6 W0.5 F0.2;<br>N60 G01 G42 X0.0 F0.15 S800;<br>N70 G01 Z0.0;<br>N80 G03 X15.0 Z-4.0 R9.0;<br>N90 G01 Z-15.0; | N100 X30.0 Z-30.0;<br>N110 Z-42.0;<br>N120 G02 X36.0 Z-45.0 R3.0;<br>N130 G01 X45.0;<br>N140 G01 X46.0 Z-45.5;<br>N150 G01 Z-75.0;<br>N160 G70 P60 Q150;<br>N170 G00 X60.0 Z100.0;<br>N180 M05;<br>N190 M30; |

表 3.21　左侧加工程序

| | |
|---|---|
| O0006;<br>N10 T0202;<br>N20 M03 S500;<br>N30 G00 X51.0 Z1.0;<br>N40 G71 U2.0 R0.5;<br>N50 G71 P60 Q150 U0.6 W0.5 F0.2;<br>N60 G01 G42 X13.0 F0.15 S800;<br>N70 G01 Z0.0;<br>N80 G01 X15.0 Z-1.0;<br>N90 G01 Z-20.0;<br>N100 X29.0;<br>N110 X30.0 Z-20.5;<br>N120 G01 Z-37.0;<br>N130 G02 X36.0 Z-40.0 R3.0; | N140 G01 X45.0;<br>N150 G01 X46.0 Z-40.5;<br>N160 G70 P60 Q150;<br>N170 G00 X60.0 Z100.0;<br>N180 T0303;<br>N190 S500;<br>N200 G00 X20.0;<br>N210 G00 Z-20.0;<br>N220 G01 X12.0 F0.3;<br>N230 G04 X2.0;<br>N240 G00 X60.0;<br>N250 G00 Z100.0;<br>N260 M05;<br>N270 M30; |

## 任务 3.6　仿真加工

### 3.6.1　选择机床和系统

打开宇龙仿真软件，选择"机床"→"选择机床"命令，机床类型选择数控车，系统选择 FANUC 0i Mate，如图 3.24 所示。

图 3.24　FANUC 0i Mate 数控系统（MDI 键盘和操作面板）

### 3.6.2 定义毛坯和安装零件毛坯

选择"零件"→"定义毛坯"命令,定义毛坯尺寸为 φ50 mm×102 mm,如图 3.25 所示。然后选择定义好的毛坯,单击"安装零件"按钮,如图 3.26 所示。

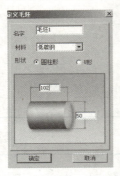

图 3.25 定义毛坯

图 3.26 安装毛坯

### 3.6.3 选择和安装刀具

选择"机床"→"选择刀具"命令,在刀架上分别安装 3 把刀具,1 号刀为外圆刀具,2 号刀为外圆刀具,3 号刀为切槽刀具,如图 3.27 所示。

### 3.6.4 对刀操作

分别完成对刀操作,3 把刀具对刀数据如图 3.28 所示。

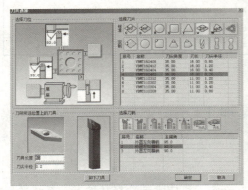

图 3.27 安装刀具

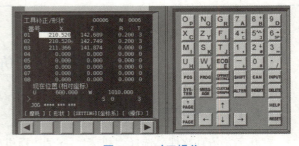

图 3.28 对刀操作

### 3.6.5 仿真加工

选择自动运行方式,执行程序 O0004,右侧加工结果如图 3.29 所示;执行程序 O0005,左侧加工结果如图 3.30 所示。

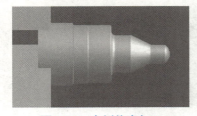

图 3.29 右侧仿真加工

图 3.30 左侧仿真加工

项目 3 仿真操作

## 任务3.7 数控加工

### 3.7.1 数控车床基本操作

（1）数控车床开机操作。
（2）数控车床回参考点操作。
（3）自定心卡盘反爪安装，注意卡爪安装顺序。
（4）盘类毛坯安装与找正。
（5）内孔刀具安装与调整。
（6）钻头与锥套的使用，尾座的使用。
（7）关机操作：关机过程一般为急停关→操作面板电源关→机床电气柜电源关→总电源关。

### 3.7.2 数控加工程序的输入与编辑练习

（1）机床坐标界面操作。
（2）程序管理操作：
①新建一个数控程序；
②删除一个数控程序；
③检索一个NC程序。
（3）数控车床系统程序编辑：
①移动光标；
②插入字符；
③删除输入域中的数据；
④删除字符；
⑤查找；
⑥替换。
（4）加工程序录入：
①空运行验证；
②使用GRAPH功能验证轨迹。

项目3 综合实训

### 3.7.3 试切与零件加工检验

（1）对刀操作，完成3把刀对刀。
（2）自动运行加工右侧。
（3）自动运行加工左侧。
（4）使用游标卡尺测量直径。
复合轴加工结果如图3.31所示。

图3.31 复合轴加工结果

## 任务3.8 项目总结

本项目主要介绍了FANUC系统循环指令的用法，通过复合轴零件的工艺方案设计，掌握复杂轴类零件的工艺设计方法，同时掌握常用数控车削刀具的类型和特点，了解数控刀具的要求及常用的刀具材料；数控车削刀具的选择方法；通过复合轴零件的编程，掌握循环指令 G71、G72、G73 的使用方法和适用毛坯类型，掌握 G02/G03 指令的使用，刀尖圆弧半径补偿的使用方法；通过复合轴零件的加工，掌握端面车刀等刀具的安装和调整；通过复合轴零件的检验，熟练掌握游标卡尺和千分尺的使用。

### 任务3.9　思考与练习

（1）简述数控刀具的种类有哪些。
（2）数控刀具的特点有哪些？
（3）数控刀具的常用材料有哪些？
（4）对数控刀具材料的性能要求有哪些？
（5）数控车刀具中各几何参数对切削有何影响？
（6）数控车削刀具如何选择？
（7）数控车刀具如何选择对刀点？
（8）G71、G72、G73 指令如何使用？各有何特点？
（9）G02/G03 指令如何使用？
（10）刀尖圆弧半径补偿指令如何使用？
（11）如图 3.32 所示，编写加工程序，通过仿真加工验证程序的正确性。

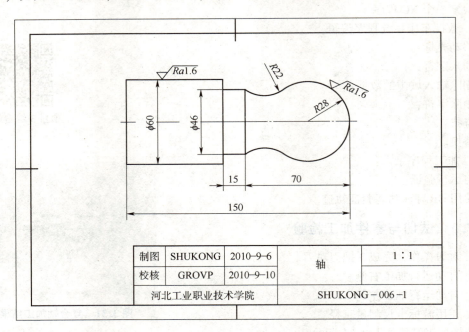

图 3.32　轴

# 项目 4 螺纹轴零件加工

## 任务 4.1 任务书

螺纹是机械连接的重要部件,如图 4.1 所示,已知材料为 45 钢,毛坯尺寸为 $\phi60\ mm \times 127\ mm$,制定零件的加工工艺,编写零件的加工程序,在实训教学区进行实际加工。

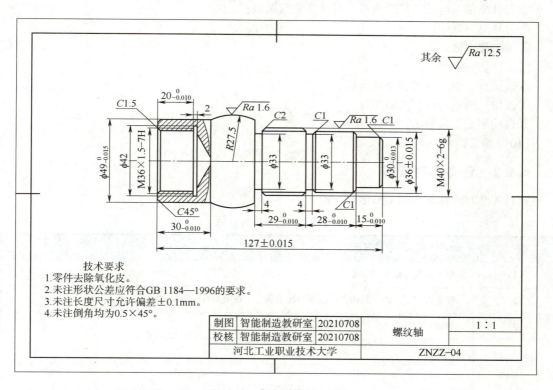

图 4.1 项目 4 零件图

### 4.1.1 任务要求

(1)进行螺纹轴零件工艺分析。
(2)确定定位、夹紧方式,选用刀具。
(3)确定编程原点、编程坐标系、对刀位置及对刀方法。
(4)确定运动方向、轨迹。
(5)确定加工所用各种工艺参数。

（6）进行数值计算。

（7）重点掌握 G92 指令，编制螺纹轴加工程序。

（8）掌握机床仿真操作加工步骤：

①启动机床，回参考点；

②刀具准备，包括刀片选择、刀柄选择、刀具安装与调整；

③刀具对刀操作；

④加工程序输入；

⑤工件装夹；

⑥试运行，空走刀或者单段运行；

⑦试切，调整刀补，检验工件；

⑧自动加工，检验工件。

（9）进行实际加工：

①启动机床，回参考点；

②刀具准备，包括刀具的选择、刀具安装与调整；

③刀具对刀操作；

④加工程序输入；

⑤工件装夹定位；

⑥试运行，空走刀或者单段运行；

⑦试切，调整刀补，检验工件；

⑧自动加工，检验工件。

（10）加工检验。

### 4.1.2　任务学时安排

项目 4 学时安排如表 4.1 所示。

**表 4.1　项目 4 学时安排**

| 序号 | 内容 | 学时 |
|------|------|------|
| 1 | 相关编程基础知识学习 | 2 |
| 2 | 任务说明，分组，明确设计任务和技术条件，查阅资料，制定方案 | |
| 3 | 编制程序 | 1.5 |
| 4 | 仿真加工 | |
| 5 | 实际加工 | 1 |
| 6 | 验收，答辩，提交任务报告，评定成绩 | 0.5 |
| 合计 | | 5 |

## 任务 4.2　相关知识

根据被加工的零件图，按照加工工艺路线，对零件图形进行数学处理，计算零件所需加工部分的轮廓坐标，是编程前的一个关键性的环节，不但对手工编程来说是必不可少的工作步骤，

72　■　数控机床编程技术

即使采用计算机进行自动编程，也需要对工件的轮廓图形先进行数学预处理，才能得到轮廓的坐标。坐标计算主要包括以下内容。

## 4.2.1 数控编程坐标计算

### 1. 基点坐标计算

一个零件的轮廓复杂多样，但大多是由许多不同的几何元素组成，如直线、圆弧、二次曲线及列表点曲线等。各几何元素之间的交点或切点称为基点，如两直线间的交点，直线与圆弧或圆弧与圆弧间的交点或切点，圆弧与二次曲线的交点或切点等。相邻基点间只能是一个几何元素。对于由直线与直线或直线与圆弧构成的平面轮廓零件，由于目前一般机床数控系统都具有直线、圆弧插补功能，故坐标计算比较简单。此时，只需计算出基点坐标与圆弧的圆心点坐标。

零件轮廓的基点坐标计算，一般采用代数法或几何法。代数法通过列方程组的方法求解基点坐标，这种方法虽然已根据轮廓形状，将直线和圆弧的关系归纳成若干种方式，并变成标准的计算形式，方便了计算机求解，但手工编程时采用代数法进行数值计算还是比较烦琐的。根据图形间的几何关系利用三角函数法求解基点坐标，计算比较简单、方便，与列方程组解法比较，工作量明显减少。本节重点介绍三角函数法求解基点坐标。

（1）常用的三角函数公式，对于由直线和圆弧组成的零件轮廓，采用手工编程时，常利用直角三角形的几何关系进行基点坐标的数值计算。图 4.2 为直角三角形的几何关系，三角函数计算公式如表 4.2 所示。

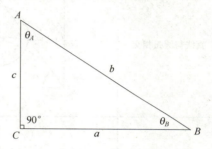

图 4.2　直角三角形几何关系

表 4.2　三角函数计算公式

| 已知角 | 求相应边 | 已知边 | 求相应角 |
| --- | --- | --- | --- |
| $\theta_A$ | $a/c = \sin \theta_A$ | $a, c$ | $\theta_A = \arcsin(a/c)$ |
| $\theta_A$ | $b/c = \cos \theta_A$ | $a, c$ | $\theta_A = \arccos(b/c)$ |
| $\theta_A$ | $a/b = \tan \theta_A$ | $a, c$ | $\theta_A = \arcsin(a/b)$ |
| $\theta_B$ | $b/c = \sin \theta_B$ | $a, c$ | $\theta_B = \arcsin(b/c)$ |
| $\theta_B$ | $a/c = \cos \theta_B$ | $a, c$ | $\theta_B = \arccos(a/c)$ |
| $\theta_B$ | $b/a = \tan \theta_B$ | $a, c$ | $\theta_B = \arctan(b/a)$ |
| 勾股定理 | $c^2 = a^2 + b^2$ | 三角形内角和 | $\theta_A + \theta_B + 90° = 180°$ |
| 正弦定理 | $\dfrac{a}{\sin \theta_A} = \dfrac{b}{\sin \theta_B} = \dfrac{c}{\sin \theta_C} = 2R$ | 余弦定理 | $\cos \theta_A = \dfrac{b^2 + c^2 - a^2}{2bc}$ |

在手工计算中，常见的基点是直线和圆弧的切点、圆弧和圆弧的切点。交点与切点类型如表 4.3 所示。

表 4.3　交点与切点类型

| 类型 | 图 | 计算公式 |
|---|---|---|
| 直线与圆弧相切 | 已知：$(x_1,y_1),(x_2,y_2),R$，求 $x_c,y_c$ | $\Delta x = x_2 - x_1 , \Delta y = y_2 - y_1;$<br>$\alpha_1 = \arctan(\Delta y/\Delta x);$<br>$\alpha_2 = \arcsin(R/\sqrt{\Delta x^2 + \Delta y^2});$<br>$\beta = \mid \alpha_1 \pm \alpha_2 \mid;$<br>$x_c = x_2 \pm R\mid \sin \beta \mid;$<br>$y_c = y_2 \pm R\mid \cos \beta \mid$ |
| 直线与圆弧相交 | | $\Delta x = x_2 - x_1 , \Delta y = y_2 - y_1;$<br>$x_2 = \arcsin\left\vert \dfrac{\Delta x \sin \alpha_1 - \Delta y \cos \alpha_1}{R} \right\vert;$<br>$\beta = \mid \alpha_1 \pm \alpha_2 \mid;$<br>$x_c = x_2 \pm R\mid \sin \beta \mid;$<br>$y_c = y_2 \pm R\mid \cos \beta \mid$ |
| 两圆相交 | | $\Delta x = x_2 - x_1 , \Delta y = y_2 - y_1;$<br>$d = \sqrt{\Delta x^2 + \Delta y^2};$<br>$\alpha_1 = \arctan(\Delta y/\Delta x);$<br>$\alpha_2 = \arccos \dfrac{R_1^2 + d^2 - R_2^2}{2R_1 d};$<br>$\beta = \mid \alpha_1 \pm \alpha_2 \mid$<br>$x_c = x_1 \pm R_1\mid \cos \beta \mid;$<br>$y_c = y_1 \pm R_1\mid \sin \beta \mid$ |
| 直线与两圆相切 | | $\Delta x = x_2 - x_1 , \Delta y = y_2 - y_1;$<br>$\alpha_1 = \arctan(\Delta y/\Delta x);$<br>$\alpha_2 = \arcsin \dfrac{R_2 \pm R_1}{\sqrt{\Delta x^2 + \Delta y^2}}$<br>$\beta = \mid \alpha_1 \pm \alpha_2 \mid;$<br>$x_{c1} = x_1 \pm R_1\mid \sin \beta \mid;$<br>$y_{c1} = y_1 \pm R_1\mid \cos \beta \mid$ |

（2）计算实例：如图 4.3 所示，试用三角函数法计算基点 1、2、3、4、5 点坐标。

编程原点选择在 0 点、1 点和 4 点，为直线与圆弧相切，2 点和 3 点为直线与两圆弧相切，5 点为直线相交。下面分别计算。

①1 点直线与圆弧相切，连接切点和圆心，得到直角三角形，如图 4.4 所示。

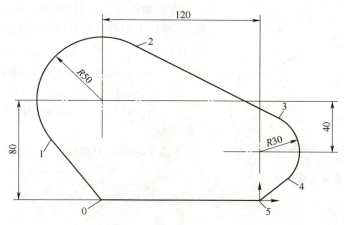

图 4.3 计算基点坐标

在三角形中,半径为 50,圆心的坐标为(0,80),所以由勾股定理可以得出 1 点的直角边长。

$$L = \sqrt{80^2 - 50^2} = 62.450$$
$$x_1 = -L\cos(\arccos 50/80) = -39.031$$
$$y_1 = L\sin(\arccos 50/80) = 48.750$$

②2 点直线与两圆弧相切,连接切点和圆心、圆心和圆心,得到直角三角形,如图 4.5 所示。

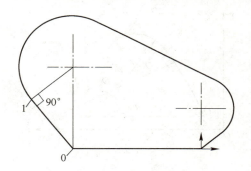

图 4.4 基点 1 坐标计算

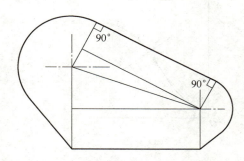

图 4.5 基点 2、3 坐标计算

$$\alpha_2 = \arctan 40/120 = 18.435$$
$$\alpha_1 = \arcsin \frac{50 - 30}{\sqrt{120^2 + 40^2}} = 9.097$$
$$\beta = \alpha_1 + \alpha_2 = 27.532$$
$$x_2 = R_2\sin\beta = 50 \times \sin 27.532 = 23.112$$
$$y_2 = 80 + R_2\cos\beta = 80 + 44.338 = 124.338$$

③3 点直线与两圆弧相切,连接切点和圆心、圆心和圆心,得到直角三角形,如图 4.4 所示。$\alpha_1$、$\alpha_2$、$\beta$ 和 2 点计算相同。

$$x_3 = 120 + R_1\sin\beta = 120 + 30\sin 27.532 = 133.867$$
$$y_3 = 40 + R_1\cos\beta = 40 + 30\cos 27.532 = 66.603$$

④4 点直线与圆弧相切,连接切点和圆心,得到直角三角形,如图 4.6 所示。

项目 4 螺纹轴零件加工

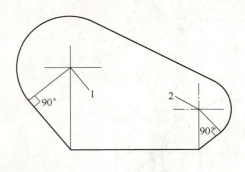

在三角形中，半径为30，圆心的坐标为（120，40），所以由勾股定理可以得出4点的直角边长。

$$L = \sqrt{40^2 - 30^2} = 26.456$$
$$x_4 = 120 + L\cos(\arccos 30/40)$$
$$= 120 + 19.842 = 139.842$$
$$y_4 = L\sin(\arccos 30/40) = 17.498$$

⑤5点。

5点坐标可以直接由尺寸得出：
$$x_5 = 120$$
$$y_5 = 0$$

图 4.6　基点4坐标计算

## 2. 节点坐标计算

当零件的形状是由直线段或圆弧外的其他曲线构成的，而数控装置又不具备该曲线的插补功能时，其数值计算就比较复杂。将组成零件轮廓曲线，按数控系统插补功能的要求，在满足允许的编程误差的条件下，用若干直线段或圆弧逼近给定的曲线，逼近线段的交点或切点称为节点。如图4.7所示，图4.7（a）所示为用直线段逼近非圆曲线的情况，图4.7（b）所示为用圆弧段逼近非圆曲线的情况。编写程序时，应按节点划分程序段。逼近线段的近似区间越大，则节点数目越少，相应的程序段数目也会减少，但逼近线段的误差应小于或等于编程允许误差，考虑到工艺系统及计算误差的影响，编程允许误差一般取零件公差的1/5～1/10。

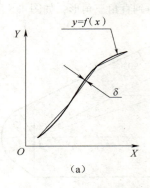
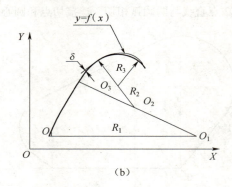

图 4.7　曲线逼近
（a）用直线段逼近非圆曲线；（b）用圆弧段逼近非圆曲线

数控加工中把除直线与圆弧外可以用数学方程式表达的平面轮廓曲线称为非圆曲线。非圆曲线类零件包括平面凸轮类、样板曲线、圆柱凸轮，以及数控车床上加工的各种以非圆曲线为母线的回转体零件等等。其数值计算过程，一般可按以下步骤进行：

（1）选择插补方式，即应首先决定是采用直线段逼近非圆曲线，还是采用圆弧段或抛物线等二次曲线逼近非圆曲线。

（2）确定编程允许误差。

（3）选择数学模型，确定计算方法。非圆曲线节点计算过程一般比较复杂。目前生产中采用的算法也较多。在决定采取什么算法时，主要应考虑的因素有两条，其一是尽可能按等误差的条件，确定节点坐标位置，以便最大限度地减少程序段的数目；其二是尽可能寻找一种简便的算法，简化计算机编程，省时快捷。

（4）根据算法，画出计算机处理流程图。

（5）用高级语言编写程序，上机调试程序，并获得节点坐标数据。

### 3. 列表曲线形值点坐标计算

实际零件的轮廓形状，除了可以由直线、圆弧或其他非圆曲线组成，有些零件图的轮廓形状是通过实验或测量的方法得到的。零件的轮廓数据在图样上是以坐标点的表格形式给出的，这种由列表点（又称为型值点）给出的轮廓曲线称为列表曲线。列表轮廓零件在以传统的工艺方法加工时，其加工质量完全取决于钳工的技术水平，且生产效率极低。列表轮廓零件目前广泛采用数控加工，但在加工程序的编制方面遇到了较大的困难，这主要由于数学方程的描述与数控加工对列表曲线轮廓逼近的某些要求之间往往存在矛盾。也就是说，要获得比较理想的拟合效果，其数学处理过程相应会变得比较复杂。然而与非圆曲线比较，列表曲线在数据输入的形式上又比较简单，除了给出各列表点的坐标数据，只需再给出端点条件，将这些数据输入计算机中，由事先编制好的可以处理列表曲线的计算机处理程序自动处理，很快便可获得结果。

在列表曲线的数学处理方面，常用的方法有牛顿插值法、三次样条曲线拟合、圆弧样条拟合与双圆弧样条拟合等。由于以上各种拟合方法在使用时，往往存在着某种局限性，目前处理列表曲线通常采用二次拟合法，即在对列表曲线进行拟合时，第一次先选择直线方程或圆方程之外的其他数学方程式来拟合列表曲线，称为第一次拟合，然后根据编程允许误差的要求，在已给定的各相邻列表点之间，按照第一次拟合时的数学方程（称为差值方程）进行插点加密求得新的节点。目前比较一致的做法为，采用三次参数样条函数对列表曲线进行第一次拟合，然后使用双圆弧样条进行第二次逼近。

为了在给定的列表点之间得到一条光滑的曲线，对列表曲线逼近一般有以下要求：

（1）方程式表示的零件轮廓必须通过列表点。

（2）方程式给出的零件轮廓与列表点表示的轮廓凹凸性应一致，即不应在列表点的凹凸性之外再增加新的拐点。

（3）光滑性。为使数学描述不过于复杂，通常一个列表曲线要用许多参数不同的同样方程式来描述，希望在方程式的两两连接处有连续的一阶导数或二阶导数，若不能保证一阶导数连续，则希望连接处两边一阶导数的差值尽量小。

需要说明的是，在对列表轮廓处理的过程中，有一个非常重要的概念，就是光顺处理，"光"的意思是光滑，"顺"的意思是顺眼。尽管在数学处理时，可以满足轮廓逼近的一般要求，但若给出的列表点存在某种不足，则仍会给加工后的零件带来某种误差而造成不光顺。这主要由于列表数据多数是通过实验或测量方法获得的，故必然会产生某种误差，而且在设计数据的多次传递过程中也会产生人为误差，使列表点中产生若干个"坏点"。若首先对输入的列表数据进行检查，找出坏点，予以修正，则可达到光顺处理的目的。

## 4.2.2 计算机辅助计算

### 1. 计算机辅助计算内容

在数控加工中，零件图纸往往是由 CAD 类软件绘制的，利用 CAD 软件的标注功能可以方便地得到零件的坐标，这不仅提高了编程的速度和效率，还大大提高了坐标的准确度。利用 CAD 软件，辅助计算零件轮廓坐标过程，一般可按以下步骤进行：

（1）打开已有零件图形，或者绘制零件图形，如果是绘制零件图形，则可以选择与数控加工相关的零件的特征点，不需要将零件完整画出，图形必须按照实际尺寸绘图。

（2）修改标注精度，一般可取小数点后三位，如果提高精度，则可以选择小数点后四位。

（3）选择捕捉设置，选择相应的捕捉方式，例如，如果选择切点，那么捕捉设置选择为切点方式。

项目 4 螺纹轴零件加工 77

（4）选择编程原点。
（5）标注相应的尺寸。

### 2. 计算机辅助计算实例

下面以常用的 CAD 软件为例，计算零件相应的坐标。

使用 CAXA 电子图板，计算图 4.8 所示手柄零件图的基点坐标。

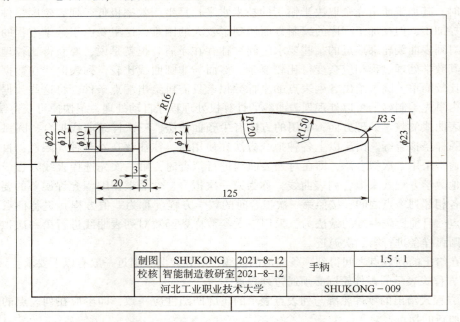

图 4.8　手柄零件图

手柄零件图较为简单，加工需要两次装夹，本例以手柄零件右段为例。编程原点选择在零件右侧端面的中心处，$R3.5$ 圆弧和 $R150$ 圆弧切点、$R150$ 圆弧和 $R120$ 圆弧的切点、$R120$ 圆弧和 $R16$ 圆弧的切点计算较为困难，使用 CAD 软件捕捉点的坐标比较容易。

（1）确定基点，根据零件图可知，手柄零件的基点是直线和直线的交点和圆弧和圆弧的切点，基点顺序如图 4.9 所示。

（2）打开文件，选择"文件"→"打开"命令，或单击文件图标 ，打开手柄零件图。

（3）确定原点，确定编程原点在零件右端面的中心处，如图 4.9 所示。

（4）修改标注精度，选择"格式"→"标注风格"命令，如图 4.10 所示，弹出"标注风格"对话框，如图 4.11 所示。

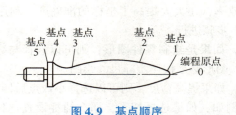

图 4.9　基点顺序　　　　　　　　图 4.10　"标注风格"菜单命令

78　数控机床编程技术

单击"编辑"按钮，弹出"编辑风格－标准"对话框，修改精度如图 4.12 所示。

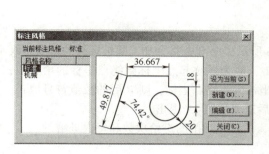

图 4.11 "标注风格"对话框　　　　图 4.12 修改精度

选择"单位和精度相关"选项卡，在精度中选择小数点后三位标注精度，如果精度较高，则可选择小数点后四位标注精度，然后单击"确定"按钮。

（5）选择"标注"→"尺寸标注"命令，如图 4.13 所示，按"Space"键，选择"切点"命令，如图 4.14 所示。

（6）标注坐标，选择基点标注，如图 4.15 所示。

  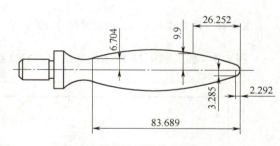

图 4.13 "标注"菜单　　图 4.14 选择"切点"命令　　图 4.15 标注尺寸

根据标注尺寸，得到基点坐标，如表 4.4 所示。

表 4.4 基点坐标

| 基点 | 坐标 | 基点 | 坐标 |
| --- | --- | --- | --- |
| 1 | X6.57　Z－2.292 | 4 | X23.0　Z－100.0 |
| 2 | X19.8　Z－26.252 | 5 | X23.0　Z－105.0 |
| 3 | X13.704　Z－83.689 | | |

### 4.2.3 数控车编程常用指令

**1. 单一螺纹指令 G32**

G32 指令用于加工等距螺纹的直螺纹、锥螺纹、内螺纹、外螺纹等常用螺纹。

项目 4　螺纹轴零件加工　79

编程格式：G32 X(U)_ Z(W)_ F_;

其中，X、Z 为螺纹终点的绝对坐标，省略 X 时为直螺纹，U、W 为螺纹起点坐标到终点坐标的增量值，F 为螺纹导程。

**2. 螺纹切削循环指令 G92**

简单螺纹切削循环指令 G92 可以用于加工圆柱螺纹和圆锥螺纹。该指令的循环路线与前述的 G90 指令基本相同，只是将 F 后面的进给量改为螺纹导程即可。

编程格式：圆柱螺纹 G92 X(U)_ Z(W)_ F_;
　　　　　圆锥螺纹 G92 X(U)_ Z(W)_ R_ F_;

用 G92 指令加工圆柱螺纹的进给路线如图 4.16 所示，用 G92 指令加工圆锥螺纹的进给路线如图 4.17 所示。其中，X、Z 为螺纹终点坐标值，U、W 为螺纹起点坐标到终点坐标的增量值，R 为锥螺纹大端和小端的半径差。若工件锥面起点坐标大于终点坐标，则 R 后的数值符号取正；反之取负，该值在此处采用半径编程。切削完螺纹后退刀按照 45°退出。

需要说明的是：用 G92 指令加工螺纹需要编程人员设定切削的进给次数和每次进给量。

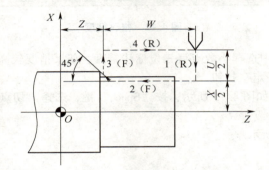 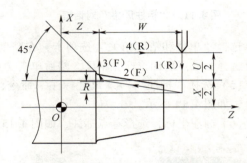

图 4.16　用 G92 指令加工圆柱螺纹的进给路线　　图 4.17　用 G92 指令加工圆锥螺纹的进给路线

**例 4.1**　加工图 4.18 所示的螺纹，用 G92 编程，如表 4.5 所示。

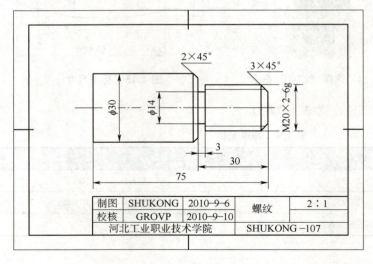

图 4.18　螺纹零件图

例 4.1 仿真加工

大径计算：
公称直径 $-0.1P = 20 - 0.1 \times 2 = 19.8$（mm）

表 4.5  螺纹加工程序

| | |
|---|---|
| O4001; | N170 G01 X30.0; |
| N10 T0101; | N180 G01 X26.0 Z-30.0; |
| N20 M03 S500; | N190 G01 X14.0; |
| N30 G00 X31.0 Z1.0; | N200 G00 X50.0; |
| N40 G90 X28.0 Z-30.0 F0.3; | N210 Z100.0; |
| N50 X26.0; | N220 T0404; |
| N60 X24.0; | N230 M03 S800; |
| N70 X22.0; | N240 G00 X21.0 Z5.0; |
| N80 X19.8; | N250 G92 X18.9 Z-26.5 F2.0; |
| N90 G00 X50.0 Z100.0; | N260 X18.3; |
| N100 T0202; | N270 X17.7; |
| N110 M03 S500; | N280 X17.3; |
| N120 G00 X31.0; | N290 X17.2; |
| N130 Z-30.0; | N300 G00 X50.0 Z100.0; |
| N140 G01 X14.0 F0.15; | N310 M05; |
| N150 G00 X31.0; | N320 M30; |
| N160 G00 Z-32.0; | |

### 3. 复合螺纹切削循环指令（G76）

G76 指令用于多次自动循环车螺纹，数控加工程序中只需指定一次，就能自动进行加工。在车削过程中，除第一次车削深度外，系统自动计算螺纹切削的进给次数和每次进给量，完成螺纹的粗加工和精加工循环。复合螺纹切削循环的进给路线如图 4.19 所示。

编程格式：

G76 P(m) (r) (a) Q(Δdmin) R(d);

G76 X(U) _ Z(W) _ R(i) P(k) Q(Δd) F(I);

其中，m 为精车螺纹次数，必须用两位数表示，范围为 01~99，r 为螺纹末端倒角量，必须用两位数表示，范围为 00~99，如 r=10，则倒角量 = 10×0.1×导程。a 为刀尖的角度，可选择 80°、60°、55°、30°、29°、0 等几种。m、r、a 必须用两位数表示，同用地址 P 一次指定。例如，P021060 表示精车车削两次，末端倒角量为一个螺距长，刀具角度为 60°。Δdmin 为最小背吃刀量，是半径值，指令中用 Δdmin 的 1 000 倍来表示，如 Δdmin = 0.02 mm，编程格式为 Q20。d 为精车余量。X(U)、Z(W) 为螺纹终点坐标，即 A 点的坐标。i 为车削锥度螺纹时，终点 B 到起点 A 的向量值。若 i=0 或省略，则表示车削圆柱螺纹。k 为 X 轴方向的螺纹深度，以半径值表示。Δd 为第一刀背吃刀量，以半径值表示，该值不能用小数点方式表示，如 Δd = 0.6 mm，需写成 Q600。I 为螺纹导程。

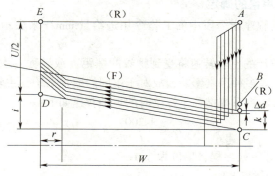

图 4.19  复合螺纹切削循环的进给路线

**例 4.2** 加工图 4.20 所示工件的螺纹，已知 T0404 为螺纹刀，车螺纹时主轴转速 $n=200$ r/min。空刀进入量 $\Delta l=8$ mm，牙型高度 $=0.6495\times 2=1.299$（mm），牙底直径 $=27.402$ mm。

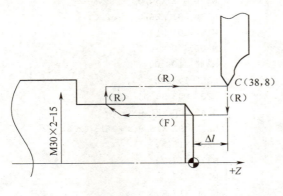

图 4.20　螺纹

例 4.2 仿真加工

G76 指令的加工程序如表 4.6 所示。

表 4.6　G76 指令的加工程序

| | |
|---|---|
| O4002; | N180 M03 S500; |
| N10 T0101; | N190 G00 X31.0; |
| N20 M03 S500; | N200 Z-30.0; |
| N30 G00 X41.0 Z1.0; | N210 G01 X24.0 F0.15; |
| N40 G90 X38.0 Z-30.0 F0.3; | N220 G00 X50.0; |
| N50 X35.0; | N230 G01 Z-28.0; |
| N60 X32.0; | N240 G01 X24.0; |
| N70 X30.6; | N250 G00 X50.0; |
| N80 G00 X50.0 Z100.0; | N260 Z100.0; |
| N90 T0202; | N270 T0404; |
| N100 M03 S800; | N280 M03 S800; |
| N110 G00 G42 X24.0 Z0.0; | N290 G00 X30.0 Z8.0; |
| N120 G01 X29.8 Z-3.0 F0.1; | N300 G76 P010060 Q100 R50; |
| N130 Z-30.0; | N310 G76 X27.402 Z-27.5 R0 P1299 Q500 F2.0; |
| N140 G01 X41.0; | N320 G00 X50.0 Z100.0; |
| N150 G00 X50.0; | N330 M05; |
| N160 G00 G40 X55.0 Z100.0; | N340 M30; |
| N170 T0303; | |

**4. 车削螺纹时切削用量的确定**

（1）车螺纹时，加工程序指令段中的 F 指令用进给量 mm/r 来表示，它等于所加工螺纹的螺距 $P$。

（2）车削螺纹时，车床的主轴转速将受到螺纹的螺距（或导程）大小、驱动电动机的矩频特性及螺纹插补运算速度等多种因素影响，故对于不同的数控系统，主轴转速的选择范围不同。例如，大多数经济型车床数控系统推荐车螺纹时的主轴转速如下：

$$n \leq \frac{1\,200}{P} - k$$

式中，$P$——工件螺纹的螺距或导程，单位为 mm；

　　　$k$——保险系数，一般取 80。

（3）在切削螺纹时，如果螺纹牙型较深，螺距较大，则可分几次进给，每次进给的背吃刀量用螺纹深度减精加工背吃刀量所得的差按递减规律分配，常用螺纹切削的进给次数与背吃刀量如表4.7所示。

表4.7　常用螺纹切削的进给次数与背吃刀量

| 米制螺纹 | | | | | | | |
|---|---|---|---|---|---|---|---|
| 螺距/mm | 1.0 | 1.5 | 2.0 | 2.5 | 3.0 | 3.5 | 4.0 |
| 牙深/mm | 0.649 | 0.974 | 1.299 | 1.624 | 1.949 | 2.273 | 2.598 |
| 背吃刀量及进给次数　1次 | 0.7 | 0.8 | 0.9 | 1.0 | 1.2 | 1.5 | 15 |
| 2次 | 0.4 | 0.6 | 0.6 | 0.7 | 0.7 | 0.7 | 0.8 |
| 3次 | 0.2 | 0.4 | 0.6 | 0.6 | 0.6 | 0.6 | 0.6 |
| 4次 | | 0.16 | 0.4 | 0.4 | 0.4 | 0.6 | 0.6 |
| 5次 | | | 0.1 | 0.4 | 0.4 | 0.4 | 0.4 |
| 6次 | | | | 0.15 | 0.4 | 0.4 | 0.4 |
| 7次 | | | | | 0.2 | 0.2 | 0.4 |
| 8次 | | | | | | 0.15 | 0.3 |
| 9次 | | | | | | | 0.2 |
| 英制螺纹 | | | | | | | |
| 牙/in (1 in=2.54 cm) | 24牙 | 18牙 | 16牙 | 14牙 | 12牙 | 10牙 | 8牙 |
| 牙深 | 0.678 | 0.904 | 1.016 | 1.162 | 1.355 | 1.626 | 2.033 |
| 背吃刀量及进给次数　1次 | 0.8 | 0.8 | 0.8 | 0.8 | 0.9 | 1.0 | 1.2 |
| 2次 | 0.4 | 0.6 | 0.6 | 0.6 | 0.6 | 0.7 | 0.7 |
| 3次 | 0.16 | 0.3 | 0.5 | 0.5 | 0.6 | 0.6 | 0.6 |
| 4次 | | 0.11 | 0.14 | 0.3 | 0.4 | 0.4 | 0.5 |
| 5次 | | | | 0.13 | 0.21 | 0.4 | 0.5 |
| 6次 | | | | | | 0.16 | 0.4 |
| 7次 | | | | | | | 0.17 |

## 5. 螺纹车削计算

（1）车削外螺纹时，因受到车刀挤压作用，螺纹大径尺寸会变大，故外圆精车直径尺寸为螺纹公称直径减去0.15~0.25 mm。也可采用经验公式计算。

大径：

$$d_{实际} = d_{公称} - 0.1P$$

小径：

$$d_{1实际} = d_{公称} - 1.3P$$

其中，$P$为螺距。

（2）车削内螺纹时，因受到车刀挤压作用，螺纹小径尺寸会变小，实际加工采用近似公式计算。

车削塑性材料时计算公式为

$$D = D_{公称} - P$$

项目4　螺纹轴零件加工　83

车削脆性材料时计算公式为

$$D = D_{公称} - 1.05P$$

其中，$P$ 为螺距。

## 任务4.3 工艺单

### 4.3.1 毛坯准备

45 钢，$\phi 60$ mm $\times 127$ mm。下料，平端面，做工艺基准面。采用左端工艺基准面定位，台阶面靠紧夹紧加工。

### 4.3.2 工艺设计

项目 4 的工艺表如表 4.8 所示。

表 4.8 项目 4 工艺表

| 单位名称 | 河北工业职业技术大学 | 产品名称或代号 | | 零件名称 | | 零件图号 | |
|---|---|---|---|---|---|---|---|
| | | 项目 4 螺纹轴 | | 任务 4 螺纹轴 | | ZNZZ-04 | |
| 工序号 | 程序编号 | 夹具名称 | 使用设备 | | 数控系统 | | 场地 |
| 001 | O0007 | 自定心卡盘 | CK6150 | | FANUC 0i Mate TC | | 理实一体化教室 |
| 工序号 | 工序内容 | 刀具号 | 刀具名称 | 主轴转速 $n$ /（r·min$^{-1}$） | 进给量 $f$ /（mm·r$^{-1}$） | 背吃刀量 $a_p$/mm | 备注（程序名） |
| 1 | 粗车外圆 | T0101 | 93°外圆车刀 | 500 | 0.3 | 1.0 | O0007 |
| 2 | 精车外圆 | T0101 | 93°外圆车刀 | 800 | 0.1 | 0.3 | O0007 |
| 3 | 切槽 | T0202 | 切槽刀 | 500 | 0.3 | | O0007 |
| 4 | 切外螺纹 | T0303 | 60°外螺纹刀 | 800 | 2.0 | | O0007 |
| 5 | 粗车外圆 | T0404 | 93°外圆车刀 | 600 | 0.3 | 1.0 | O0008 |
| 6 | 精车外圆 | T0404 | 93°外圆车刀 | 800 | 0.1 | 0.3 | O0008 |
| 7 | 粗车内孔 | T0505 | 93°内孔车刀 | 500 | 0.3 | 1.0 | O0008 |
| 8 | 精车内孔 | T0505 | 93°内孔车刀 | 800 | 0.1 | 0.3 | O0008 |
| 9 | 切内槽 | T0606 | 2 mm 内切槽刀 | 500 | 0.3 | | O0008 |
| 10 | 切内螺纹 | T0707 | 60°内螺纹刀 | 800 | 1.5 | | O0008 |
| 编制 | | 审核 | 智能制造教研室 | 批准 | 智能制造教研室 | 共 1 页 | 第 1 页 |

## 任务4.4 刀具选择

项目 4 的刀具表如表 4.9 所示。

表 4.9　项目 4 刀具表

| 产品名称或代号 | | 数控编程与零件加工实训件 | 零件名称 | 任务 4 螺纹轴 | 零件图号 | ZNZZ – 04 |
|---|---|---|---|---|---|---|
| 序号 | 刀具号 | 刀具名称 | 数量 | 过渡表面 | 刀尖半径 R/mm | 备注 |
| 1 | T01 | 93°外圆车刀 | 1 | 左端轮廓 | 0.2 | |
| 2 | T02 | 3 mm 切槽刀 | 1 | 4 mm 槽 | 0 | |
| 3 | T03 | 60°外螺纹刀 | 1 | M40×2 | 0 | |
| 4 | T04 | 93°外圆车刀 | 1 | 右端轮廓 | 0.2 | |
| 5 | T05 | 93°内孔车刀 | 1 | 内孔 | 0.2 | |
| 6 | T06 | 2 mm 内切槽刀 | 1 | 2 mm 槽 | 0 | |
| 7 | T07 | 60°内螺纹刀 | 1 | M36×1.5 | 0 | |
| 编制 | | 审核 | 智能制造教研室 | 批准 | 智能制造教研室 | 共 1 页　第 1 页 |

## 任务 4.5　程序单

### 4.5.1　基点坐标计算

右端基点和左端基点如图 4.21 和图 4.22 所示。

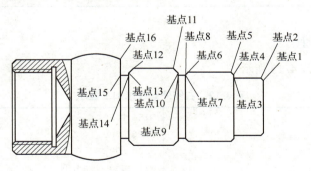

图 4.21　右端基点

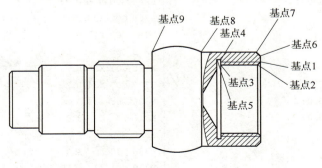

图 4.22　左端基点

项目 4　螺纹轴零件加工　85

右端、左端基点坐标如表 4.10 和表 4.11 所示。

表 4.10　右端基点坐标

| 基点 | 坐标 | 基点 | 坐标 |
|---|---|---|---|
| 1 | $X28$　$Z0$ | 9 | $X33$　$Z-43$ |
| 2 | $X30$　$Z-1$ | 10 | $X36$　$Z-43$ |
| 3 | $X30$　$Z-15$ | 11 | $X39.8$　$Z-45$ |
| 4 | $X34$　$Z-15$ | 12 | $X39.8$　$Z-66$ |
| 5 | $X36$　$Z-16$ | 13 | $X36$　$Z-68$ |
| 6 | $X36$　$Z-39$ | 14 | $X33$　$Z-68$ |
| 7 | $X34$　$Z-40$ | 15 | $X33$　$Z-72$ |
| 8 | $X33$　$Z-40$ | 16 | $X49$　$Z-72$ |

表 4.11　左端基点坐标

| 基点 | 坐标 | 基点 | 坐标 |
|---|---|---|---|
| 1 | $X37.5$　$Z0$ | 6 | $X46$　$Z0$ |
| 2 | $X34.5$　$Z-1.5$ | 7 | $X49$　$Z-1.5$ |
| 3 | $X34.5$　$Z-20$ | 8 | $X49$　$Z-30$ |
| 4 | $X42$　$Z-20$ | 9 | $X49$　$Z-55$ |
| 5 | $X42$　$Z-22$ | 10 | |

## 4.5.2　程序编制

程序如表 4.12 和表 4.13 所示。

表 4.12　右侧外螺纹端加工程序

| | |
|---|---|
| O0007；外螺纹端 | N180 T0202； |
| N10 T0101； | N190 S500； |
| N20 M04 S500； | N200 G00 X41.0； |
| N30 G00 X61.0 Z1.0； | N210 G00 Z-43.0； |
| N40 G71 U1.0 R0.5； | N220 G01 X33.0 F0.3； |
| N50 G71 P60 Q150 U0.6 W0.5 F0.2； | N230 G00 X41.0； |
| N60 G01 X28.0 F0.1 S800； | N240 G00 Z-42.0； |
| N70 G01 Z0.0； | N250 G01 X33.0 F0.3； |
| N80 G01 X30.0 Z-1.0； | N260 G00 X41.0； |
| N90 G01 Z-15.0； | N270 G00 Z-41.0； |
| N100 X34.0； | N280 G01 X36.0； |
| N110 X36.0 Z-16.0； | N290 G01 X34.0 Z-42.0； |
| N120 G01 X36.0 Z-43.0； | N300 G01 X33.0； |
| N130 G01 X39.8 Z-45.0； | N310 G01 Z-43.0； |
| N140 G01 Z-72.0； | N320 G00 X61.0； |
| N150 G01 X61.0； | N330 G00 Z-72.0； |
| N160 G70 P60 Q150； | N340 G01 X33.0 F0.3； |
| N170 G00 X61.0 Z100.0； | N350 G00 X61.0； |

续表

| | |
|---|---|
| N360 G00 Z-71.0; | N480 S600; |
| N370 G00 X40.0; | N490 G00 X41.0; |
| N380 G01 X33.0; | N500 G00 Z-40.0; |
| N390 G00 X41.0; | N510 G92 X38.9 Z-68.0 F2.0; |
| N400 G00 Z-69.0; | N520 X38.3; |
| N410 G01 X40.0; | N530 X37.7; |
| N420 G01 X36.0 Z-71.0; | N540 X37.3; |
| N430 G01 X33.0; | N550 X37.2; |
| N440 G01 Z-72.0; | N560 G00 X61.0; |
| N450 G01 X61.0; | N570 G00 Z100.0; |
| N460 G00 Z100.0; | N580 M05; |
| N470 T0303; | N590 M30; |

表 4.13　左侧内螺纹端加工程序

| | |
|---|---|
| O0008; 内螺纹端 | N230 G01 X34.5 Z-1.5; |
| N10 T0404; | N240 G01 Z-22.0; |
| N20 M04 S500; | N250 G01 X33.0 F0.3; |
| N30 G00 X61.0 Z1.0; | N260 G00 Z50.0; |
| N40 G71 U1.0 R0.5; | N270 T0606; |
| N50 G71 P60 Q110 U0.6 W0.5 F0.2; | N280 S500; |
| N60 G01 G42 X46.0 F0.1 S800; | N290 G00 X35.0; |
| N70 G01 Z0.0; | N300 G01 Z-22.0 F0.3; |
| N80 G01 X49.0 Z-1.5; | N310 G01 X40.0; |
| N90 G01 Z-30.0; | N320 G04 X1.0; |
| N100 G03 X49.0 Z-55.0 R27.5; | N330 G00 X35.0; |
| N110 G01 X61.0; | N340 G00 Z80.0; |
| N120 G70 P60 Q110; | N350 T0707; |
| N130 G00 X65.0 Z100.0; | N360 S500; |
| N140 T0505; | N370 G00 X36.0; |
| N150 G00 X30.0; | N380 G00 Z5.0; |
| N160 G00 Z1.0; | N390 G92 X35.3 Z-20.0 F1.5; |
| N170 S500; | N400 X35.8; |
| N180 G90 X32.0 Z-22.0 F0.3; | N410 X36.3; |
| N190 X33.0; | N420 X36.45; |
| N200 X34.0; | N430 G00 Z50.0; |
| N210 S800; | N440 M05; |
| N220 G01 X37.5 Z0.0 F0.1; | N450 M30; |

## 任务4.6　仿真加工

### 4.6.1　选择机床和系统

打开宇龙仿真软件，选择"机床"→"选择机床"命令，机床类型选择数控车，系统选择 FANUC 0i Mate，如图 4.23 所示。

图 4.23　FANUC 0i Mate 数控系统（MDI 键盘和操作面板）

### 4.6.2　定义毛坯和安装零件毛坯

选择"零件"→"定义毛坯"命令，定义毛坯尺寸 $\phi30$ mm × 127 mm，如图 4.24 所示。然后选择定义好的毛坯，单击"安装零件"按钮，如图 4.25 所示。

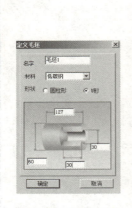

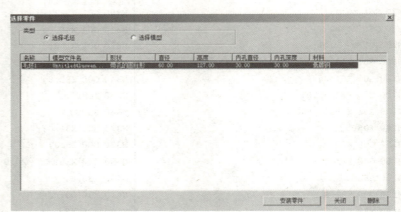

图 4.24　定义毛坯　　　　　　　　　　　图 4.25　安装毛坯

### 4.6.3　选择和安装刀具

选择"机床"→"选择刀具"命令，在刀架上分别安装 7 把刀具，1 号刀为外圆刀具，2 号刀为切槽刀具，3 号刀为切螺纹刀具，4 号刀为外圆刀具，5 号刀为内孔刀具，6 号刀为内槽刀具，7 号刀为内螺纹刀具，如图 4.26 所示。

### 4.6.4　对刀操作

分别完成对刀操作，7 把刀具对刀数据如图 4.27 所示。

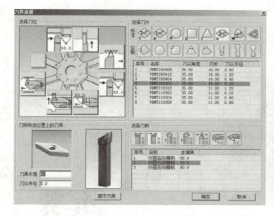

图 4.26 安装刀具

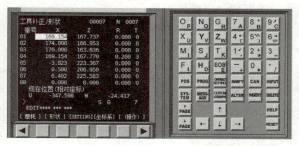

图 4.27 对刀操作

### 4.6.5 仿真加工

选择自动运行方式，执行程序 O0007，右侧加工结果如图 4.28 所示；执行程序 O0008，左侧加工结果如图 4.29 所示。

项目4仿真操作

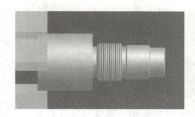

图 4.28 右侧加工结果

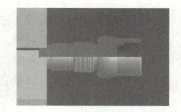

图 4.29 左侧加工结果

## 任务 4.7 数控加工

### 4.7.1 数控车床基本操作

（1）数控车床开机操作。
（2）数控车床回参考点操作。
（3）毛坯安装与找正。
（4）外圆、内孔刀具安装与调整。
（5）螺纹刀具安装与调整。
（6）钻头与锥套的使用，尾座的使用。
（7）关机操作：关机过程一般为急停关→操作面板电源关→机床电气柜电源关→总电源关。

项目 4 螺纹轴零件加工  89

### 4.7.2 数控加工程序的输入与编辑练习

（1）机床坐标界面操作。
（2）程序管理操作：
①新建一个数控程序；
②删除一个数控程序；
③检索一个 NC 程序。
（3）数控车床系统程序编辑：
①移动光标；
②插入字符；
③删除输入域中的数据；
④删除字符；
⑤查找；
⑥替换。
（4）加工程序录入：
①空运行验证；
②使用 GRAPH 功能验证轨迹。

项目 4 综合实训

### 4.7.3 试切与零件加工检验

（1）对刀操作，完成 7 把刀对刀。
（2）自动运行加工右侧。
（3）自动运行加工左侧。
（4）使用游标卡尺测量直径。
螺纹轴加工结果如图 4.30 所示。

图 4.30 螺纹轴加工结果

## 任务 4.8 项目总结

本项目主要介绍数控编程坐标计算知识。通过螺纹轴零件的工艺方案设计，掌握螺纹类零件的工艺设计方法，同时掌握使用绘图点捕捉方式计算基点坐标的方法，熟练利用 CAD 软件可以避免大量的复杂人工计算，操作方便，计算精度高，出错少；通过螺纹轴零件的编程，掌握 G92、G76 指令的使用方法；通过螺纹轴零件的数控加工，掌握外圆刀具、内孔刀具、切槽刀具、螺纹刀具的安装与调整；通过螺纹轴零件的加工质量检测，掌握螺纹环规和螺纹塞规的使用。

## 任务 4.9 思考与练习

（1）什么是基点和节点？两者有什么区别？
（2）使用计算机辅助计算坐标的内容有哪些？
（3）确定图 4.31 所示零件的编程原点，计算出编程所需点的坐标。

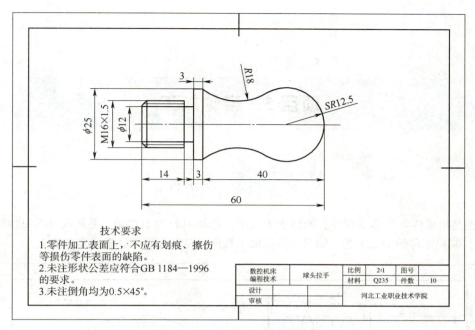

图 4.31 球头拉手

（4）内螺纹刀具如何安装和调整？
（5）螺纹环规如何使用？
（6）螺纹塞规如何使用？
（7）如图 4.32 所示，编写螺纹套加工程序，通过仿真加工验证程序的正确性。

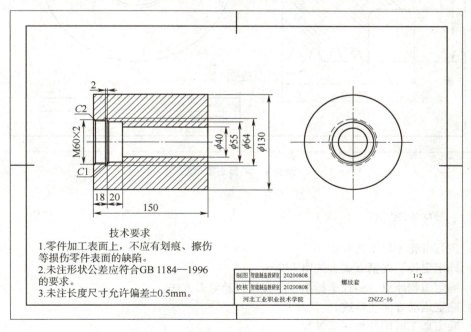

图 4.32 螺纹套

项目 4　螺纹轴零件加工　91

# 项目 5　带轮加工

带轮是机械传动的重要部件，如图 5.1 所示，已知材料为 HT200，毛坯尺寸为 $\phi 185$ mm × 125 mm，制定零件的加工工艺，编写零件的加工程序，在实训教学区进行实际加工。

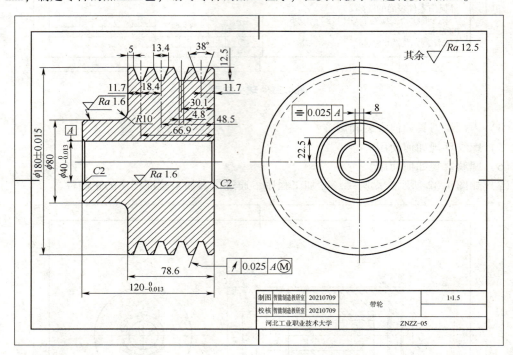

图 5.1　项目 5 零件图

## 5.1.1　任务要求

（1）进行带轮零件工艺分析。
（2）确定定位、夹紧方式，选用刀具。
（3）确定编程原点、编程坐标系、对刀位置及对刀方法。
（4）确定运动方向、轨迹。
（5）确定加工所用各种工艺参数。
（6）进行数值计算。
（7）重点掌握子程序指令和相对坐标应用，编制带轮加工程序。

（8）掌握机床仿真操作加工步骤：

①启动机床，回参考点；

②刀具准备，包括刀片选择、刀柄选择、刀具安装与调整；

③刀具对刀操作；

④加工程序输入；

⑤工件装夹；

⑥试运行，空走刀或者单段运行；

⑦试切，调整刀补，检验工件；

⑧自动加工，检验工件。

（9）进行实际加工：

①启动机床，回参考点；

②刀具准备，包括刀具的选择，刀具安装与调整；

③刀具对刀操作；

④加工程序输入；

⑤工件装夹定位；

⑥试运行，空走刀或者单段运行；

⑦试切，调整刀补，检验工件；

⑧自动加工，检验工件。

（10）加工检验。

## 5.1.2 任务学时安排

项目 5 学时安排如表 5.1 所示。

表 5.1 项目 5 学时安排

| 序号 | 内容 | 学时 |
|------|------|------|
| 1 | 相关编程基础知识学习 | 2 |
| 2 | 任务说明，分组，明确设计任务和技术条件，查阅资料，制定方案 | |
| 3 | 编制程序 | 1.5 |
| 4 | 仿真加工 | |
| 5 | 实际加工 | 1 |
| 6 | 验收，答辩，提交任务报告，评定成绩 | 0.5 |
| 合计 | | 5 |

# 任务 5.2 相关知识

## 5.2.1 数控车削编程基础

数控车床是当今应用较广泛的一种自动化程度高、结构复杂且又昂贵的数控加工设备，主要用于轴类、套类和盘类等回转体零件的加工。通过程序控制，能够实现内外圆柱面、圆锥面、圆弧、螺纹等加工，此外还能实现切槽和镗孔加工，数控车削的公差等级可达IT6～IT5，表面

项目 5 带轮加工 ■ 93

粗糙度可达 Ra1.6 μm 以上。

同其他数控设备相比，数控车削的程序编制有其自身的特点。

1) 工件坐标系与机床坐标系

工件坐标系与机床坐标系的坐标方向一致，如图 5.2 所示。工件的径向对应 X 轴，工件的轴向对应 Z 轴。C 轴（主轴）的运动方向判断如下：从机床尾座向主轴看，逆时针为 +C 向，顺时针为 -C 向。

2) 编程方式

编程时可以采用绝对值编程（用 X、Z 表示），也可采用增量值编程（用 U、W 表示），或者二者混合编程。

X 或 U 的坐标值，取零件图上的直径值，如图 5.3 所示，若以卡盘右端面的中点为工作坐标系原点，则图 5.3 中 A 点的坐标值为 (30,80)，B 点的坐标值为 (40,60)。由此可见，采用直径尺寸编程与零件图样中的尺寸标注一致，这样可避免尺寸换算过程中可能造成的错误，给编程带来很大方便。

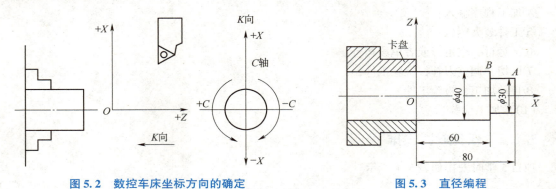

图 5.2　数控车床坐标方向的确定　　　　图 5.3　直径编程

3) 毛坯特点

数控车削的毛坯多为棒料或锻料，加工余量较大，为简化编程，数控车床常备有不同形式的固定循环，可以进行多次重复循环切削。

4) 补偿功能

数控车削编程是对车刀运动轨迹的表述，但实际车刀刀尖都有一定的圆弧半径，为提高工件的加工精度，数控车床多具有刀尖圆弧半径补偿功能。同时根据对刀的需要和解决道具磨损问题，数控车床还具有刀具几何位置补偿和刀具磨损补偿功能，以解决每把刀具的位置差异和磨损问题。

### 5.2.2　数控车床的配置与选择

数控车床一般是由车床主体、数控装置、伺服系统和辅助装置组成。总体说来，除部分专门设计的全功能数控车床外，数控车床的车床主体大多数虽经改进，但仍基本保持了普通车床的布局结构，即由床身、主轴箱、进给传动系统、刀架、液压系统、冷却系统及润滑系统等部分组成。全功能数控机床大都采用机、电、液、气一体化设计和布局，采用全封闭或半封闭防护。CK6136 数控车床的外形与组成部件如图 5.4 所示。

随着数控车床制造技术的发展，形成了产品繁多、规格不一的局面。数控车床按主轴配置形式可分为卧式和立式两类，按刀架数量分为单刀架和双刀架两种，按数控车床控制系统和机械结构的档次分为经济型数控车床、全功能数控车床和车削中心。选用车床主要根据零件的加工工艺分析，一般的简单回转类零件用经济型数控车床就足够了；大型零件若卧式车床无法加

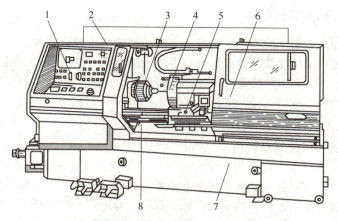

**图 5.4　CK6136 数控车床的外形与组成部件**

1—操作面板；2—主轴箱；3—卡盘；4—转塔刀架；5—刀架滑板；6—防护罩；7—床身；8—导轨

工，就采用立式数控车床；精度要求高的零件则要采用全功能数控车床；对于精度要求高且需要 $C$ 轴功能的，则必须采用车削中心。数控车床的配制与加工能力的关系如表 5.2 所示。

**表 5.2　数控车床的配制与加工能力的关系**

| 机型配置 | 加工能力 |
| --- | --- |
| 标准2轴 | |
| C轴+动力刀架 | |
| 副主轴 | |

项目 5　带轮加工　95

### 5.2.3　数控车削工艺处理

工艺分析是数控车削加工的前期工艺准备工作。工艺制定得合理与否，对程序编制、机床的加工效率和零件的加工精度都有重要影响。因此，应遵循一般的工艺原则并结合数控车床的特点，认真而详细地制定好零件的数控车削加工工艺。其主要内容有：零件的加工工艺性分析、加工路线的确定、切削用量的选择、装夹与定位、装刀与对刀等。

#### 1. 零件的加工工艺性分析

数控车床所能加工零件的复杂程度比数控铣床简单，数控车床最多能控制三个轴（即 $X$、$Z$、$C$ 轴），加工出的曲面是刀具（包括成形刀具）的平面运动和主轴的旋转运动共同形成的，所以数控车床的刀具轨迹不会太复杂，其难点主要在于加工效率、加工精度的提高，特别是对切削性能差的材料或切削工艺性差的零件，如小深孔、薄壁件、窄深槽等，这些结构的零件允许刀具运动的空间狭小，工件结构刚性差，安排工序时要特殊考虑。

（1）零件的主要表面和次要表面。一般零件包括主要表面和次要表面。主要表面标注有尺寸公差、形位公差及表面粗糙度等要求。这些部位的加工包括三部分工艺安排：首先去除余量以接近工件形状，然后半精车至留有余量的工件轮廓形状，最后精加工完成。

在实际生产中为提高效率、延长刀具寿命，精加工时往往只对有精度要求的部位进行精加工，也就是说粗加工时只对需要精加工的部位留余量。为达到此目的需要人为地在编制加工工艺时改变被加工工件的结构尺寸，具体讲就是改变需要精加工部位的尺寸。设改变后的尺寸为 $D$，图样标注尺寸为 $D_0$，则有

$$D = D_0 + 精加工余量$$

采用改变工件结构尺寸的方法可以避免对工件不必要的部位进行精加工，特别是在大批量生产中可以有效地提高生产率，减小刀具损耗，提高产品合格率。

（2）悬伸结构。大部分车床的切削是在零件悬伸状态下进行的。悬伸件的加工分两种形式，一种是尾端无支撑，另一种是尾端用顶尖支撑。尾端用顶尖支撑是为了避免工件悬伸过长，造成刚性下降，在切削过程中引起工件变形。

工件切削过程中的变形与悬伸长度成正比，可以采取以下几种方式减小工件悬伸过长造成的变形。

① 合理选择刀具角度：主偏角 $\kappa_r$，刀具要求径向切削力越小越好，因为工件悬伸部分弯曲的主要原因是背向力，刀具主偏角常选用93°；前角 $\gamma_0$，为减小切削力和切削热，应选用较大的前角（$\gamma_0 = 15° \sim 30°$）；刃倾角 $\lambda_s$，选择正刃倾角 $\lambda_s = 3°$，使切屑流向待加工表面，并使卷屑效果更好，避免产生切屑缠绕，刀尖圆弧半径 $R$，为减小径向切削力，应选用较小的刀尖圆弧半径，一般取 $R$ 小于 0.3 mm。

② 选择循环去除余量方式，此方式适用于悬伸较长、尾端无支撑、径向变形较小的台阶轴。数控车床在粗加工时（棒料）要去除较多的余量，其合理的方法是循环去除余量。循环去除余量的方式有两种：一种是局部循环去除余量，如图 5.5（a）所示；另一种是整体循环去除余量，如图 5.5（b）所示，这两种方式在数控车削的固定循环指令中体现。

整体循环去除余量方式的径向进刀次数少、效率高，但会在切削开始时就减小工件根部尺寸，从而削弱工件抵抗切削力变形的能力；局部循环去除余量方式从被加工工件的悬臂端依次向卡盘方向循环去除余量，此方式虽然会增加径向进刀次数、降低加工效率，但工件可获得更好的抵抗切削力变形的能力。

（3）薄壁结构。薄壁类零件自身结构刚性差，在切削过程中易产生振动和变形，承受切削力和夹紧力能力差，容易引起热变形，在编制加工此类结构工件的程序时要注意以下几方面的

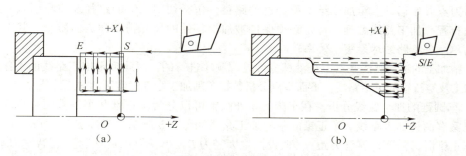

图 5.5 循环去除余量

（a）局部循环去除余量；（b）整体循环去除余量

问题。

①增加切削次数。对于结构刚性较好的轴类零件，由于去除多余材料而产生变形的问题不严重，因此一般只安排粗车和精车两道工序。但对于薄壁类零件至少要安排粗车、半精车、精车，甚至更多工序。在半精车工序中修正因粗车引起的工件变形，如果还不能消除工件变形，则要根据具体变形情况再适当增加切削工序。

②工序分析。薄壁类零件应按粗、精加工划分工序，以降低粗加工对变形的影响。薄壁件类零通常需要加工工件的内、外表面，内表面的粗加工和精加工都会导致工件变形，所以应按粗、精加工划分工序。首先内外表面粗加工，然后内外表面半精加工，依次类推，均匀地去除工件表面的多余部分，这样有利于消除切削变形。此种方法虽然增加了进给路线、降低了加工效率，但提高了加工精度。

③加工顺序。安排薄壁类零件的加工要经过内外表面的粗加工、半精加工、精加工等多道工序，工序间的顺序安排对工件变形量的影响较大，一般应考虑如下内容：

a. 粗加工时优先考虑去除余量较大的部位。因为余量去除大，工件变形量就大，两者成正比。如果工件外圆和内孔需切除的余量相同，则首先进行内孔粗加工，因为先去除外表面余量时工件刚性降低较大，而在内孔加工时，排屑较困难，使切削热和切削力增加，两方面的因素会使工件变形扩大。

b. 精加工时优先加工精度等级低的表面（虽然精加工切削余量小，但也会引起被切削工件微小变形），然后加工精度等级高的表面（精加工可以再次修正被切削工件的微小变形量）。

④保证刀具锋利，加注切削液。

⑤增加装夹接触面积。增加接触面积可使夹紧力均布在工件上，使工件不易变形。通常采用开缝套筒和特殊软卡爪，如图 5.6 所示和图 5.7 所示。

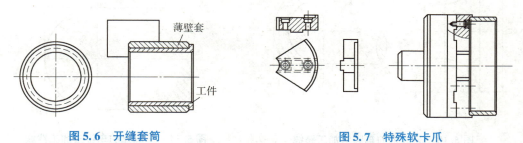

图 5.6 开缝套筒　　　　图 5.7 特殊软卡爪

## 2. 加工路线的确定

在数控加工中，刀具（严格说是刀位点）相对于工件的运动轨迹和方向称为加工路线，即

项目 5　带轮加工

刀具从对刀点开始运动直至加工结束所经过的路径，包括切削加工的路径及刀具引入、返回等非切削空行程。加工路线的确定首先必须保持被加工零件的尺寸精度和表面质量，其次考虑数值计算简单、进给路线尽量短、效率较高等。

由于精加工的进给路线基本上是沿其零件轮廓顺序进行的，因此确定加工路线的工作重点是确定粗加工及空行程的进给路线。下面举例分析数控车削加工零件时常用的加工路线。

（1）车圆锥的加工路线分析。在车床上车外圆锥可以分为车正锥和车倒锥两种情况，而每一种情况又有两种加工路线。车正锥的两种加工路线如图5.8所示。当按图5.8（a）所示的加工路线车正锥时，需要计算终刀距$S$。假设圆锥大径为$D$，小径为$d$，锥长为$L$，背吃刀量为$a_p$，则由相似三角形可得

$$(D-d)/(2L) = a_p/S$$

则$S = 2La_p/(D-d)$，按这种加工路线，刀具切削运动的距离较短，但需要多次计算刀位点。

当按图5.8（b）所示的加工路线车正锥时，不需要计算终刀距$S$，只要确定背吃刀量$a_p$，即可车出圆锥轮廓，编程方便。但在每次切削中，背吃刀量是变化的，而且切削运动的路线较长。

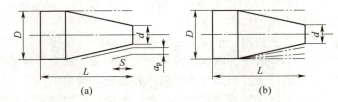

图5.8 车正锥的两种加工路线

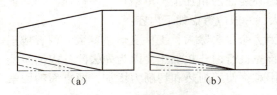

图5.9 车倒锥的两种加工路线

图5.9（a）和图5.9（b）所示为车倒锥的两种加工路线，分别与图5.8（a）和图5.8（b）相对应，其车削原理与车正锥相同。

（2）车圆弧的加工路线分析。应用G02（或G03）指令车图5.10和图5.11所示的圆弧，若一刀就把圆弧加工出来，这样背吃刀量太大，容易打刀。所以，当实际切削时，需要多刀加工，先将大部分余量切除，最后精车得到所需圆弧。

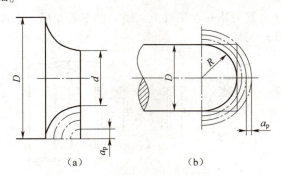

图5.10 车圆弧的车圆法加工路线

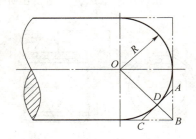

图5.11 车圆弧的车锥法加工路线

图5.10所示为车圆弧的车圆法加工路线，即用不同半径圆来车削，最后将所需圆弧加工出来。用此方法在确定了每次背吃刀量后，较易确定90°圆弧的起点、终点坐标。图5.10（a）所

示的进给路线较短,但数值计算较为复杂。图 5.10(b)中加工的空行程时间较长,但此方法数值计算简单,编程方便,适合于加工较复杂的圆弧。

图 5.11 所示为车圆弧的车锥法加工路线,即先车一个圆锥,再车圆弧。但要注意车锥时起点和终点的确定。若确定不好,则可能损坏圆弧表面,也可能将余量留得过大。确定方法是连接 $OB$ 交圆弧于 $D$ 点,过 $D$ 点作圆弧的切线 $AC$,由几何关系得

$$BD = OB - OD = \sqrt{2}R - R = 0.414R$$

$BD$ 为车锥时的最大切削余量,即车锥时,加工路线不能超过 $AC$。由 $BD$ 与 $\triangle ABC$ 的关系,可得

$$AB = BC = \sqrt{2}BD = 0.586R$$

这样可以确定出车锥时的起点和终点。此方法数值计算较烦琐,但其刀具加工路线较短。

(3) 轮廓粗车加工路线分析。切削进给路线最短,可有效提高生产效率,降低刀具损耗。安排最短切削进给路线时,应兼顾工件的刚性和加工工艺性等要求,不要顾此失彼。

图 5.12 所示为三种不同的轮廓粗车进给路线,其中图 5.12(a)所示为仿形循环进给路线;图 5.12(b)所示为三角形循环进给路线;图 5.12(c)所示为矩形循环进给路线,其路线总长最短,因此在同等切削条件下的切削时间最短,刀具损耗最少。

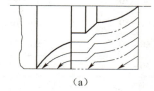 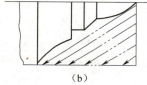 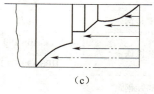

(a)                      (b)                      (c)

**图 5.12 轮廓粗车进给路线**
(a) 仿形循环进给路线;(b) 三角形循环进给路线;(c) 矩形循环进给路线

(4) 螺纹加工空行程路线分析。在数控车床上车螺纹时,沿螺距方向的 $Z$ 向进给应和车床主轴的旋转保持严格的速比关系,因此应避免在进给机构加速或减速的过程中切削。如图 5.13 所示,在车削螺纹之前,需有适当的空刀进入量 $L_1$ 和空刀退出量 $L_2$ 以防止产生非定值导程螺纹。

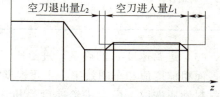

$L_1$ 和 $L_2$ 因机床制造厂商而异,但相差不大。一般取 $L_1 \geq 2P$,$L_2 \geq 0.5P$,其中 $P$ 为螺距。

**图 5.13 螺纹加工的空行程路线**

### 3. 切削用量的选择

数控车削加工中的切削用量包括背吃刀量 $a_p$、主轴转速 $S$、进给速度 $v_f$。这些参数均应在机床给定的允许范围内选取。

(1) 切削用量的选用原则。切削用量选择是否合理,对于能否充分发挥机床潜力与刀具切削性能,以及能否实现优质、高产、低成本和安全操作具有很重要的作用。切削用量的选择原则是:粗车时,首先考虑选择尽可能大的背吃刀量 $a_p$,其次选择较大的进给量 $f$,最后确定一个合适的主轴转速 $S$。增大背吃刀量 $a_p$,可使进给次数减少,增大进给量 $f$ 有利于断屑。精车时,加工精度和表面粗糙度要求较高,加工余量不大且较均匀,选择精车的切削用量时,应着重考虑如何保证加工质量,并在此基础上尽量提高生产率。因此,当精车时应选用较小(但不能太小)的背吃刀量 $a_p$ 和进给量 $f$,并选用性能高的刀具材料和合理的几何参数,以尽可能地提高主轴转速 $S$。

(2) 主轴转速 $S$ 的确定。主轴转速应根据零件上被加工部位的直径 $d$ 和允许的切削速度 $v_c$

来确定。它们之间的关系如下：

$$S = 1\,000v_c/(\pi d)$$

一般切削速度通过查表选取，硬质合金外圆车刀切削速度的选用参考值如表5.3所示。此外，切削速度 $v_c$ 还可根据刀具寿命公式来计算。

表5.3　硬质合金外圆车刀切削速度的选用参考值

| 工件材料 | 热处理状态 | $a_p = 0.3 \sim 2$ mm<br>$f = 0.08 \sim 0.3$ mm·r$^{-1}$ | $a_p = 2 \sim 6$ mm<br>$f = 0.3 \sim 0.6$ mm·r$^{-1}$ | $a_p = 6 \sim 10$ mm<br>$f = 0.6 \sim 1$ mm·r$^{-1}$ |
|---|---|---|---|---|
| | | $v_c/$ (m·min$^{-1}$) | | |
| 低碳钢<br>易切钢 | 热轧 | 140 ~ 180 | 100 ~ 120 | 70 ~ 90 |
| 中碳钢 | 热轧 | 130 ~ 160 | 90 ~ 110 | 60 ~ 80 |
| | 调质 | 100 ~ 130 | 70 ~ 90 | 50 ~ 70 |
| 合金结构钢 | 热轧 | 100 ~ 130 | 70 ~ 90 | 50 ~ 70 |
| | 调质 | 80 ~ 110 | 50 ~ 70 | 40 ~ 60 |
| 工具钢 | 退火 | 90 ~ 120 | 60 ~ 80 | 50 ~ 70 |
| 灰铸铁 | < HBS 190 | 90 ~ 120 | 60 ~ 80 | 50 ~ 70 |
| | HBS 190 ~ 225 | 80 ~ 110 | 50 ~ 70 | 40 ~ 60 |
| 高锰钢<br>（$w$(Mn) = 13%） | | 10 ~ 20 | | |
| 铜及铜合金 | | 200 ~ 250 | 120 ~ 180 | 90 ~ 120 |
| 铝及铝合金 | | 300 ~ 600 | 200 ~ 400 | 150 ~ 200 |
| 铸铝合金<br>（$w$(Si) = 13%） | | 100 ~ 180 | 80 ~ 150 | 60 ~ 100 |

（3）进给速度 $v_f$ 的确定。进给速度 $v_f$ 是数控车床切削用量中的重要参数，其大小直接影响表面粗糙度值和车削效率，主要根据零件的加工精度和表面粗糙度要求，以及刀具、工件的材料性质选取。最大进给速度受机床刚度和进给系统的性能限制。确定进给速度的原则如下：

①当工件的质量要求能够得到保证时，为提高生产效率，可选择较高的进给速度。一般在100 ~ 200 mm/min 范围内选取。

②在切断、加工深孔或用高速钢刀具加工时，宜选择较低的进给速度，一般在 20 ~ 50 mm/min 范围内选取。

③当加工精度、表面粗糙度要求较高时，进给速度应选小些，一般在 20 ~ 50 mm/min 范围内选取。

④当刀具空行程，特别是远距离"回零"时，可以设定该机床数控系统设定的最高进给速度。

计算进给速度时，可参考表5.4、表5.5或查阅切削用量手册选取每转进给量 $f$，然后根据以下公式计算：

$$F = nf$$

表 5.4　硬质合金车刀粗车外圆及端面的进给量

| 工件材料 | 车刀刀柄尺寸 $B \times H$ /（mm×mm） | 工件直径 $d_w$/mm | 背吃刀量 $a_p$/mm | | | | |
|---|---|---|---|---|---|---|---|
| | | | ≤3 | >3~5 | >5~8 | >8~12 | >12 |
| | | | 进给量 $f$/（mm·r$^{-1}$） | | | | |
| 碳素结构钢、合金结构钢及耐热钢 | 16×25 | 20 | 0.3~0.4 | — | — | — | — |
| | | 40 | 0.4~0.5 | 0.3~0.4 | — | — | — |
| | | 60 | 0.5~0.7 | 0.4~0.6 | 0.3~0.5 | — | — |
| | | 100 | 0.6~0.9 | 0.5~0.7 | 0.5~0.6 | 0.4~0.5 | — |
| | | 400 | 0.8~1.2 | 0.7~1.0 | 0.6~0.8 | 0.5~0.6 | — |
| | 20×30 25×25 | 20 | 0.3~0.4 | — | — | — | — |
| | | 40 | 0.4~0.5 | 0.3~0.4 | — | — | — |
| | | 60 | 0.5~0.7 | 0.5~0.7 | 0.4~0.6 | — | — |
| | | 100 | 0.8~1.0 | 0.7~0.9 | 0.5~0.7 | 0.4~0.7 | — |
| | | 400 | 1.2~1.4 | 1.0~1.2 | 0.8~1.0 | 0.6~0.9 | 0.4~0.6 |
| 铸铁及铜合金 | 16×25 | 40 | 0.4~0.5 | — | — | — | — |
| | | 60 | 0.5~0.8 | 0.5~0.8 | 0.4~0.6 | — | — |
| | | 100 | 0.8~1.2 | 0.7~1.0 | 0.6~0.8 | 0.5~0.7 | — |
| | | 400 | 1.0~1.4 | 1.0~1.2 | 0.8~1.0 | 0.6~0.8 | — |
| | 20×30 25×25 | 40 | 0.4~0.5 | — | — | — | — |
| | | 60 | 0.5~0.9 | 0.5~0.8 | 0.4~0.7 | — | — |
| | | 100 | 0.9~1.3 | 0.8~1.2 | 0.7~1.0 | 0.5~0.8 | — |
| | | 400 | 1.2~1.8 | 1.2~1.6 | 1.0~1.3 | 0.9~1.1 | 0.7~0.9 |

表 5.5　按表面粗糙度选择进给量的参考值

| 工件材料 | 表面粗糙度 $Ra$/μm | 切削速度 $v_c$/（m·min$^{-1}$） | 刀尖圆弧半径 $R_e$/mm | | |
|---|---|---|---|---|---|
| | | | 0.5 | 1.0 | 2.0 |
| | | | 进给量 $f$/（mm·r$^{-1}$） | | |
| 铸铁、青铜、铝合金 | >5~10 | 不限 | 0.25~0.40 | 0.40~0.50 | 0.50~0.60 |
| | >2.5~5 | | 0.15~0.25 | 0.25~0.40 | 0.40~0.60 |
| | >1.25~2.5 | | 0.10~0.15 | 0.15~0.20 | 0.20~0.35 |
| 碳钢及合金钢 | >5~10 | <50 | 0.30~0.50 | 0.45~0.60 | 0.55~0.70 |
| | | >50 | 0.40~0.55 | 0.55~0.65 | 0.65~0.70 |
| | >2.5~5 | <50 | 0.18~0.25 | 0.25~0.30 | 0.30~0.40 |
| | | >50 | 0.25~0.30 | 0.30~0.35 | 0.30~0.50 |
| | >1.25~2.5 | <50 | 0.10 | 0.11~0.15 | 0.15~0.22 |
| | | 50~100 | 0.11~0.16 | 0.16~0.25 | 0.25~0.35 |
| | | >100 | 0.16~0.20 | 0.20~0.25 | 0.25~0.35 |

(4)背吃刀量 $a_p$ 的确定。背吃刀量 $a_p$ 应根据加工余量及机床、工件和刀具的刚度来确定。在刚度允许的条件下,应尽可能使背吃刀量等于加工余量,以减少进给次数,提高生产效率。

### 4. 装夹与定位

在数控车床上加工零件,应按工序集中的原则划分工序,在一次装夹下尽可能完成大部分甚至全部表面的加工。根据零件的结构形状不同,通常选择外圆、端面或端面、外圆装夹,并力求设计基准、工艺基准和编程基准统一。

(1)常用的车床夹具,车床主要用于加工工件的内外圆柱面、圆锥面、回转成形面、螺纹及端平面等。上述各表面都是绕机床主轴的旋转轴心而形成的,根据这一加工特点和夹具在车床上安装的位置,将车床夹具分为两种基本类型:一种是安装在车床主轴上的夹具,这类夹具和车床主轴相连接并带动工件一起随主轴旋转,除了各种卡盘(自定心卡盘、单动卡盘)、顶尖等通用夹具或其他机床附件,往往根据加工的需要设计出各种心轴或其他专用夹具;另一种是安装在滑板或床身上的夹具,对于某些形状不规则和尺寸较大的工件,常常把夹具安装在车床滑板上,刀具则安装在车床主轴上做旋转运动,夹具做进给运动。

(2)常用的定位方法,对于轴类零件,通常以零件自身的外圆柱面为定位基准来定位;对于套类零件,则以内孔为定位基准。

### 5. 装刀与对刀

(1)车刀的安装,在实际切削中,车刀安装的高低、车刀刀柄轴线是否垂直,对车刀角度有很大影响。车削外圆时,当车刀刀尖高于工件轴线时,如图 5.14(a)所示,因为其车削平面与基面的位置发生变化,所以前角增大(由 $\gamma_p$ 增大到 $\gamma_{pe}$),后角减小(由 $\alpha_p$ 减小到 $\alpha_{pe}$);当车刀刀尖低于工件轴线时,如图 5.14(b)所示,前角减小(由 $\gamma_p$ 减小到 $\gamma_{pe}$),后角增大(由 $\alpha_p$ 增大到 $\alpha_{pe}$)。

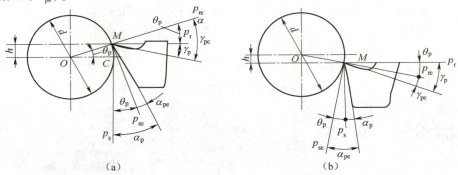

**图 5.14 车外圆时刀尖安装高低对刀具角度的影响**
(a)车刀刀尖高于工作轴线;(b)车刀刀尖低于工件轴线

(2)车内孔时,当车刀刀尖高于工件中心时,如图 5.15(a)所示,前角减小(由 $\gamma_p$ 减小到 $\gamma_{pe}$),后角增大(由 $\alpha_p$ 增大到 $\alpha_{pe}$);当车刀刀尖低于工件中心时,如图 5.15(b)所示,前角减小(由 $\gamma_p$ 增大到 $\gamma_{pe}$),后角增大(由 $\alpha_p$ 减小到 $\alpha_{pe}$)。

由上面的分析可知,正确安装车刀,是保证加工质量、减小刀具磨损、提高刀具寿命的重要步骤。在实际生产中,一般允许车刀装高或装低 $0.01d$($d$ 为工件直径)。

### 5.2.4 数控车编程常用指令

在编制加工程序时,有时会遇到一组程序段在一个程序中多次出现或在几个程序中出现的情况。这组程序段称为子程序。使用子程序可以简化编程,不但主程序可以调用子程序,一个

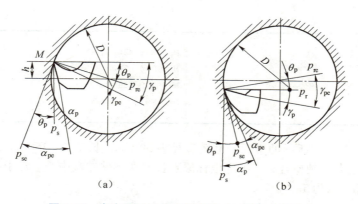

**图 5.15　车内孔时刀尖安装高低对刀具角度的影响**
（a）车刀刀尖高于工件中心；（b）车刀刀尖低于工件中心

子程序也可以调用下一级的子程序，其作用相当于一个固定循环。子程序调用的程序结构如图 5.16 所示。

（1）子程序的调用格式：M98　P××××××××；

其中，M98 为子程序调用指令，P 为子程序号，P 后面的前 3 位数为重复调用次数，后 4 位为子程序号。例如，M98 P60001 是指将程序号为 0001 的子程序调用 6 次。

（2）子程序返回格式：M99；

执行此命令表示子程序调用结束，返回到主程序中 M98 的下一条程序段，如图 5.16 所示。

子程序调用下一级子程序，称为子程序嵌套。在 FANUC 0i 系统中，最多只能有 4 次嵌套。

**例 5.1**　加工图 5.17 所示的零件，已知毛坯直径为 30 mm，长度 $L=150$ mm，材料为 45 钢，T0101 为切槽刀，刀宽 2 为 mm，材料为硬质合金，工件坐标原点设定在零件右端中心。

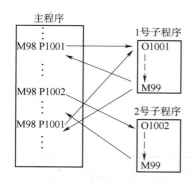

图 5.16　子程序调用的程序结构

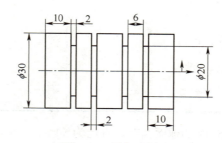

图 5.17　子程序例图

例 5.1 仿真加工

切槽程序如表 5.6 所示。

**表 5.6　切槽程序**

| |  |
|---|---|
| O5001;<br>N10 T0101;<br>N20 M03 S500;<br>N30 G00 X31.0;<br>N40 G00 Z-12.0;<br>N50 M98 P1001;<br>N60 G00 X31.0; | N70 G00 Z-32.0;<br>N80 M98 P1001;<br>N90 G00 X40.0;<br>N100 G00 Z100.0;<br>N110 M05;<br>N120 M30; |

| | |
|---|---|
| O1001;<br>N10 G01 X20.0 F0.3;<br>N20 G04 X2.0;<br>N30 G00 X31.0;<br>N40 G00 W-8.0; | N50 G01 X20.0;<br>N60 G04 X2.0;<br>N70 G00 X31.0;<br>N80 M99; |

**例 5.2** 加工图 5.18 所示的锥面,毛坯直径为 50 mm,长度 $L$ = 150 mm,材料为 45 钢,T0101 为外圆刀,材料为硬质合金,工件坐标原点设定在零件右端中心。在子程序中每次切深 3 mm,子程序调用次数为 5 次。

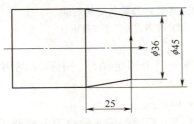

图 5.18　锥面尺寸

例 5.2 仿真加工

切锥面程序如表 5.7 所示。

表 5.7　切锥面程序

| | |
|---|---|
| O5002;<br>N10 T0101;<br>N20 M03 S500;<br>N30 G00 X51.0 Z0.0;<br>N40 M98 P53001;<br>N50 G00 X51.0 Z0.0;<br>N60 S1000;<br>N70 G00 X36.0 Z0.0;<br>N110 G01 X45.0 Z-25.0 F0.1;<br>N111 X51.0;<br>N112 G00 X100.0 Z200.0;<br>N120 M05;<br>N130 M30; | O3001;<br>N10 G00 U-3.0;<br>N20 G01 U9.0 W-25.0 F0.3;<br>N30 G00 W25.0;<br>N40 U-9.0;<br>N50 M99; |

**例 5.3** 加工图 5.19 的球面,毛坯直径为 50 mm,长度 $L$ = 150 mm,材料为 45 钢,T0101 为外圆刀,材料为硬质合金,工件坐标原点设定在零件右端中心。在子程序中每次切深 3 mm,子程序调用次数为 13 次。

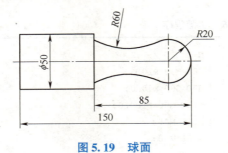

图 5.19　球面

例 5.3 仿真加工

切球面程序如表 5.8 所示。

表 5.8 切球面程序

| | |
|---|---|
| O5003;<br>N10 T0101;<br>N20 M03 S500;<br>N30 G00 X51.6 Z0.0;<br>N40 G90 X47.0 Z-85.0 F0.3;<br>N50 X44.0;<br>N60 X40.6;<br>N70 G01 X39.6 Z0.0;<br>N80 M98 P133002;<br>N90 G00 X60.0 Z100.0;<br>N100 T0202;<br>N110 S1000;<br>N120 G00 G42 X65.0 Z1.0;<br>N130 G00 X0.0 Z0.0;<br>N140 G03 X35.974 Z-28.744 R20.0 F0.1;<br>N150 G02 X40.0 Z-85.0 R60.0;<br>N160 G01 X55.0;<br>N170 G00 G40 X60.0 Z100.0;<br>N180 M05;<br>N190 M30; | O3002;<br>N10 G00 U-3.0;<br>N20 G03 U35.974 W-28.744 R20.0 F0.3;<br>N30 G02 U4.026 W-56.256 R60.0;<br>N40 G00 W85.0;<br>N50 G00 U-40.0;<br>N60 M99; |

## 任务 5.3 工艺单

### 5.3.1 毛坯准备

HT200，$\phi$185 mm×125 mm。铸造毛坯，平端面，做工艺基准面。采用左端工艺基准面定位，台阶面靠紧夹紧加工。

### 5.3.2 工艺设计

项目 5 的工艺表如表 5.9 所示。

表 5.9 项目 5 工艺表

| 单位名称 | 河北工业职业技术大学 | 产品名称或代号 | | 零件名称 | | 零件图号 |
|---|---|---|---|---|---|---|
| | | 项目 5 带轮 | | 任务 5 带轮 | | ZNZZ-05 |
| 工序号 | 程序编号 | 夹具名称 | 使用设备 | | 数控系统 | 场地 |
| 001 | O0009 | 自定心卡盘 | CK6150 | | FANUC 0i Mate TC | 理实一体化教室 |
| 工序号 | 工序内容 | 刀具号 | 刀具名称 | 主轴转速 $n$ / ($r \cdot min^{-1}$) | 进给量 $f$ / ($mm \cdot r^{-1}$) | 背吃刀量 $a_p$/mm | 备注（程序名） |
| 1 | 粗车轮毂 | T0101 | 93°外圆车刀 | 500 | 0.3 | 1.0 | O0009 |
| 2 | 精车轮毂 | T0202 | 93°外圆车刀 | 800 | 0.1 | 0.3 | O0009 |

续表

| 3 | 掉头，钻孔 | T0303 | φ35 钻头 | 500 | 0.3 |  | O0010 |
| --- | --- | --- | --- | --- | --- | --- | --- |
| 4 | 粗车外圆 | T0404 | 93°外圆车刀 | 600 | 0.3 | 1.0 | O0010 |
| 5 | 精车外圆 | T0404 | 93°外圆车刀 | 800 | 0.1 | 0.3 | O0010 |
| 6 | 粗车内孔 | T0505 | 93°内孔车刀 | 500 | 0.3 | 1.0 | O0010 |
| 7 | 精车内孔 | T0505 | 93°内孔车刀 | 800 | 0.1 | 0.3 | O0010 |
| 8 | 切槽 | T0606 | 切槽刀 | 500 | 0.3 |  | O1201 |
| 编制 |  | 审核 | 智能制造教研室 | 批准 | 智能制造教研室 | 共1页 | 第1页 |

## 任务 5.4　刀具选择

表 5.10　项目 5 刀具表

| 产品名称或代号 | 数控编程与零件加工实训件 | 零件名称 | 任务 5 带轮 | 零件图号 | ZNZZ-05 |
| --- | --- | --- | --- | --- | --- |
| 序号 | 刀具号 | 刀具名称 | 数量 | 过渡表面 | 刀尖半径 $R$/mm | 备注 |
| 1 | T01 | 93°外圆车刀 | 1 | 粗车轮毂轮廓 | 0.5 |  |
| 2 | T02 | 93°外圆车刀 | 1 | 精车轮毂轮廓 | 0.2 |  |
| 3 | T03 | φ35 钻头 | 1 | 钻孔 |  |  |
| 4 | T04 | 93°外圆车刀 | 1 | 右端轮廓 | 0.2 |  |
| 5 | T05 | 93°内孔车刀 | 1 | 内孔 | 0.2 |  |
| 6 | T06 | 3 mm 内切槽刀 | 1 | A 型槽 | 0 |  |
| 编制 |  | 审核 | 智能制造教研室 | 批准 | 智能制造教研室 | 共1页 | 第1页 |

## 任务 5.5　程序单

### 5.5.1　基点坐标计算

右侧基点和左侧基点分别如图 5.20 和图 5.21 所示。

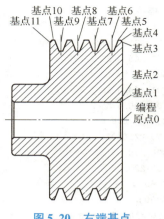
图 5.20 右端基点

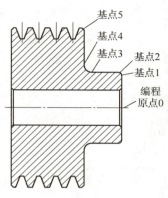
图 5.21 左端基点

右侧基点坐标和左侧基点坐标分别如表 5.11 和表 5.12 所示。

表 5.11 右端基点坐标

| 基点 | 坐标 | 基点 | 坐标 |
| --- | --- | --- | --- |
| 1 | X44　Z0 | 7 | X155　Z-30.1 |
| 2 | X40　Z-2 | 8 | X155　Z-48.5 |
| 3 | X176　Z0 | 9 | X155　Z-66.9 |
| 4 | X180　Z-2 | 10 | X180　Z-76.6 |
| 5 | X180　Z-5 | 11 | X176　Z-78.6 |
| 6 | X155　Z-11.7 | 12 | |

表 5.12 左端基点坐标

| 基点 | 坐标 | 基点 | 坐标 |
| --- | --- | --- | --- |
| 1 | X76　Z0 | 4 | X100　Z-41.4 |
| 2 | X80　Z-2 | 5 | X180　Z-41.4 |
| 3 | X80　Z-31.4 | | |

### 5.5.2 程序编制

程序如表 5.13 ~ 表 5.15 所示。

表 5.13 轮毂端加工程序

```
O0009；轮毂端                      N120 G00 Z20.0;
N10 T0101;                        N130 T0202;
N20 M04 S400;                     N140 S600;
N30 G00 X181.0 Z0.5;              N150 G00 G42 X81.0 Z1.0;
N40 G71 U2.0 R0.5;                N160 G01 X76.0 Z0.0 F0.1;
N50 G71 P60 Q110 U0.5 W0 F0.2;    N170 G01 X80.0 Z-2.0;
N60 G00 X82.0 Z0.5;               N180 G01 Z-31.4;
N70 G01 X76.0 Z0.0 F0.1;          N190 G02 X100.0 Z-41.4 R10.0 F0.1;
N80 G01 X80.0 Z-2.0;              N200 G01 X182.0;
N90 G01 Z-31.4;                   N210 G00 G40 Z20.0;
N100 G02 X100.0 Z-41.4 R10.0 F0.1; N220 M05;
N110 G01 X182.0;                  N230 M30;
```

项目 5　带轮加工

表 5.14　切槽端加工程序

```
O0010；切槽端                        N200 G71 P210 Q250 U-0.5 W0 F0.2；
N10 T0303；                         N210 G01 X45.0 F0.1 S800；
N20 M03 S500；                      N220 G01 Z0.5；
N30 G00 Z1.5；                      N230 G01 X44.0 Z0.0 F0.1；
N40 G00 X0.0；                      N240 G01 X40.0 Z-2.0；
N50 G01 Z-130.0 F0.2；              N250 G01 Z-109.0；
N60 G00 Z0.5；                      N260 G70 P210 Q250；
N70 G00 X182.0；                    N270 G00 X38.0；
N75 M05；                           N280 G00 Z20.0；
N80 T0404；                         N290 T0606；
N90 M04 S500；                      N300 S800；
N100 G00 Z10.0；                    N310 G00 X181.0；
N110 G00 X182.0；                   N320 G00 Z-11.7；
N120 G01 X175.0 Z0.0 F0.1；         N330 M98 P1201；
N130 G01 X180.0 Z-2.5；             N340 G00 Z-30.1；
N140 G01 Z-76.1；                   N350 M98 P1201；
N150 G01 X175.0 Z-79.5；            N360 G00 Z-48.5；
N160 G01 X182.0；                   N370 M98 P1201；
N170 G00 Z50.0；                    N380 G00 Z-66.9；
N180 T0505；                        N390 M98 P1201；
N182 S500；                         N400 G00 Z20.0；
N184 G00 Z10.0；                    N410 M05；
N186 G00 X30.0；                    N420 M30；
N190 G71 U1.0 R0.5；
```

表 5.15　切槽子程序

```
O1201；切槽子程序                    N120 G00 U10.0；
N10 G01 X180.0 F0.3；               N130 G00 W6.0；
N20 G01 U-24.0；                    N140 G01 U-10.0；
N30 G00 U24.0；                     N150 G00 U10.0；
N40 G00 W1.5；                      N160 G00 W-3.0；
N50 G01 U-21.0；                    N170 G00 W5.2；
N60 G00 U21.0；                     N180 G01 U-25.0 W-4.3 F0.1；
N70 G00 W-3.0；                     N190 G01 W-1.8；
N80 G01 U-21.0；                    N200 G01 U25.0 W-4.3；
N90 G00 U21.0；                     N210 G00 W5.2；
N100 G00 W-1.5；                    N220 G00 X181.0；
N110 G01 U-10.0；                   N230 M99；
```

# 任务 5.6　仿真加工

## 5.6.1　选择机床和系统

打开宇龙仿真软件，单击机床菜单，选择"机床"，机床类型选择"数控车"，系统选择 FANUC 0i Mate，如图 5.22 所示。

**108**　■ 数控机床编程技术

图 5.22　FANUC 0i Mate 数控系统（MDI 键盘和操作面板）

### 5.6.2　定义毛坯和安装零件毛坯

选择"零件"→"定义毛坯"命令，定义毛坯尺寸为 φ180 mm × 120 mm，内孔 φ30 mm，通孔，如图 5.23 所示。然后选择定义好的毛坯，单击"安装零件"按钮，如图 5.24 所示。

图 5.23　定义毛坯

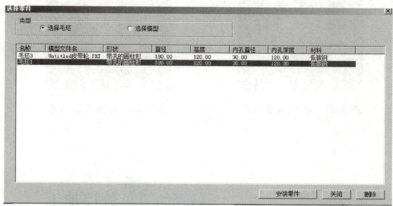

图 5.24　安装毛坯

### 5.6.3　选择和安装刀具

选择"机床"→"选择刀具"命令，在刀架上分别安装 6 把刀具，1 号刀为外圆刀具，2 号刀为外圆刀具，3 号刀为钻头，4 号刀为外圆刀具，5 号刀为内孔刀具，6 号刀为切槽刀具，如图 5.25 所示。

### 5.6.4　对刀操作

分别完成对刀操作，6 把刀具对刀数据如图 5.26 所示。

项目 5　带轮加工

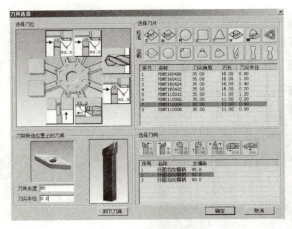
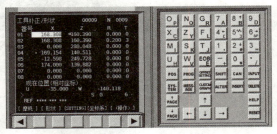

图 5.25　安装刀具　　　　　　　　　　　图 5.26　对刀操作

### 5.6.5　仿真加工

选择自动运行方式，执行程序 O0009，右侧加工结果如图 5.27 所示；执行程序 O0010，左侧加工结果如图 5.28 所示。

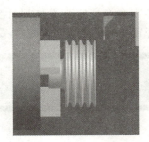

图 5.27　右侧加工结果　　　图 5.28　左侧加工结果　　　项目 5 仿真操作

## 任务 5.7　数控加工

### 5.7.1　数控车床基本操作

（1）数控车床开机操作。
（2）数控车床回参考点操作。
（3）毛坯安装与找正。
（4）外圆、内孔刀具安装与调整。
（5）切槽刀具安装与调整。
（6）钻头与锥套的使用，尾座的使用。
（7）关机操作：关机过程一般为急停关→操作面板电源关→机床电气柜电源关→总电源关。

## 5.7.2　数控加工程序的输入与编辑练习

（1）机床坐标界面操作。
（2）程序管理操作：
①新建一个数控程序；
②删除一个数控程序；
③检索一个 NC 程序。
（3）数控车床系统程序编辑：
①移动光标；
②插入字符；
③删除输入域中的数据；
④删除字符；
⑤查找；
⑥替换。
（4）加工程序录入：
①空运行验证；
②使用 GRAPH 功能验证轨迹。

项目 5 综合实训

## 5.7.3　试切与零件加工检验

（1）对刀操作，完成 6 把刀对刀。
（2）自动运行加工轮毂侧。
（3）自动运行加工带槽侧。
（4）使用游标卡尺测量直径、杠杆百分表测量内径。
带轮加工结果如图 5.29 所示。

图 5.29　带轮加工结果

## 任务 5.8　项目总结

本项目主要介绍数控车床结构、数控车床工艺制定等知识。通过带轮零件的工艺方案设计，掌握槽类零件的工艺设计的方法；通过带轮零件的编程，掌握 M98、M99 指令的使用方法；通过带轮零件的数控加工，掌握外圆刀具、内孔刀具、切槽刀具的安装与调整；通过带轮零件的加工质量检测，掌握杠杆百分表的使用。

## 任务 5.9　思考与练习

（1）切槽过程中刀片宽度应如何选择？
（2）切带轮 A 型槽过程中基点位置应如何确定？
（3）加工结束后，A 型槽圆跳动超差，有可能是什么原因？应如何改进？
（4）典型带轮零件的具体应用有哪些？
（5）切槽刀刀位点应如何选择？
（6）子程序调用的格式是什么？子程序调用中相对坐标应如何使用？

项目 5　带轮加工

（7）如图5.30所示，编写轴加工程序，通过仿真加工验证程序的正确性。

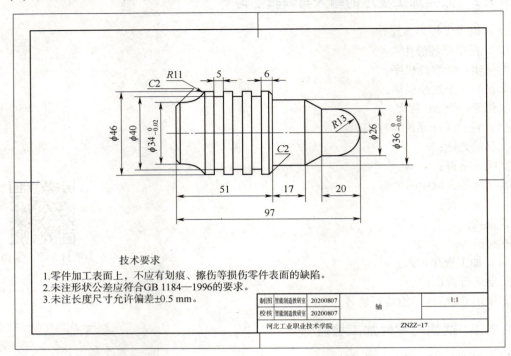

图5.30 轴

# 项目 6  曲面轴加工

任务 6.1  任务书

曲面轴是机械传动的重要部件，如图 6.1 所示，已知材料为 45 钢，毛坯尺寸为 $\phi 50$ mm × 141 mm，制定零件的加工工艺，编写零件的加工程序，在实训教学区进行实际加工。

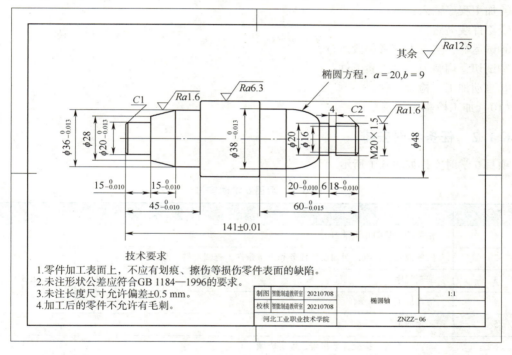

图 6.1  项目 6 零件图

## 6.1.1  任务要求

（1）进行椭圆轴零件工艺分析。
（2）确定定位、夹紧方式，选用刀具。
（3）确定编程原点、编程坐标系、对刀位置及对刀方法。
（4）确定运动方向、轨迹。
（5）确定加工所用各种工艺参数。
（6）进行数值计算。
（7）重点掌握子程序指令和相对坐标应用，编制椭圆轴加工程序。

（8）掌握机床仿真操作加工步骤：

①启动机床，回参考点；

②刀具准备，包括刀片选择、刀柄选择、刀具安装与调整；

③刀具对刀操作；

④加工程序输入；

⑤工件装夹；

⑥试运行，空走刀或者单段运行；

⑦试切，调整刀补，检验工件；

⑧自动加工，检验工件。

（9）进行实际加工：

①启动机床，回参考点；

②刀具准备，包括刀具的选择、刀具安装与调整；

③刀具对刀操作；

④加工程序输入；

⑤工件装夹定位；

⑥试运行，空走刀或者单段运行；

⑦试切，调整刀补，检验工件；

⑧自动加工，检验工件。

（10）加工检验。

### 6.1.2　任务学时安排

项目 6 学时安排如表 6.1 所示。

表 6.1　项目 6 学时安排

| 序号 | 内容 | 学时 |
|------|------|------|
| 1 | 相关编程基础知识学习 | 2 |
| 2 | 任务说明，分组，明确设计任务和技术条件，查阅资料，制定方案 | 1.5 |
| 3 | 编制程序 | |
| 4 | 仿真加工 | |
| 5 | 实际加工 | 1 |
| 6 | 验收，答辩，提交任务报告，评定成绩 | 0.5 |
| 合计 | | 5 |

## 任务6.2　相关知识

### 6.2.1　数控车宏程序编程

前面讲过的是 ISO 代码指令编程。每个代码的功能是固定的，由系统生产厂家开发，使用者只需按规定编程即可。但有时，这些指令满足不了用户的需要，系统提供了用户宏程序功能，用户可以自己扩展数控系统的功能。这实际上是系统对用户的开放。用户把实现某种功能的一组指令像子程序一样预先存入存储器中，用一个指令代表这个存储的功能，在程序中只要指定该指令就能实现这个功能。把这一组指令称为用户宏程序本体，简称宏程序。把代表指令称为用户宏程序调用指令，简称宏指令。编程人员只要记住宏指令而不必记住宏程序。

用户宏程序与普通程序的区别在于：在用户宏程序本体中，能使用变量，可以给变量赋值，变量间可以运算，程序运行可以跳转；而在普通程序中，只能指定常量，常量之间不能运算，程序只能顺序执行，因此功能是固定的，不能变化。

有了用户宏程序功能，机床用户自己可以改进数控机床的功能。FANUC 系统提供两种用户宏功能，即用户宏程序功能 A 和用户宏程序功能 B。这里介绍 FANUC 系统常用的用户宏程序功能 B。

### 1. 变量的类型

宏程序变量的类型和功能如表6.2所示。

**表 6.2 宏程序变量的类型和功能**

| 变量号 | 变量类型 | 功能 |
| --- | --- | --- |
| #0 | 空变量 | 该变量的值总为空 |
| #1 ~ #33 | 局部变量 | 局部变量是只能在一个用户宏程序中用来表示运算结果等的变量，当机床断电后，局部变量的值被清除，当宏程序被调用时，可对局部变量赋值 |
| #100 ~ #149 （#199）<br>#500 ~ #531 （#999） | 公共变量 | 公共变量在各宏程序中是可以公用的。#100 ~ #149 在关掉电源后，变量值全部被清除，#500 ~ #509 即使在关掉电源后，变量值仍被保存。作为可选择的公共变量，#150 ~ #199 和#32 ~ #999 也是允许的 |
| #1000 ~ #1133 | 接口信号 | 可以在可编程控制器（Programmable logical controller，PLC）和用户宏程序之间交换的信号 |
| #2001 ~ #2400 | 刀具补偿量 | 可以用来读和写刀具补偿量 |
| #3000 | 报警 | #3000 变量被赋值 0 ~ 99 时，NC 停止并产生报警 |
| #3001 、#3002 | 时间信息 | 能够用来读和写时间信息 |
| #3011 、#3012<br>#3003 、#3004 | 自动操作控制 | 能改变自动操作控制状态（单步，连续控制） |
| #3005 | 设置变量 | 该变量可作读和写的操作，把二进制值转换成十进制表示，可控制镜像开/关，米制输入/英制输入，绝对值编程/增量编程等 |
| #4001 ~ #4022 | 模态信息 | 用来读取指定的一直到当前程序段有效的模态指令（G、B、D、F、H、M、S、T 代码等） |
| #5001 ~ #5104 | 位置信息 | 能够读取位置信息（包括各轴程序段终点位置、各轴当前位置，刀具偏置值等） |

### 2. 变量的表示与引用

宏程序中的地址码可以用变量代替数字。用户在允许范围内，可以给变量赋值。

（1）变量的表示。变量由代码#和数值表示，格式为#i(i=0,1,2,…)。

例：#1、#5、#109 等。

项目6 曲面轴加工 **115**

（2）变量的引用。地址后接的数据可以用变量代替。

例：F#33，若#33 = 1.5，则表示 F1.5。

　　Z - #18，若#18 = 20.0，则表示 Z - 20.0。

（3）使用中应注意：

①地址/、\、\：、0 和 N 符号后禁止使用变量，如 N#1 和/#3 不能使用；

②变量号不能直接用变量代替。若#5 中的 5 用#30 代替，不能写成##30，而应写成# ［#30］；

③变量值不能超过各地址的最大允许值。例如，当#140 = 120 时，G#140 超过了最大值 99，这是不被允许的。

### 3. 变量的运算

在变量之间、变量和常量之间可进行各种运算。

（1）算术运算符，算术运算符包括 +（和）、-（差）、*（乘）、/（除）。

（2）条件运算符，条件运算符包括 EQ（等于）、NE（不等于）、GT（大于）、GE（大等于）、LT（小于）、LE（小等于）。

（3）逻辑运算符，逻辑运算符包括 AND（与）、OR（或）、NOT（非）。

（4）函数，函数 SIN（正弦）、COS（余弦）、TAN（正切）、ATAN（反正切）、ABS（绝对值）、INT（取整）、SIGN（取符号）、SQRT（开方）、EXP（指数）等。

例：#20 = ［SIN ［#2 + #4］ * 3.14 + #4］ * ABS ［#10］。

### 4. 控制指令

#### 1）分支语句

（1）无条件转移，指令格式为 GOTO n，无条件地跳转到顺序号为 n 的程序段中。顺序号也可用变量或 ［<表达式>］来代替，范围为 1~9 999。

（2）条件转移，指令格式为 IF［<条件表达式>］ GOTO n

若<条件表达式>成立，则跳转到顺序号为 n 的程序段中；若<条件表达式>不成立，则执行下个程序段。

例：使用条件转移指令编程求从 1 到 10 的和。

```
#1 = 0                      //变量赋初始值；
#2 = #1 + 1                 //1 号变量加 1，2 号变量赋初始值；
N1 IF [#2 GT 10] GOTO 2     //当 2 号变量大于 10 时转入 N2 执行；
#1 = #1 + #1                //计算两数的和；
#2 = #2 + 1                 //加数加 1；
GOTO 1                      //转入 N1 执行。
```

#### 2）循环语句

指令格式：

WHILE ［<条件表达式>］ DO m （m = 1, 2, 3）

…

END m

若满足<条件表达式>的条件，则重复执行从 DO m 到 END m 之间的程序段；若不满足条件，则执行 END m 之后的程序段。

使用时必须注意：WHILE ［<条件表达式>］DO m 和 END m 必须成对使用，并且 DO m 一定要在 END m 之前指定，用识别号 m 来识别。

**例 6.1** 用宏程序编制图 6.2 所示的零件，零件的轮廓为抛物线。

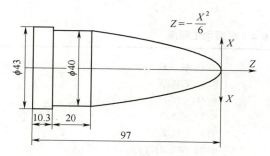

图 6.2 宏程序实例

例 6.1 仿真加工

宏程序中用到的变量为：
#1—$X$ 坐标，半径值，范围 0~20；
#2—$Z$ 坐标；
#3—$X$ 坐标，直径值；
抛物线加工程序如表 6.3 所示。

表 6.3 抛物线加工程序

```
O6001;
N10 G97 G99 G40 G21;
N20 T0101 S500 M03;
N30 G00 X45.0 Z1.0;
N40 G71 U2.0 R0.5;
N50 G71 P60 Q170 U0.6 W0 F0.2;
N60 G00 G42 X0;
N70 S1000 G01 Z0 F0.1;
N80 #1=0.0;
N90 #2=-#1*#1/6.0;
N100 #3=2*#1;
N110 G01 X#3 Z#2 F0.1;
N120 #1=#1+0.1;
N130 IF [#1 LE 20.0] GOTO90;
N140 G01 W-20.0;
N150 G01 X43.0;
N160 G01 Z-97.0;
N170 G01 X45.0;
N180 G00 X50.0;
N190 G00 G40 X60.0;
N200 G00 X100.0 Z100.0;
N210 T0202;
N220 S1000;
N230 G00 X42.0 Z2.0;
N240 G70 P60 Q170;
N250 M05;
N260 M30;
```

**例 6.2** 用宏程序编制图 6.3 所示的椭圆。

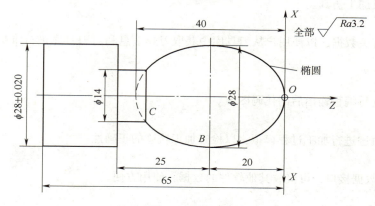

图 6.3 椭圆轴

例 6.2 仿真加工

项目 6 曲面轴加工 ▎117

椭圆加工程序如表6.4所示。

**表6.4　椭圆加工程序**

```
O6002;
N10 T0101;
N20 M03 S500;
N30 G00 X52.0 Z5.0;
N40 G71 U1.0 R1.0;
N50 G71 P60 Q170 U0.5 W0.5 F0.15;
N60 G01 X0 F0.08 S1000;
N70 #1 = 0;
N80 WHILE [#1LT158] DO1;
N90 #2 = 20 * COS[#1];
N100 #3 = 2 * 14 * SIN[#1];
N110 G01 X#3 Z[#2 - 20];
```

```
N120 #1 = #1 + 1;
N130 END1;
N140 G01 X14.0 Z - 45.0;
N150 X28.0;
N160 G01 Z - 65.0;
N170 G01 X32.0;
N180 G70 P60 Q170;
N190 G00 X50.0;
N200 G00 Z100.0;
N210 M05;
N220 M30;
```

## 6.2.2　CAXA 数控车 2016

### 1. CAXA 数控车 2016 简介

CAXA 数控车 2016 是 CAD/CAM 工具软件，是在全新的数控加工平台上开发的数控车床加工编程和二维图形设计软件。CAXA 数控车具有 CAD 软件的强大绘图功能和完善的外部数据接口，可以绘制任意复杂的图形，可通过 DXF、IGES 等数据接口与其他系统交换数据。CAXA 数控车具有轨迹生成及通用后置处理功能。该软件提供了功能强大、使用简洁的轨迹生成手段，可按加工要求生成各种复杂图形的加工轨迹。通用的后置处理模块使 CAXA 数控车可以满足各种机床的代码格式，可输出 G 代码，并对生成的代码进行校验及加工仿真。

### 2. 系统特点

CAXA 数控车具有 CAD 软件的强大绘图功能和完善的外部数据接口，可以绘制任意复杂的图形，可通过 DXF、IGES 等数据接口与其他系统交换数据。

#### 1）加工轨迹
使用简洁的轨迹生成手段，可按加工要求生成各种复杂图形的加工轨迹。

#### 2）通用后置
通用的后置处理模块使 CAXA 数控车 2016 可以满足各种机床的代码格式，可输出 G 代码，并可对生成的代码进行校验及加工仿真。

#### 3）刀具
可以定义、确定刀具的有关数据，以便用户从刀具库中获取刀具信息和对刀具库进行维护；刀具库定义支持车加工中心。

#### 4）代码反读
代码反读功能可以随时查看编程输出后的代码图形。

#### 5）轨迹仿真
软件可以对已有的加工轨迹进行加工过程模拟，以检查加工轨迹的正确性。

#### 6）数据接口
软件具有 DXF、IGES 等数据接口，可接收其他软件的数据，使用方便。

#### 7）参数修改
当生成的轨迹不满足要求时可以用参数修改功能对轨迹的各种参数进行修改，以生成新的加工轨迹。

### 3. 功能介绍

CAXA 数控车 2016 具有如下几大功能：

#### 1）图形编辑功能

CAXA 数控车具有优秀的图形编辑功能，其操作速度是手工编程无可比拟的。曲线分成点、直线、圆弧、样条、组合曲线等类型。CAXA 数控车提供拉伸、删除、裁剪、曲线过渡、曲线打断、曲线组合等操作，提供多种变换方式，如平移、旋转、镜像、阵列、缩放等。工作坐标系可任意定义，并在多坐标系间随意切换。图层、颜色、拾取过滤工具应有尽有，系统完善。

#### 2）通用后置

CAXA 数控车具有开放的通用后置设置功能，用户可根据企业的机床自定义后置，允许根据特种机床自定义代码，自动生成符合特种机床的代码文件，用于加工。该软件支持小内存机床系统加工大程序，自动将大程序分段输出功能。根据数控系统要求是否输出行号，行号是否自动填满。编程方式可以选择增量方式或绝对方式两种。坐标输出格式可以定义到小数及整数位数。圆弧输出方式可以选择 I、J、K 方式或 R 方式。

#### 3）基本加工功能

（1）轮廓粗车：用于实现对工件外轮廓表面、内轮廓表面和端面的粗车加工，用来快速清除毛坯的多余部分。

（2）轮廓精车：实现对工件外轮廓表面、内轮廓表面和端面的精车加工。

（3）切槽：用于在工件外轮廓表面、内轮廓表面和端面切槽。

（4）钻中心孔：用于在工件的旋转中心钻中心孔。

#### 4）高级加工功能

高级加工功能包括内外轮廓及端面的粗、精车削；样条曲线的车削；自定义公式曲线车削；加工轨迹自动干涉排除功能，避免人为因素的判断失误。支持不具有循环指令的老机床编程，解决这类机床手工编程的烦琐工作。

#### 5）车螺纹

该功能为非固定循环方式时对螺纹的加工，可对螺纹加工中的各种工艺条件、加工方式进行灵活的控制；螺纹的起点坐标和终点坐标通过用户的拾取自动计入加工参数中，不需要重新输入，减少出错环节。螺纹节距可以选择恒定节距或变节距。螺纹加工方式可以选择粗加工、粗＋精加工两种方式。

### 4. 界面与菜单介绍

CAXA 数控车 2016 软件界面如图 6.4 所示。和其他 Windows 风格的软件一样，各种应用功能通过菜单区和工具栏驱动；状态栏指导用户进行操作并提示当前状态和所处位置；绘图区显示各种绘图操作的结果；同时，绘图区和参数条为用户实现各种功能提供数据的交互。

下面介绍用户界面的主要内容。

#### 1）绘图区

绘图区是用户进行绘图设计的工作区域，如图 6.4 所示的空白区域。它位于界面的中心，并占据了界面的大部分面积。广阔的绘图区为显示全图提供了清晰的空间。

在绘图区的中央设置了一个二维直角坐标系，该坐标系称为世界坐标系。它的坐标原点为（0.0000，0.0000）。

CAXA 数控车以当前用户坐标系的原点为基准，水平方向为 X 方向，并且向右为正，向左为负。垂直方向为 Y 方向，向上为正，向下为负。在绘图区中，用鼠标拾取的点或由键盘输入的点均以当前用户坐标系为基准。

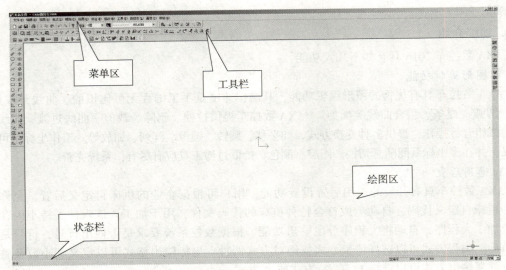

图 6.4 CAXA 数控车 2016 软件界面

2) 菜单区

CAXA 数控车的菜单区主要包括主菜单、立即菜单和工具菜单三部分，此外还有弹出菜单。

(1) 主菜单。如图 6.5 所示，主菜单位于屏幕的顶部。它由一行菜单栏及其子菜单组成，菜单栏包括文件、编辑、视图、格式、幅面、绘图、标注、修改、工具、数控车、通信和帮助等。每个部分都含有若干个下拉菜单。

图 6.5 主菜单

(2) 立即菜单。立即菜单描述了该项命令执行的各种情况和使用条件。用户根据当前的作图要求，正确地选择某一命令，即可得到准确的响应。

(3) 工具菜单。包括工具点菜单和拾取元素菜单。

(4) 弹出菜单。CAXA 数控车的弹出菜单是用来作为当前命令状态下的子命令，通过按"Space"键弹出，在不同的命令执行状态下可能有不同的子命令组，其主要分为点工具组、矢量工具组、选择集拾取工具组、轮廓拾取工具组和岛拾取工具组。如果子命令是用来设置某种子状态的，那么 CAXA 数控车在状态栏中显示内容来提示用户。

3) 状态栏

CAXA 数控车提供了多种显示当前状态的功能，它包括当前点坐标显示、操作信息提示、当前工具点设置及拾取状态提示。

(1) 当前点坐标显示区。当前点坐标显示区位于屏幕底部状态栏的中部。当前点的坐标值随光标的移动作动态变化。

(2) 操作信息提示区。操作信息提示区位于屏幕底部状态栏的左侧，用于提示当前命令执行情况或提醒用户输入。

(3) 当前工具点设置及拾取状态提示区。当前工具点设置及拾取状态提示区位于状态栏的右侧，自动提示当前点的性质及拾取方式。例如，点可能为屏幕点、切点、端点等，拾取方式可能为添加状态、移出状态等。

(4) 点捕捉状态设置区。点捕捉状态设置区位于状态栏的最右侧，在此区域内设置点的捕捉状态，分别为自由、智能、导航和栅格。

（5）命令与数据输入区。命令与数据输入区位于状态栏的左侧，用于通过键盘输入命令或数据。

（6）命令提示区。命令提示区位于命令与数据输入区和操作信息提示区之间，显示目前执行功能的键盘输入命令的提示，便于用户快速掌握数控车的键盘命令。

4）工具栏

在工具栏中，可以通过单击相应的功能按钮进行操作，系统默认工具栏包括"标准"工具栏、"属性工具"工具栏、"常用工具"工具条、"绘图工具"工具栏、"绘图工具Ⅱ"工具栏、"标注工具"工具栏、"图幅操作"工具栏、"设置工具"工具栏、"编辑工具"工具栏、"视图管理"工具栏、"数控车工具"工具栏。工具栏也可以根据用户自己的习惯和需求进行定义，如图 6.6 所示。

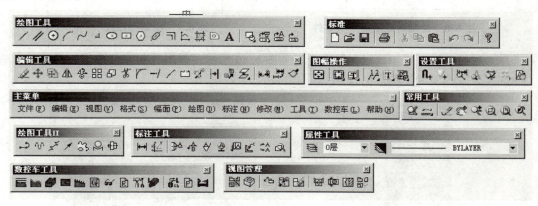

图 6.6　工具栏

例 6.3　使用 CAXA 数控车 2016，编制图 6.7 所示零件的加工程序。

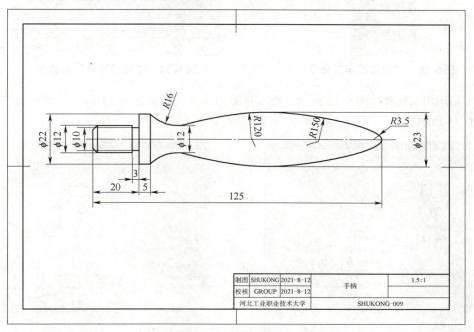

图 6.7　手柄零件图

（1）工艺分析。手柄零件需要两次装夹完成加工，首先以毛坯外圆定位，加工左侧圆柱端，

项目 6　曲面轴加工　121

使用外圆车刀和 3 mm 切槽刀两把刀具，外圆分粗车和精车两步完成；然后掉头，加工圆弧曲面侧，使用外圆车刀，分粗车和精车两步完成。

（2）绘图。在 CAXA 数控车 2016 中绘制圆柱侧，在生成外圆加工轨迹时，可以省略绘制退刀槽，绘制完成后的手柄零件如图 6.8 所示，注意编程原点设置为毛坯右端面回转中心处。绘制毛坯线，设置毛坯直径为 40 mm，如图 6.9 所示。

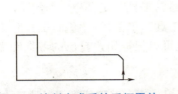

图 6.8　绘制完成后的手柄零件

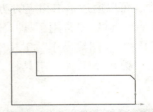

图 6.9　绘制毛坯线

选择"数控车"→"轮廓粗车"命令，如图 6.10 所示，弹出"粗车参数表"对话框，选择"轮廓车刀"选项卡，如图 6.11 所示。

图 6.10　"轮廓粗车"命令

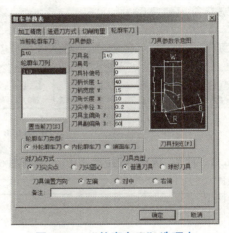

图 6.11　"轮廓车刀"选项卡

粗车切削用量选择如图 6.12 所示，粗车进退刀方式选择如图 6.13 所示，粗车加工精度选择如图 6.14 所示。

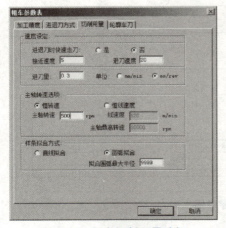

图 6.12　粗车切削用量选择

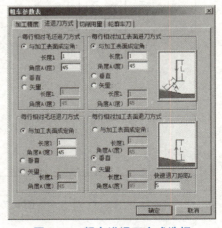

图 6.13　粗车进退刀方式选择

选择完成后，单击"确定"按钮，生成粗车轨迹，如图6.15所示。

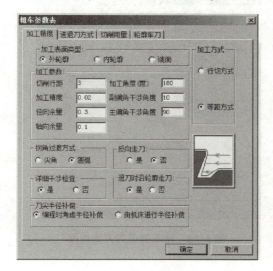

图6.14 粗车加工精度选择

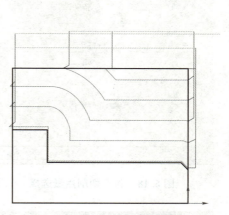

图6.15 粗加工轨迹

选择"数控车"→"轮廓精车"命令，如图6.16所示，弹出"精车参数表"对话框，选择"轮廓车刀"选项卡，如图6.17所示。

图6.16 "轮廓精车"命令

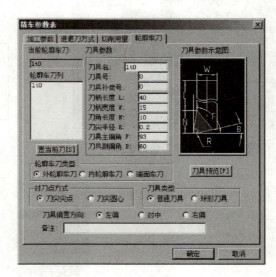

图6.17 "精车参数表"对话框的"轮廓车刀"选项卡

精车切削用量选择如图6.18所示，精车进退刀方式选择如图6.19所示，精车加工参数选择如图6.20所示。

选择后，单击"确定"按钮，生成精车轨迹，如图6.21所示。

绘制退刀槽，如图6.22所示。

选择"数控车"→"切槽"命令，如图6.23所示，弹出"切槽参数表"对话框，选择"切槽刀具"选项卡，如图6.24所示。

项目6 曲面轴加工

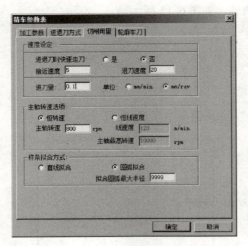
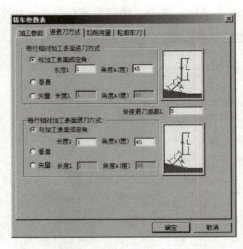

图 6.18　精车切削用量选择　　　　　　图 6.19　精车进退刀方式选择

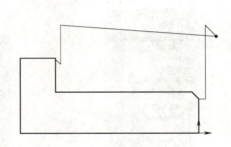

图 6.20　精车加工参数选择　　　　　　　　图 6.21　精车轨迹

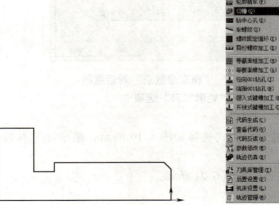

图 6.22　绘制退刀槽　　　图 6.23　"切槽"命令　　　图 6.24　"切槽刀具"选项卡

124　■　数控机床编程技术

切槽切削用量选择如图 6.25 所示，切槽加工参数选择如图 6.26 所示。

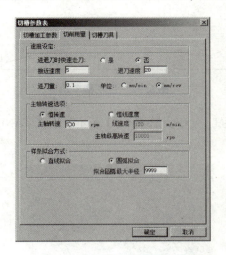

图 6.25 切槽切削用量选择

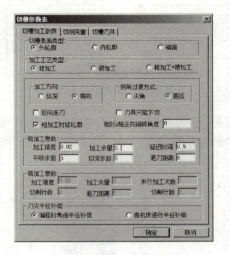

图 6.26 切槽加工参数选择

选择后，单击"确定"按钮，生成粗车轨迹，如图 6.27 所示。
绘制右侧轮廓，绘制毛坯线，定义编程原点，如图 6.28 所示。

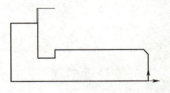

图 6.27 切槽轨迹

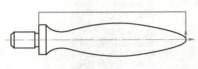

图 6.28 定义毛坯

选择"数控车"→"轮廓粗车"命令，加工精度选择如图 6.29 所示，粗车轮廓车刀参数如图 6.30 所示。

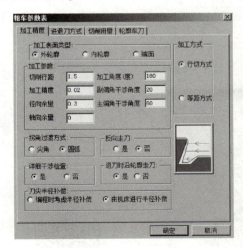

图 6.29 加工精度选择

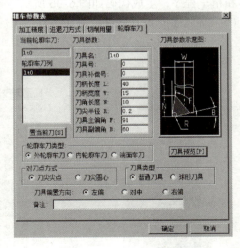

图 6.30 粗车轮廓车刀参数

然后单击"确定"按钮，生成粗车轨迹，如图 6.31 所示。
选择"数控车"→"轮廓精车"命令，生成精车轨迹如图 6.32 所示。

项目 6 曲面轴加工 125

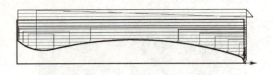
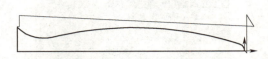

图 6.31　生成粗车轨迹　　　　　　　图 6.32　生成精车轨迹

（3）后置处理。选择"数控车"→"后置设置"命令，如图 6.33 所示。选择 FANUC 系统，"后置处理设置"对话框如图 6.34 所示。

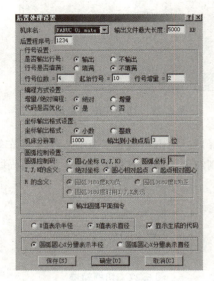

图 6.33　"后置设置"命令　　　　　图 6.34　"后置处理设置"对话框

（4）数控程序的输出。选择"数控车"→"代码生成"命令，如图 6.35 所示，分别生成粗车和精车程序，生成代码如图 6.36 所示。

（5）导入宇龙仿真软件，完成仿真加工。

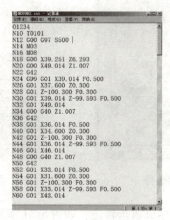

图 6.35　"代码生成"命令　　　图 6.36　生成代码　　　　　例 6.3 仿真加工

## 任务 6.3　工艺单

### 6.3.1　毛坯准备

45 钢，$\phi$50 mm×141 mm。下料，平端面，做工艺基准面。采用左端工艺基准面定位，台阶面靠紧夹紧加工。

### 6.3.2　工艺设计

项目 6 的工艺表如表 6.5 所示。

表 6.5　项目 6 工艺表

| 单位名称 | 河北工业职业技术大学 | 产品名称或代号 | | 零件名称 | 零件图号 |
|---|---|---|---|---|---|
| | | 项目 6 曲面轴 | | 任务 6 椭圆轴 | ZNZZ – 06 |
| 工序号 | 程序编号 | 夹具名称 | 使用设备 | 数控系统 | 场地 |
| 001 | O0011 | 自定心卡盘 | CK6150 | FANUC 0i Mate TC | 理实一体化教室 |
| 工序号 | 工序内容 | 刀具号 | 刀具名称 | 主轴转速 $n$ / ($r \cdot min^{-1}$) | 进给量 $f$ / ($mm \cdot r^{-1}$) | 背吃刀量 $a_p$/mm | 备注（程序名） |
| 1 | 粗车外圆 | T0101 | 93°外圆车刀 | 500 | 0.3 | 1.0 | O0011 |
| 2 | 精车外圆 | T0101 | 93°外圆车刀 | 800 | 0.1 | 0.3 | O0011 |
| 3 | 粗车外圆 | T0202 | 93°外圆车刀 | 500 | 0.3 | 1.0 | O0012 |
| 4 | 精车外圆 | T0202 | 93°外圆车刀 | 1000 | 0.1 | 0.3 | O0012 |
| 5 | 切槽 | T0303 | 切槽刀 | 500 | 0.3 | | O0012 |
| 6 | 切外螺纹 | T0404 | 60°外螺纹刀 | 800 | 1.5 | | O0012 |
| 编制 | | 审核 | 智能制造教研室 | 批准 | 智能制造教研室 | 共 1 页 | 第 1 页 |

## 任务 6.4　刀具选择

项目 6 刀具表如表 6.6 所示。

表 6.6　项目 6 刀具表

| 产品名称或代号 | | 数控编程与零件加工实训件 | 零件名称 | 任务 6 椭圆轴 | 零件图号 | ZNZZ – 06 |
|---|---|---|---|---|---|---|
| 序号 | 刀具号 | 刀具名称 | 数量 | 过渡表面 | 刀尖半径 $R$/mm | 备注 |
| 1 | T01 | 93°外圆车刀 | 1 | 左端轮廓 | 0.2 | |
| 2 | T02 | 93°外圆车刀 | 1 | 右端轮廓 | 0.2 | |
| 3 | T03 | 2 mm 切槽刀 | 1 | 4 mm 槽 | 0 | |
| 4 | T04 | 60°外螺纹刀 | 1 | M20×1.5 | 0 | |
| 编制 | | 审核 | 智能制造教研室 | 批准 | 智能制造教研室 | 共 1 页　第 1 页 |

项目 6　曲面轴加工 127

## 任务 6.5　程序单

### 6.5.1　基点坐标计算

右端基点和左端基点如图 6.37 和图 6.38 所示。

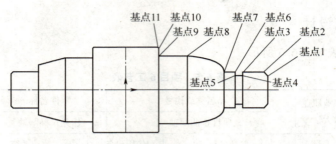

图 6.37　右端基点

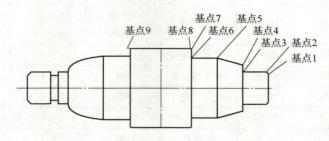

图 6.38　左端基点

右端基点坐标和左端基点坐标如表 6.7 和表 6.8 所示。

表 6.7　右端基点坐标

| 基点 | 坐标 | 基点 | 坐标 |
| --- | --- | --- | --- |
| 1 | X16　Z0 | 7 | X20　Z-24 |
| 2 | X19.85　Z-2 | 8 | X38　Z-54 |
| 3 | X19.85　Z-14 | 9 | X38　Z-60 |
| 4 | X16　Z-14 | 10 | X47　Z-60 |
| 5 | X16　Z-18 | 11 | X48　Z-60.5 |
| 6 | X20　Z-18 | | |

表 6.8　左端基点坐标

| 基点 | 坐标 | 基点 | 坐标 |
| --- | --- | --- | --- |
| 1 | X18　Z0 | 6 | X36　Z-45 |
| 2 | X20　Z-1 | 7 | X47　Z-45 |
| 3 | X20　Z-15 | 8 | X48　Z-45.5 |
| 4 | X28　Z-15 | 9 | X48　Z-82 |
| 5 | X36　Z-30 | 10 | |

## 6.5.2 程序编制

程序如表6.9和表6.10所示。

**表6.9 右端加工程序**

| | |
|---|---|
| O0011; | N110 X36.0 Z-30.0; |
| N10 T0101; | N120 G01 Z-45.0; |
| N20 M03 S500; | N130 G01 X47.0; |
| N30 G00 X51.0 Z1.0; | N140 G01 X48.0 Z-45.5; |
| N40 G71 U1.0 R0.5; | N150 G01 Z-82.0; |
| N50 G71 P60 Q150 U0.6 W0.5 F0.2; | N160 G01 X51.0; |
| N60 G01 G42 X18.0 F0.1 S800; | N170 G70 P60 Q150; |
| N70 G01 Z0.0; | N180 G00 X61.0 Z100.0; |
| N80 G01 X20.0 Z-1.0; | N190 M05; |
| N90 G01 Z-15.0; | N200 M30; |
| N100 X28.0; | |

**表6.10 椭圆端加工程序**

| | |
|---|---|
| O0012; | N200 G00 X100.0 Z100.0; |
| N10 T0202; | N210 T0303; |
| N20 M03 S500; | N220 S500; |
| N30 G00 X52.0 Z5.0; | N230 G00 X25.0; |
| N40 G71 U1.0 R1.0; | N240 G00 Z-18.0; |
| N50 G71 P60 Q190 U0.5 W0.5 F0.15; | N250 G01 X16.0 F0.1; |
| N60 G01 G42 X16.0 Z0 F0.08 S1000; | N260 G04 X2.0; |
| N61 G01 X19.85 Z-2.0; | N270 G00 X30.0; |
| N62 G01 Z-18.0; | N271 G00 Z-16.0; |
| N63 G01 X20.0; | N272 G01 X16.0; |
| N64 G01 Z-24.0; | N273 G04 X2.0; |
| N70 #1=0; | N274 G01 Z-18.0; |
| N80 WHILE [#1LT90] DO1; | N275 G00 X30.0; |
| N90 #2=20* COS [#1]; | N280 G00 Z100.0; |
| N100 #3=20+2* 9* SIN [#1]; | N290 T0404; |
| N110 #4= [#2-20] -24.0; | N300 S800; |
| N120 G01 X#3 Z#4; | N310 G00 X20.0 Z5.0; |
| N130 #1=#1+1; | N320 G92 X19.05 Z-15.0 F1.5; |
| N140 END1; | N330 X18.45; |
| N150 G01 X38.0 Z-60.0; | N340 X18.05; |
| N160 G01 X47.0; | N350 X17.9; |
| N170 G01 X48.0 Z-60.5; | N360 G00 X30.0; |
| N180 X49.0; | N370 G00 Z100.0; |
| N190 G00 X51.0; | N380 M05; |
| N195 G70 P60 Q190; | N390 M30; |

项目6 曲面轴加工 ■ 129

## 任务6.6 仿真加工

### 6.6.1 选择机床和系统

打开宇龙仿真软件,选择"机床"→"选择机床"命令,机床类型选择数控车,系统选择 FANUC 0i Mate,如图6.39所示。

图6.39 FANUC 0i Mate 数控系统（MDI 键盘和操作面板）

### 6.6.2 定义毛坯和安装零件毛坯

选择"零件"→"定义毛坯"命令,定义毛坯尺寸为 φ50 mm×141 mm,如图6.40所示。然后选择定义好的毛坯,单击"安装零件"按钮,如图6.41所示。

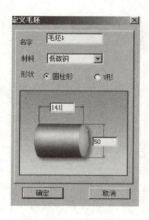

图6.40 定义毛坯

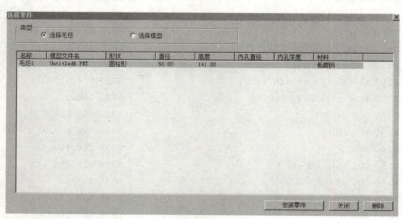

图6.41 安装毛坯

### 6.6.3 选择和安装刀具

选择"机床"→"选择刀具"命令,在刀架上分别安装4把刀具,1号刀为外圆刀具,2号刀为外圆刀具,3号刀为切槽刀具,4号刀为螺纹刀具,如图6.42所示。

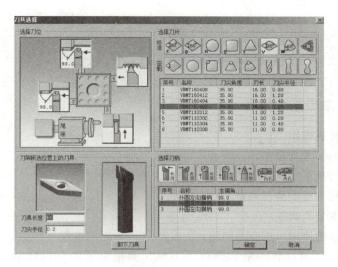

图 6.42　安装刀具

### 6.6.4　对刀操作

分别完成对刀操作，4 把刀具对刀数据如图 6.43 所示。

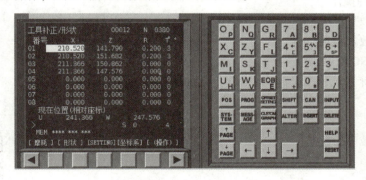

图 6.43　对刀操作

### 6.6.5　仿真加工

选择自动运行方式，执行程序 O0011，右侧加工结果如图 6.44 所示；执行程序 O0012，左侧加工结果如图 6.45 所示。

图 6.44　右侧加工结果

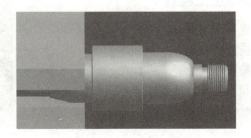
图 6.45　左侧加工结果

项目 6 仿真操作

项目 6　曲面轴加工　131

## 任务6.7 数控加工

### 6.7.1 数控车床基本操作

（1）数控车床开机操作。
（2）数控车床回参考点操作。
（3）毛坯安装与找正。
（4）外圆、内孔刀具安装与调整。
（5）切槽刀具安装与调整。
（6）钻头与锥套的使用，尾座的使用。
（7）关机操作：关机过程一般为急停关→操作面板电源关→机床电气柜电源关→总电源关。

### 6.7.2 数控加工程序的输入与编辑练习

（1）机床坐标界面操作。
（2）程序管理操作：
①新建一个数控程序；
②删除一个数控程序；
③检索一个NC程序。
（3）数控车床系统程序编辑：
①移动光标；
②插入字符；
③删除输入域中的数据；
④删除字符；
⑤查找；
⑥替换。
（4）加工程序录入：
①空运行验证；
②使用GRAPH功能验证轨迹。

项目6 综合实训

### 6.7.3 试切与零件加工检验

（1）对刀操作，完成4把刀对刀。
（2）自动运行加工椭圆轴右侧。
（3）自动运行加工椭圆轴左侧。
（4）使用游标卡尺和千分尺测量直径。
椭圆轴加工结果如图6.46所示。

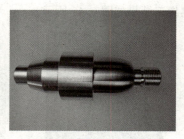

图6.46 椭圆轴加工结果

## 任务6.8　项目总结

本项目主要介绍数控车宏程序和自动编程等知识。通过抛物线和椭圆两个实例，掌握使用宏程序编程的方法；通过手柄轴零件的编程，掌握 CAXA 数控车 2016 的使用方法；通过椭圆轴零件的工艺设计，掌握宏程序的综合应用和曲面轴类零件的工艺设计方法；通过椭圆轴零件的数控加工，掌握外圆刀具、螺纹刀具、切槽刀具的安装与调整；通过椭圆轴零件的加工质量检测，掌握千分尺和游标卡尺的使用。

## 任务6.9　思考与练习

（1）数控车削自动编程的主要内容和步骤是什么？试举例说明。
（2）CAXA 数控车 2016 软件的主要特点是什么？
（3）CAXA 数控车 2016 软件的主要绘图功能和加工功能有哪些？如何使用？
（4）CAXA 数控车 2016 软件的坐标系统与数控车床坐标系有什么区别和联系？
（5）在"刀具管理"对话框中，刀具的前角和后角与刀具实际角度有什么区别和联系？
（6）加工图 6.47 所示的轴零件，试建立模型，选择刀具，自动生成加工程序。

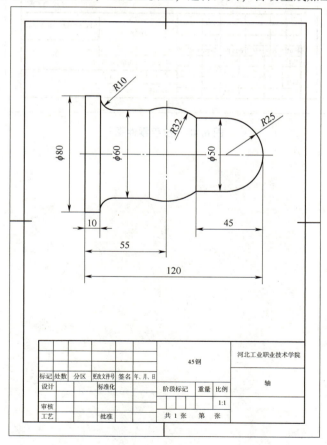

图 6.47　轴零件

（7）加工图 6.48 所示的拉手零件，试建立模型，选择刀具，自动生成加工程序。

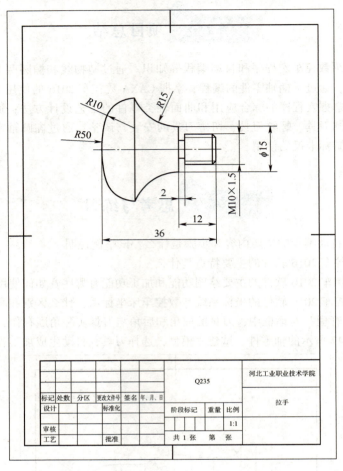

图 6.48　拉手零件图

# 项目7 薄壁隔框零件加工

任务7.1 任务书

隔框是典型的结构部件，如图7.1所示，已知材料为铝合金7075，毛坯尺寸为173 mm × 134 mm × 25 mm，制定零件的加工工艺，编写零件的加工程序，在实训教学区进行实际加工。

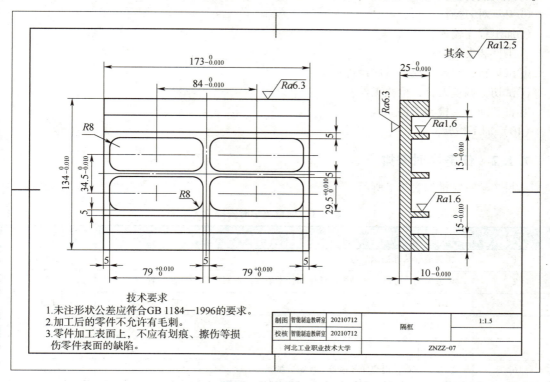

图7.1 项目7零件图

## 7.1.1 任务要求

（1）进行隔框零件工艺分析。
（2）确定定位、夹紧方式，选用刀具。
（3）确定编程原点、编程坐标系、对刀位置及对刀方法。
（4）确定运动方向、轨迹。
（5）确定加工所用各种工艺参数。
（6）进行数值计算。

项目7 薄壁隔框零件加工 ▎135

（7）重点掌握子程序指令和相对坐标应用，编制隔框加工程序。

（8）掌握机床仿真操作加工步骤：

①启动机床，回参考点；

②刀具准备，刀具安装与调整；

③刀具对刀操作；

④加工程序输入；

⑤工件装夹；

⑥试运行，空走刀或者单段运行；

⑦试切，调整刀补，检验工件；

⑧自动加工，检验工件。

（9）进行实际加工；

①启动机床，回参考点；

②刀具准备，包括刀具的选择、刀具安装与调整；

③刀具对刀操作；

④加工程序输入；

⑤工件装夹定位；

⑥试运行，空走刀或者单段运行；

⑦试切，调整刀补，检验工件；

⑧自动加工，检验工件。

（10）加工检验。

### 7.1.2  任务学时安排

项目 7 学时安排如表 7.1 所示。

表 7.1  项目 7 学时安排

| 序号 | 内容 | 学时 |
|---|---|---|
| 1 | 相关编程基础知识学习 | 2 |
| 2 | 任务说明，分组，明确设计任务和技术条件，查阅资料，制定方案 | 1.5 |
| 3 | 编制程序 | |
| 4 | 仿真加工 | |
| 5 | 实际加工 | 1 |
| 6 | 验收，答辩，提交任务报告，评定成绩 | 0.5 |
| 合计 | | 5 |

## 任务 7.2  相关知识

### 7.2.1  加工中心编程概述

加工中心（Machining Center，MC）是从数控铣床发展而来的。与数控铣床相同的是，加工中心是由计算机数控系统、伺服系统、机械本体、液压系统等各部分组成，但加工中心与数控

136  数控机床编程技术

铣床的最大区别在于加工中心具有自动交换加工刀具的能力，在刀库中安装不同用途的刀具，可在一次装夹后，通过自动换刀装置更换主轴上的加工刀具，实现钻、铣、镗、扩、铰、攻螺纹、切槽等多种加工功能。

加工中心编程是数控加工的重要步骤。当用加工中心对零件进行加工时，需要首先对零件进行加工工艺分析，以确定加工方法、加工路线，正确选择数控刀具和安装方法。然后按照加工工艺要求，根据所用机床规定的指令代码及程序格式，刀具的运动轨迹、位移量、切削参数（主轴转速、进给量、背吃刀量等），以及辅助功能（换刀、主轴正转/反转、切削液开/关等）编写程序单并传送或输入数控装置中，从而控制机床加工零件。加工中心的编程特点主要有以下几点：

（1）加工中心具有刀库，控制系统可控轴数一般为三轴以上，可用于难度较大的复杂工件的立体轮廓加工，编程时要考虑如何最大限度地发挥数控机床的特点。

（2）加工中心的数控装置一般具有直线插补、圆弧插补功能、极坐标插补、抛物线插补、螺旋线插补等多种插补功能。编程要充分合理地选择这些功能，提高编程和加工的效率。

（3）编程时要充分熟悉机床的所有编程功能。如刀尖圆弧长度补偿、刀尖圆弧半径补偿、固定循环、镜像、旋转等功能。

（4）由直线、圆弧组成的平面轮廓铣削的数学处理比较简单。非圆曲线、空间曲线和曲面的轮廓铣削加工，数学处理比较复杂，一般要采用计算机辅助计算和自动编程方式。

### 7.2.2 加工中心加工特点

加工中心适用于复杂、工序多、精度要求高、需用多种类型普通机床和繁多刀具、工装，经过多次装夹和调整才能完成加工的零件。其主要加工对象有以下五类：

**1. 箱体类零件**

箱体类零件是指具有一个以上的孔系，内部有一定型腔，在长、宽、高方向有一定比例的零件。这类零件主要被应用在机械、汽车、飞机等行业，如汽车的发动机缸体、变速箱体，机床的主轴箱，柴油机缸体，齿轮泵壳体等。箱体类零件如图7.2所示。

箱体类零件一般需要进行多工位孔系及平面加工，几何公差要求较为严格，通常要经过钻、扩、铰、锪、镗、攻螺纹、铣等工序，不仅需要的刀具多，而且需多次装夹和找

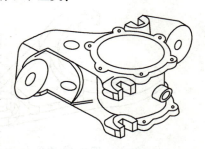

图7.2　箱体类零件

正，手工测量次数多，导致工艺复杂、加工周期长、成本高，更重要的是精度难以保证。这类零件在加工中心上加工，通过一次装夹可以完成普通机床60%～95%的工序内容，零件各项精度一致性好，质量稳定，同时生产周期缩短，成本降低。对于加工工位较多、工作台需多次旋转角度才能完成的零件，一般选用卧式加工中心；当加工的工位较少，且跨距不大时，可选立式加工中心，从一端进行加工。

**2. 复杂曲面**

对于轮、螺旋桨、各种曲面成形模具等复杂曲面，采用普通机械加工方法加工是难以胜任甚至是无法完成的，此类零件适宜采用加工中心加工，如图7.3所示。

就加工的可能性而言，在不存在加工干涉区或加工盲区时，复杂曲面一般可以采用球头铣刀进行三坐标联动加工。其加工精度较高，但效率较低。如果工件存在加工干涉区，就必须考虑采用四坐标或五坐标联动的机床。

仅加工复杂曲面并不能发挥加工中心自动换刀的优势，因为复杂曲面的加工一般经过粗铣

项目7　薄壁隔框零件加工　137

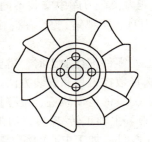 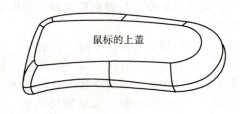

图7.3 复杂曲面零件

—（半）精铣—清根等步骤，所用的刀具较少，特别是像模具这样的单件加工。

### 3. 异形件

异形件是外形不规则的零件，大多需要点、线、面多工位混合加工，如支架、基座、样板、靠模等。图7.4所示为支架。异形件的刚性一般较差，夹压及切削变形难以控制，加工精度也难以保证。这时可充分发挥加工中心工序集中的特点，采用合理的工艺措施，一次或两次装夹，完成多道工序或全部的加工内容。实践证明，当利用加工中心加工异形件时，异形件的形状越复杂，精度要求越高，越能显示其优越性。

### 4. 盘、套、板类零件

带有键槽、径向孔或端面有分布的孔系、曲面的盘套或轴类零件，以及具有较多孔加工的板类零件（图7.5），适宜采用加工中心加工。

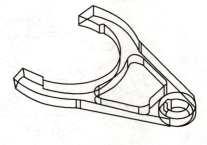 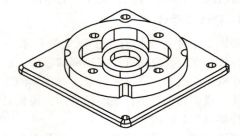

图7.4 支架　　　　　　　　图7.5 板类零件

端面有分布的孔系、曲面的零件宜选用立式加工中心，有径向孔的宜选用卧式加工中心。

### 5. 特殊加工

熟练掌握了加工中心的功能之后，配合一定的工装和专用的工具，利用加工中心可完成一些特殊的工艺内容，如在金属表面上刻字、刻线、刻图案等。

## 7.2.3 加工中心结构特点

### 1. 加工中心类型

按主轴在空间所处的状态，加工中心分为立式加工中心和卧式加工中心两种基本结构形式。加工中心的主轴在空间处于垂直状态的，称为立式加工中心；主轴在空间处于水平状态的，称为卧式加工中心（主轴可做垂直和水平转换的，称为立卧式加工中心或复合加工中心）。

立式、卧式加工中心两种类型之间的差别在于可高效加工的工件种类。立式加工中心最适合加工的工件类型是有端面结构或周边轮廓加工任务的零件,如盘盖、板类零件,零件或安装在工作台夹具上,或夹持在台虎钳或卡盘或分度头上。卧式加工中心适合加工在一次安装中有多个加工面加工任务的零件,工件往往安装在回转工作台上,如在卧式加工中心上完成对安装在回转工作台上的箱体类零件的多个加工面的加工。

(1) 立式加工中心如图7.6所示。工件一次装夹后可自动连续地完成铣、钻、镗、铰、锪、攻螺纹等多种加工工序,适用于小型板类、盘类、壳具类、模具类等复杂零件的多品种小批量加工。这类机床对中小批量生产的机械加工部门来说,可以节省大量工艺设备,缩短生产准备周期,确保工件加工质量,提高生产效率。

从图7.6中可看出,$X$轴伺服电动机可完成左、右运动,$Z$轴与$Y$轴伺服电动机分别可完成上、下进给运动和前、后进给运动,主轴电动机可完成主轴的运动。$X$轴、$Y$轴、$Z$轴伺服电动机都由数控系统控制,可单独运动或联动。动力从主轴电动机经两对交换带轮传到主轴。机床主轴无齿轮传动,使主轴转动时噪声低,振动小,热变形小。机床床身上固定有各种器件,其中运动部件有滑座,它可由$Y$轴伺服电动机带动;滑座上有工作台,可由$X$轴伺服电动机带动;主轴箱在立柱上,可由$Z$轴伺服电动机带动,做上、下移动。此机床有刀库,可安装各类钻、铣类刀具并自动换刀。

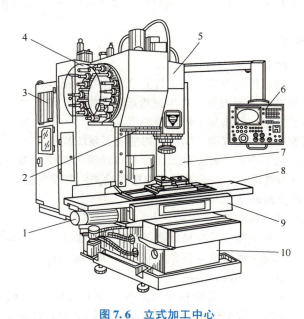

**图7.6 立式加工中心**
1—$X$轴伺服电机;2—换刀机械手;3—数控柜;4—刀库;5—主轴箱;
6—操作台;7—电气柜;8—工作台;9—滑座;10—床身

(2) 卧式加工中心如图7.7所示。卧式加工中心的主轴是水平放置的。一般卧式加工中心有3~5个坐标轴控制,通常配备一个旋转坐标轴(回转工作台)。卧式加工中心适宜加工箱体类零件,一次装夹可对工件的多个面进行铣削、钻削、镗削、攻螺纹等工序加工,特别适合孔与定位基面或孔与孔之间相对位置精度要求较高的零件的加工,容易保证其加工精度。卧式加工中心的刀库容量一般比立式加工中心大,结构比立式加工中心复杂,占地面积比立式加工中心大,柔性比立式加工中心强。卧式加工中心的制造成本比立式加工中心高,市场拥有量较少。

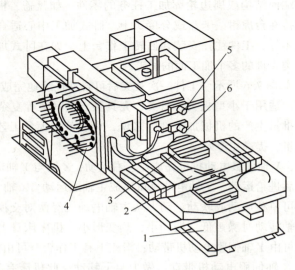

图 7.7 卧式加工中心
1—床身；2—工作台；3—托盘；4—刀库；5—换刀机械手；6—主轴

**2. 加工中心结构特点**

1) 加工中心的主体部分

（1）主传动系统及主轴部件使刀具（或工件）产生主切削运动。

（2）进给传动系统使工件（或刀具）产生进给运动并实现定位。

（3）基础件有床身、立柱、滑座和工作台等。

（4）其他辅助装置有如液压、气动、润滑、切削液等系统装置。

（5）自动换刀系统。加工中心类数控机床还带有自动换刀系统。为了提高数控加工的可靠性，现代数控机床还带有刀具破损监控装置及工件精度检测、监控装置等。

2) 加工中心在结构上的特点

（1）机床的主体刚度高、抗振性好。

（2）机床的传动系统结构简单，传递精度高，速度快。加工中心传动装置主要有滚珠丝杠副、静压蜗杆-蜗轮、预加载荷双齿轮-齿条。它们由伺服电动机直接驱动，进给速度快，一般速度可达 20 m/min，最高可达 100 m/min。

（3）主轴系统结构简单，系统无齿轮箱变速系统（也有保留 3—2 级齿轮传动的）。目前，加工中心基本采用全数字交流伺服主轴。适合高速加工的加工中心转速可达数万转。主轴功率大，调速范围宽，定位精度高。

（4）加工中心的导轨都采用了耐磨损材料和新结构，能长期保持导轨的精度，在高速重切削下，能保证运动部件不振动、低速进给时不爬行及运动中的高灵敏度。

### 7.2.4 加工中心常用指令

（1）快速定位指令 G00，该指令能要求刀具以点为控制方式从刀具所在位置用最快的速度移动到指定位置。

编程格式：G00 X_ Y_ Z_；

其中，X、Y、Z 为目标点坐标。

（2）直线插补 G01，该指令使刀具以给定的速度，从所在点出发，直线移动到目标点。

编程格式：G01 X_ Y_ Z_ F_;

其中，X、Y、Z 为目标点坐标，F 为进给速度。

（3）G90 绝对值编程；G91 增量值编程。

（4）工件坐标系指令 G54~G59。

①若在工作台上同时加工多个零件，则可以设定不同的程序零点，如图 7.8 所示，可建立 G54~G59 共 6 个加工工件坐标系。与 G54~G59 相对应的工件坐标系，分别称为第 1 工件坐标系~第 6 工件坐标系，其中 G54 坐标系是机床开机并返回参考点后就有的坐标系，所建立的坐标系称为第 1 工件坐标系。

②G54~G59 不像 G92 那样需要在程序段中给出预置寄存的坐标数据。机床在加工零件之前，进行"工件零点附加偏置"操作。操作人员在安装工件后，测量工件坐标系原点相对于机床坐标系原点的偏移量，并把工件坐标系在各轴方向上相对于机床坐标系的位置偏移量写入工件坐标偏置存储器中，系统在执行程序时，就可以按照工件坐标系中的坐标值来运动了。图 7.9 所示为工件坐标系与机床坐标系之间的关系。

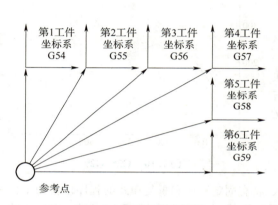

图 7.8 加工工件坐标系

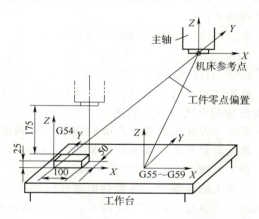

图 7.9 工件坐标系与机床坐标系之间的关系

（5）返回参考点校验指令 G27。

编程格式：G27 X_ Y_ Z_;

①该指令可以检验刀具是否能够定位到参考点上，指令中 X、Y、Z 分别代表参考点在工件坐标系中的坐标值，执行该指令后，如果刀具可以定位到参考点上，则相应轴的参考点指示灯点亮。

②假如不要求每次执行程序时都执行返回参考点的操作，则应在指令前加上"/"（程序跳选），以便在不需要校验时，直接执行程序段。

③若希望执行该程序段后程序停止，则应于该程序段后加上 M00 或 M01 指令，否则程序将继续执行后面的程序段。

④在刀具补偿方式中使用该指令时，刀具到达的位置将是加上补偿量的位置，此时刀具将不能到达参考点，因而指示灯也不亮，因此在执行该指令前，应先取消刀具补偿。

（6）自动返回参考点指令 G28。

编程格式：G28 X_ Y_ Z_;

①该指令使刀具以点位方式经中间点快速返回到参考点，中间点的位置由该指令后面的 X、Y、Z 坐标值所决定，其坐标值可以用绝对值也可以用增量值，这要取决于采用的是 G90 方式还是 G91 方式。设置中间点是为防止刀具返回参考点时与工件或夹具发生干涉。

②通常 G28 指令用于自动换刀，原则上应在执行该指令前取消各种刀具补偿。

③在 G28 程序段中不仅记忆了移动指令坐标值,而且记忆了中间点的坐标值。换句话说,对于在使用 G28 的程序段中没有被指令的轴,以前 G28 中的坐标值就作为这个轴的中间点坐标值。

(7) 自动从参考点返回指令 G29。

编程格式：G29 X_ Y_ Z_;

①该指令可以使刀具从参考点出发,经过一个中间点到达由这个指令后面 X、Y、Z 坐标值所指令的位置。中间点的坐标由前面的 G28 所规定,因此这条指令应与 G28 指令成对使用,指令中 X、Y、Z 是到达点的坐标,由 G90/G91 状态决定是绝对值还是增量值,若为增量值,则是指到达点相对于 G28 中间点的增量值。

②在选择 G28 之后,这条指令不是必需的,使用 G00 定位有时更为方便。G28 和 G29 应用举例,如图 7.10 所示。加工后刀具已定位到 A 点,取点 B 为中间点,C 点为执行 G29 时应到达的点,则程序如下：

N10　G91　G28 X100.0　Y100.0;
N20　M06;
N30　G29 X300.0　Y-170.0;

此程序执行时,刀具首先从 A 点出发,以快速点定位的方式由 B 点到达参考点。换刀后执行 G29 指令,刀具从参考点先运动到 B 点再到达 C 点,B 点至 C 点的增量坐标为 X300. Y-170.。

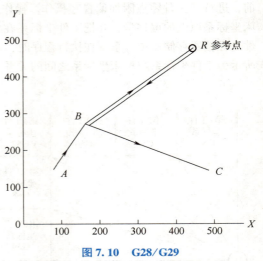

图 7.10　G28/G29

(8) M98、M99 子程序调用指令。

在加工的零件中,常常会出现几何形状完全相同的加工轨迹,如图 7.11 所示。在程序编制中,将有固定顺序和重复模式的程序段作为子程序存放,可使程序简单化。主程序执行过程中如果需要某一个子程序,则可以通过一定格式的子程序调用指令来调用该子程序,执行完后返回到主程序,继续执行后面的程序段。

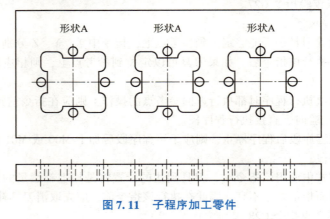

图 7.11　子程序加工零件

①子程序的编程格式。子程序的格式与主程序相同,在子程序的开头编制子程序号,在子程序的结尾用 M99 指令返回。

编程格式：O××××
　　　　　　M99;

②子程序的调用格式。FANUC 系统常用的子程序调用格式有以下 2 种。
①M98 P×××××××× ，P 后面的前 4 位为重复调用次数，省略时为调用一次；后 4 位为子程序号。
②M98 P××××L×××× ，P 后面的 4 位为子程序号；L 后面的 4 位为重复调用次数，省略时为调用一次。

## 任务7.3 工艺单

### 7.3.1 毛坯准备

铝合金 7075，173 mm×134 mm×25 mm。下料，平各端面，采用底面基准面定位，平口钳夹紧加工。

### 7.3.2 工艺设计

项目 7 工艺表如表 7.2 所示。

表 7.2 项目 7 工艺表

| 单位名称 | 河北工业职业技术大学 | 产品名称或代号 | | 零件名称 | 零件图号 |
|---|---|---|---|---|---|
| | | 项目 7 隔框 | | 任务 7 隔框 | ZNZZ-07 |
| | 程序编号 | 夹具名称 | 使用设备 | 数控系统 | 场地 |
| | O0001—O0004<br>O0001<br>O0002 | 精密平口钳 | VMC850 | FANUC 0i Mate MC | 理实一体化教室 |

| 工序号 | 工序内容 | 刀具号 | 刀具规格 | 主轴转速 $n$ /(r·min$^{-1}$) | 进给量 $f$ /(mm·r$^{-1}$) | 背吃刀量 $a_p$/mm | 备注（程序名） |
|---|---|---|---|---|---|---|---|
| 1 | 钻工艺孔 | T01 | φ10 | 800 | 300 | 5 | O0001 |
| 2 | 粗铣 4 槽 | T02 | φ16 | 600 | 300 | 8 | O0002<br>O1001 |
| 3 | 粗铣通槽 | T03 | φ12 | 500 | 300 | 6 | O0003<br>O1002 |
| 4 | 精铣通槽 | T04 | φ10 | 800 | 300 | 1.5 | O0004<br>O1003 |
| 5 | 精铣 4 框 | T04 | φ10 | 800 | 200 | 1.0 | O0004<br>O1004 |
| 编制 | | 审核 | 智能制造教研室 | 批准 | 智能制造教研室 | 共 1 页 | 第 1 页 |

## 任务7.4　刀具选择

项目7的刀具表如表7.3所示。

表7.3　项目7刀具表

| 产品名称或代号 | | 数控编程与零件加工实训件 | 零件名称 | 任务7 隔框 | 零件图号 | ZNZZ-07 |
|---|---|---|---|---|---|---|
| 序号 | 刀具号 | 刀具名称 | 数量 | 过渡表面 | 刀尖半径 $R$/mm | 备注 |
| 1 | T01 | $\phi$10 mm 钻头 | 1 | 钻工艺孔 | / |  |
| 2 | T02 | $\phi$16 mm 立铣刀 | 1 | 粗铣4框 | / |  |
| 3 | T03 | $\phi$12 mm 立铣刀 | 1 | 粗铣通槽 | / |  |
| 4 | T04 | $\phi$10 mm 立铣刀 | 1 | 精铣通槽和4框 | / | |
| 编制 | | 审核 | 智能制造教研室 | 批准 | 智能制造教研室 | 共1页　第1页 |

## 任务7.5　程序单

### 7.5.1　基点坐标计算

（1）工序1：钻工艺孔，$\phi$10 mm 钻头。工序1的基点坐标如表7.4所示。

表7.4　工序1的基点坐标

| 基点 | 坐标 | |
|---|---|---|
| 1 | $X-17.25$　$Y11.5$ | $Z-15$ |
| 2 | $X-17.25$　$Y-72.5$ | $Z-15$ |
| 3 | $X17.25$　$Y-72.5$ | $Z-15$ |
| 4 | $X17.25$　$Y11.5$ | $Z-15$ |

（2）工序2：粗铣4框，$\phi$16 mm 立铣刀，预留余量1 mm。工序2的基点坐标如表7.5所示。

表 7.5 工序 2 的基点坐标

| 基点 | 坐标 | | 备注 |
|---|---|---|---|
| 1 | X−17.25  Y11.5 | Z−5  Z−10  Z−15 | 绝对 |
| 2 | X0  Y61 | Z−5  Z−10  Z−15 | 相对 |
| 3 | X5.75  Y0 | Z−5  Z−10  Z−15 | 相对 |
| 4 | X0  Y−61 | Z−5  Z−10  Z−15 | 相对 |
| 5 | X−11.5  Y0 | Z−5  Z−10  Z−15 | 相对 |
| 6 | X0  Y61 | Z−5  Z−10  Z−15 | 相对 |

工序 1 基点和工序 2 基点分别如图 7.12 和图 7.13 所示。

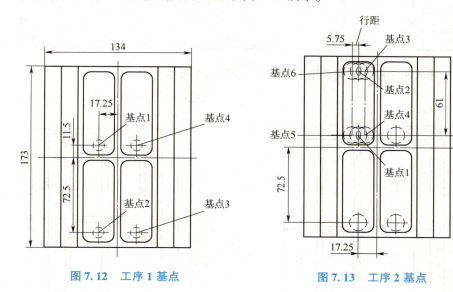

图 7.12  工序 1 基点  　　　　　图 7.13  工序 2 基点

（3）工序 3：粗铣通槽，φ12 mm 立铣刀，预留余量 2.5 mm。工序 3 的基点坐标如表 7.6 所示。

表 7.6 工序 3 的基点坐标

| 基点 | 坐标 | | 备注 |
|---|---|---|---|
| 1 | X−44.5  Y−86.5 | Z−5  Z−10  Z−15 | 绝对 |
| 2 | X0  Y173 | Z−5  Z−10  Z−15 | 相对 |
| 3 | X44.5  Y86.5 | Z−5  Z−10  Z−15 | 绝对 |
| 4 | X0  Y−173 | Z−5  Z−10  Z−15 | 相对 |

（4）工序 4：精铣通槽，φ10 mm 立铣刀。工序 4 的基点坐标如表 7.7 所示。

表 7.7 工序 4 的基点坐标

| 基点 | 坐标 | | 备注 |
|---|---|---|---|
| 1 | X−47  Y−86.5 | Z−15 | 绝对 |
| 2 | X0  Y173 | Z−15 | 相对 |
| 3 | X5  Y0 | Z−15 | 相对 |
| 4 | X0  Y−173 | Z−15 | 相对 |
| 5 | X47  Y−86.5 | Z−15 | 绝对 |

项目 7  薄壁隔框零件加工

（5）工序 5：精铣 4 框，φ10 mm 立铣刀。工序 5 的基点坐标如表 7.8 所示。

表 7.8　工序 5 的基点坐标

| 基点 | 坐标 | | | 备注 |
|---|---|---|---|---|
| 1 | $X-17.25$ | $Y7.5$ | $Z-15$ | 绝对 |
| 2 | $X-6.5$ | $Y0$ | $Z-15$ | 相对 |
| 3 | $X-3$ | $Y3$ | $Z-15$ | 相对 |
| 4 | $X0$ | $Y63$ | $Z-15$ | 相对 |
| 5 | $X3$ | $Y3$ | $Z-15$ | 相对 |
| 6 | $X13.5$ | $Y0$ | $Z-15$ | 相对 |
| 7 | $X3$ | $Y-3$ | $Z-15$ | 相对 |
| 8 | $X0$ | $Y-63$ | $Z-15$ | 相对 |
| 9 | $X-3$ | $Y-3$ | $Z-15$ | 相对 |

工序 3、工序 4 和工序 5 基点分别如图 7.14～图 7.16 所示。

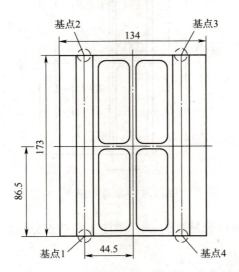

图 7.14　工序 3 基点

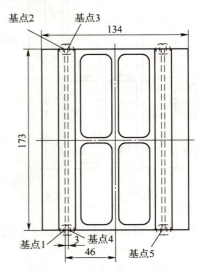

图 7.15　工序 4 基点

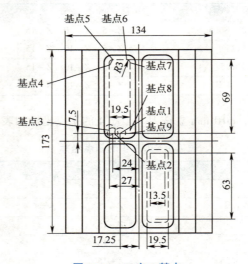

图 7.16　工序 5 基点

## 7.5.2 编制程序

程序如表7.9~表7.16所示。

**表7.9 钻工艺孔程序**

| | |
|---|---|
| O0001；钻工艺孔 | N140 G01 Z-15.0 F300.0； |
| N10 G91 G28 Z0； | N150 G00 Z50.； |
| N20 G90； | N160 G00 X17.25 Y-72.5； |
| N30 T01 M06； | N170 G00 Z10.0； |
| N40 G54； | N180 G01 Z-15.0 F300.0； |
| N50 M03 S800； | N190 G00 Z50.0； |
| N60 G00 X0.0 Y0.0； | N200 G00 X17.25 Y11.5； |
| N70 G00 Z50.0； | N210 G00 Z10.0； |
| N80 G00 X-17.25 Y11.5； | N220 G01 Z-15.0 F300.0； |
| N90 G00 Z10.0； | N230 G00 Z50.0； |
| N100 G01 Z-15.0 F300.0； | N240 M05； |
| N110 G00 Z50.0； | N250 G91 G28 Z0； |
| N120 G00 X-17.25 Y-72.5； | N260 G90； |
| N130 G00 Z10.0； | N270 M30； |

**表7.10 粗铣4框程序**

| | |
|---|---|
| O0002；粗铣4框 | N100 M98 P31001； |
| N10 G91 G28 Z0； | N110 G00 Z10.0； |
| N20 G90； | N115 G00 X17.25 Y-72.5； |
| N30 T02 M06； | N116 G01 Z0.0 F500.0； |
| N20 G55； | N120 M98 P31001； |
| N30 M03 S500； | N130 G00 Z10.0； |
| N40 G00 X0.0 Y0.0； | N140 G00 X17.25 Y11.5； |
| N50 G00 Z10.0； | N145 G01 Z0.0 F800.0； |
| N60 G00 X-17.25 Y11.5； | N150 M98 P31001； |
| N65 G01 Z0.0 F800.0； | N160 G00 Z50.0； |
| N70 M98 P31001； | N170 M05； |
| N80 G00 Z10.0； | N180 G91 G28 Z0； |
| N90 G00 X-17.25 Y-72.5； | N190 G90； |
| N95 G01 Z0.0 F800.0； | N200 M30； |

**表7.11 铣框子程序**

| | |
|---|---|
| O1001；铣框子程序 | N60 G01 X-11.5； |
| N10 G91； | N70 G01 Y61.0； |
| N20 G01 Z-5.0 F300.0； | N80 G01 X5.75； |
| N30 G01 Y61.0； | N90 G01 Y-61.0 F800.0； |
| N40 G01 X5.75； | N100 G90； |
| N50 G01 Y-61.0； | N110 M99； |

**表7.12 粗铣通槽程序**

| | |
|---|---|
| O0003；粗铣通槽 | N60 G00 Z10.0； |
| N10 G91 G28 Z0； | N70 G00 X-44.5 Y-100.0； |
| N20 G90； | N80 G01 Z0 F800.0； |
| N30 T03 M06； | N90 M98 P1002； |
| N40 G56； | N100 G00 Z10.0； |
| N50 M03 S500； | N110 G00 X44.5 Y-100.0； |

项目7 薄壁隔框零件加工 ■ 147

续表

| | |
|---|---|
| N120 G01 Z0 F800.0; | N150 G90; |
| N125 M98 P1002; | N160 M05; |
| N130 G00 Z50.0; | N170 M30; |
| N140 G91 G28 Z0; | |

**表 7.13　粗铣通槽子程序**

| | |
|---|---|
| O1002；粗铣通槽子程序 | N60 G01 Z - 5.0 F300.0; |
| N10 G91; | N70 G01 Y200.0; |
| N20 G01 Z - 5.0 F300.0; | N80 G90; |
| N30 G01 Y200.0; | N90 G01 Z10.0 F500.0; |
| N40 G01 Z - 5.0 F300.0; | N100 M99; |
| N50 G01 Y - 200.0; | |

**表 7.14　精铣通槽和 4 框程序**

| | |
|---|---|
| O0004；精铣通槽和 4 框 | N180 G00 Z10.0; |
| N10 G91 G28 Z0; | N190 G00 X - 17.25 Y - 72.5; |
| N20 G90; | N200 G01 Z0.0 F800.0; |
| N30 T04 M06; | N210 M98 P1004; |
| N40 M03 S800; | N220 G00 Z10.0; |
| N50 G57; | N230 G00 X17.25 Y - 72.5; |
| N60 G00 X - 46.0 Y - 100.0; | N240 G01 Z0.0 F800.0; |
| N70 G00 Z10.0; | N250 M98 P1004; |
| N80 G01 Z0.0 F800.0; | N260 G00 Z10.0; |
| N90 M98 P1003; | N270 G00 X17.25 Y11.5; |
| N100 G00 Z10.0; | N280 G01 Z0 F800.0; |
| N110 G00 X43.0 Y - 100.0; | N290 M98 P1004; |
| N120 G01 Z0.0 F800.0; | N300 G00 Z10.0; |
| N130 M98 P1003; | N310 G91 G28 Z0; |
| N140 G00 Z10.0; | N320 G90; |
| N150 G00 X - 17.25 Y11.5; | N330 M05; |
| N160 G01 Z0.0 F800.0; | N340 M30; |
| N170 M98 P1004; | |

**表 7.15　精铣通槽子程序**

| | |
|---|---|
| O1003；精铣通槽子程序 | N50 G01 Y - 200.0; |
| N10 G91; | N60 G01 X - 3.0 F300.0; |
| N20 G01 Z - 15.0 F300.0; | N70 G90; |
| N30 G01 Y200.0; | N80 G01 Z10.0 F500.0; |
| N40 G01 X3.0 F300.0; | N90 M99; |

**表 7.16　精铣 4 框子程序**

| | |
|---|---|
| O1004；精铣 4 框子程序 | N90 G02 X3 Y - 3.0 R3.0; |
| N10 G91; | N100 G01 Y - 63.0; |
| N20 G01 Z - 15.0 F300.0; | N110 G02 X - 3.0 Y - 3.0 R3.0; |
| N30 G01 Y - 4.0; | N120 G01 X - 6.5; |
| N40 G01 X - 6.5 F300.0; | N130 G01 Y4.0; |
| N50 G02 X - 3.0 Y3.0 R3.0; | N140 G90; |
| N60 G01 Y63.0 F300.0; | N150 G00 Z10.0; |
| N70 G02 X3.0 Y3.0 R3.0; | N160 M99; |
| N80 G01 X13.5; | |

## 任务 7.6　仿真加工

### 7.6.1　机床与系统选择

打开宇龙仿真软件，选择"机床"→"选择机床"命令，机床类型选择立式加工中心，系统选择 FANUC 0i Mate，如图 7.17 所示。

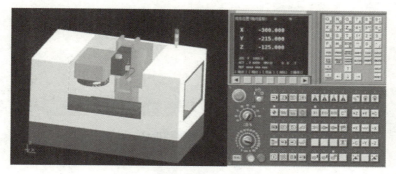

图 7.17　选择机床

### 7.6.2　毛坯定义

选择"零件"→"定义毛坯"命令，定义毛坯尺寸为 134 mm × 173 mm × 25 mm，如图 7.18 所示。

### 7.6.3　夹具定义

选择"零件"→"安装夹具"命令，在"选择夹具"对话框中选择毛坯，夹具选择平口钳，如图 7.19 所示。

图 7.18　定义毛坯

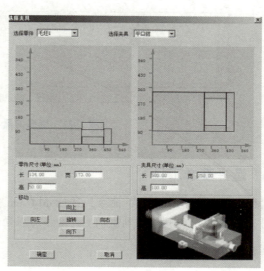

图 7.19　安装平口钳

项目 7　薄壁隔框零件加工　149

### 7.6.4 安装零件

选择"零件"→"放置零件"命令,然后选择定义好的毛坯,单击"安装零件"按钮,将零件毛坯安装到工作台上,如图7.20所示。

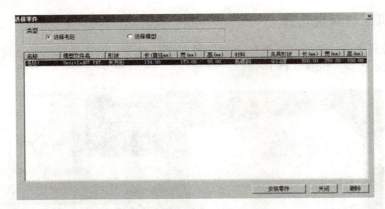

图7.20 安装零件毛坯

### 7.6.5 选择刀具

选择"机床"→"选择刀具"命令,在刀库中分别安装4把刀具,1号刀为 $\phi10$ mm 钻头,2号刀为 $\phi16$ mm 立铣刀,3号刀为 $\phi12$ mm 立铣刀,4号刀为 $\phi10$ mm 立铣刀,如图7.21所示。

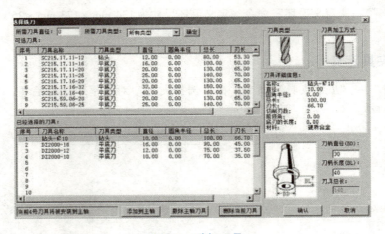

图7.21 选择刀具

### 7.6.6 选择基准工具

选择"机床"→"基准工具"命令,选择 $\phi14$ mm 基准工具,如图7.22所示,将其安装到主轴上,准备对刀操作。

### 7.6.7 对刀操作

将功能开关置于JOG处,分别将基准靠棒移动到毛坯的左侧和前侧附近,再选择手轮方式,选择0.05 mm厚度的塞

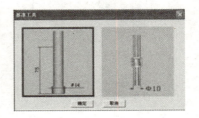

图7.22 选择基准工具

尺，进行塞尺检查，分别将基准工具靠近毛坯的左侧和前侧，系统提示松紧合适时，记录当前 $X$ 轴、$Y$ 轴坐标，然后将 1 号刀安装到主轴上，将刀具靠近毛坯上表面，选择 0.05 mm 厚度的塞尺，进行塞尺检查，当系统提示松紧合适时，记录当前 $Z$ 坐标，如图 7.23 所示。

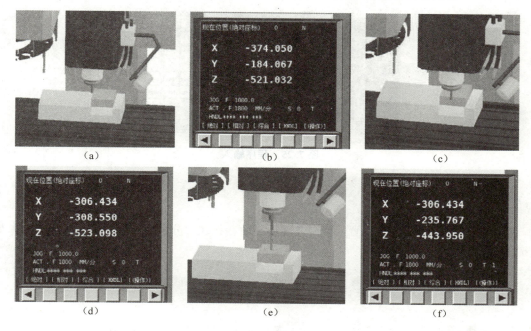

图 7.23　对刀操作

（a）靠毛坯左侧；（b）$X$ 轴坐标；（c）靠毛坯前侧；
（d）$Y$ 轴坐标；（e）1 号刀靠毛坯上表面；（f）$Z$ 轴坐标

### 7.6.8　加工坐标系设置

设置 1 号刀加工坐标系为 G54，将原点置于毛坯的上表面对称中心处，坐标计算如下。
$X$ 坐标：
$$-374.05 + 7 + 0.05 + 67 = -300$$
$Y$ 坐标：
$$-308.550 + 7 + 0.05 + 86.5 = -215$$
$Z$ 坐标：
$$-443.950 - 0.05 = -444$$

将坐标数据输入 G54 中，其余刀具设置成 T02 - G55、T03 - G56、T04 - G57，注意 $X$、$Y$ 坐标一样，$Z$ 坐标差值是刀具的长度差，如图 7.24 所示。

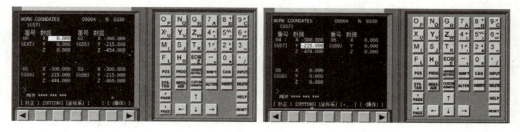

图 7.24　加工坐标系设置

项目 7　薄壁隔框零件加工

### 7.6.9 程序输入与编辑

将功能开关置于编辑位置,单击"编程"按钮,分别输入程序,如图7.25所示。

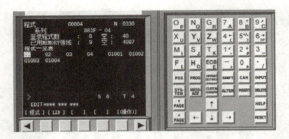

图7.25 程序输入

### 7.6.10 仿真加工

将功能开关置于自动运行位置,单击"循环启动"按钮,分别运行程序,仿真加工结果如图7.26所示。

图7.26 加工结果

项目7 仿真操作

## 任务7.7 数控加工

### 7.7.1 加工中心基本操作

(1)加工中心开机操作。
(2)加工中心回参考点操作。
(3)毛坯安装与找正。
(4)钻头安装与调整,刀柄的使用。
(5)立铣刀刀具的使用,刀柄的使用。
(6)关机操作:关机过程一般为急停关→操作面板电源关→机床电气柜电源关→总电源关。

### 7.7.2 数控加工程序的输入与编辑练习

(1)机床坐标界面操作。
(2)程序管理操作:
①新建一个数控程序;

②删除一个数控程序；
③检索一个 NC 程序。
(3) 数控车床系统程序编辑：
①移动光标；
②插入字符；
③删除输入域中的数据；
④查找、替换字符。
(4) 加工程序录入：
①空运行验证；
②使用 GRAPH 功能验证轨迹。

### 7.7.3 试切与零件加工检验

(1) 对刀操作，完成 4 个加工坐标系 G54、G55、G56、G57 的设置。
(2) 自动运行加工隔框零件。
(3) 使用游标卡尺和深度尺测量尺寸。
隔框加工结果如图 7.27 所示。

图 7.27　隔框加工结果

项目 7 综合实训

## 任务 7.8　项目总结

本项目主要介绍加工中心 FANUC 系统和机床操作、加工中心编程基础等知识。通过隔框零件的工艺设计，掌握平面类零件工艺设计的方法；通过隔框零件的编程，掌握 G00、G01 等指令和子程序、相对坐标的应用；通过隔框零件的数控加工，掌握钻头、立铣刀刀具的安装与调整、对刀操作与加工坐标系的设置、程序的录入和编辑、平口钳的安装与调整、毛坯的定位与找正；通过隔框零件的加工质量检测，掌握深度尺和游标卡尺的使用方法。

## 任务 7.9　思考与练习

(1) 平口钳如何在工作台上固定、找正？
(2) 如何在一个零件上设置多个加工坐标系？
(3) 零件加工完成后如果测量 4 个框的壁厚不一致，则可能的原因是什么？
(4) 零件加工完成后如果测量槽和 4 个框的深度、尺寸不一致，则可能的原因是什么？如何改进？
(5) 如图 7.28 所示，设定 3 个加工坐标系，编写 U 形板内外轮廓加工程序，通过仿真加工验证程序的正确性。

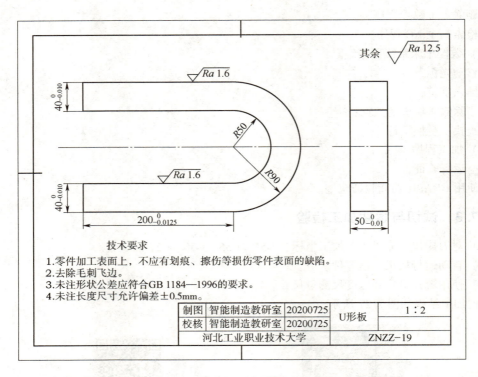

图 7.28　U 形板

# 项目 8 轴承座零件加工

## 任务 8.1 任务书

轴承座是典型轮廓加工类零件，如图 8.1 所示，已知材料为铝合金，毛坯尺寸为 110 mm × 110 mm × 40 mm，制定零件的加工工艺，编写零件的加工程序，在实训教学区进行实际加工。

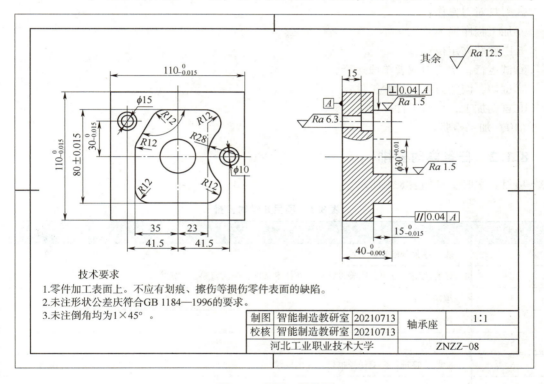

**图 8.1 项目 8 零件图**

### 8.1.1 任务要求

（1）进行轴承座零件工艺分析。
（2）确定定位、夹紧方式，选用刀具。
（3）确定编程原点、编程坐标系、对刀位置及对刀方法。
（4）确定运动方向、轨迹。
（5）确定加工所用各种工艺参数。
（6）进行数值计算。

（7）重点掌握半径补偿指令和相对坐标应用，编制轴承座加工程序。

（8）掌握机床仿真操作加工步骤：

①启动机床，回参考点；

②刀具准备，刀具安装与调整；

③刀具对刀操作；

④加工程序输入；

⑤工件装夹；

⑥试运行，空走刀或者单段运行；

⑦试切，调整刀补，检验工件；

⑧自动加工，检验工件。

（9）进行实际加工：

①启动机床，回参考点；

②刀具准备，包括刀具的选择、刀具安装与调整；

③刀具对刀操作；

④加工程序输入；

⑤工件装夹定位；

⑥试运行，空走刀或者单段运行；

⑦试切，调整刀补，检验工件；

⑧自动加工，检验工件。

（10）加工检验。

## 8.1.2 任务学时安排

项目 8 学时安排如表 8.1 所示。

表 8.1　项目 8 学时安排

| 序号 | 内容 | 学时 |
|---|---|---|
| 1 | 相关编程基础知识学习 | 2 |
| 2 | 任务说明，分组，明确设计任务和技术条件，查阅资料，制定方案 | |
| 3 | 编制程序 | 1.5 |
| 4 | 仿真加工 | |
| 5 | 实际加工 | 1 |
| 6 | 验收，答辩，提交任务报告，评定成绩 | 0.5 |
| 合计 | | 5 |

## 任务8.2　相关知识

## 8.2.1 数控铣削加工特点

### 1. 数控铣削加工特点

数控铣削是铣刀旋转做主运动，工件或铣刀做进给运动的切削加工方法。数控铣削是一种

应用非常广泛的数控切削加工方法,特点如下:

(1) 多刃切削。铣刀同时有多个刀齿参加切削,生产效率高。

(2) 断续切削。铣削时,刀齿依次切入和切出工件,易引起周期性的冲击振动。

(3) 半封闭切削。铣削的刀齿多,使每个刀齿的容屑空间小,呈半封闭状态,容屑和排屑条件差。

### 2. 周铣与端铣

平面加工时,存在周铣与端铣两种方式,如图 8.2 所示。周铣平面时,平面度的好坏主要取决于铣刀的圆柱素线的直线度。因此,在精铣平面时,铣刀的圆柱度一定要好。用端铣的方法铣出的平面,其平面度的好坏主要取决于铣床主轴轴线与进给方向的垂直度。同样是平面加工,其方法不同对质量的影响也不同。因此要对周铣与端铣进行比较。

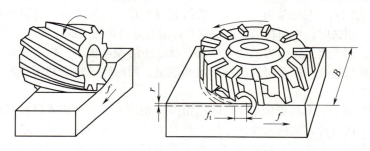

**图 8.2 周铣与端铣**

(1) 端铣用的面铣刀装夹刚性较好,铣削时振动较小;周铣用的圆柱铣刀刀柄较长、直径较小、刚性较差,容易产生弯曲变形和引起振动。

(2) 端铣时同时工作的刀齿数比周铣时多,工作较平稳。这是因为端铣时刀齿在铣削层宽度的范围内工作,而周铣时刀齿仅在铣削层侧向深度的范围内工作。一般情况下,铣削层宽度比铣削层深度要大得多,所以端铣的面铣刀和工件的接触面较大,同时工作的刀齿数也多,铣削力波动小;在周铣时,为了减小振动,可选用大螺旋角铣刀来弥补这一缺点。

(3) 端铣用面铣刀切削,其刀齿的主、副切削刃同时工作,由主切削刃切去大部分余量,副切削刃起到修光作用,铣刀齿刃负荷分配也较合理,铣刀使用寿命较长,且过渡表面的表面粗糙度也比较小。而周铣时,只有圆周上的主切削刃在工作,不但无法消除过渡表面的残留面积,而且铣刀装夹后的径向圆跳动也会反映到加工工件的表面上。

(4) 端铣的面铣刀,便于镶装硬质合金刀片进行高速铣削和阶梯铣削,生产效率高,铣削表面质量也比较好;而周铣用的圆柱铣刀镶装硬质合金刀片比较困难。

(5) 精铣削宽度较大的工件时,周铣用的圆柱铣刀一般要接刀铣削,故会有接刀痕迹残留。而端铣时,则可用较大的盘形铣刀一次铣出工件的全宽度,无接刀痕迹。

(6) 周铣用的圆柱铣刀可采用大刃倾角,以充分发挥刃倾角在铣削过程中的作用。对铣削难加工材料(如不锈钢、耐热合金等)有一定的效果。

一般情况下,当铣平面时,端铣的生产效率和铣削质量都比周铣高,所以,应尽量采用端铣铣平面。而当铣削韧性很大的不锈钢等材料时,可以考虑采用大螺旋角铣刀进行周铣。总之,在选择周铣与端铣这两种铣削方式时,一定要对当时的铣床和铣刀条件、被铣削加工工件的结构特征和质量要求等因素进行综合考虑。

### 3. 顺铣与逆铣

在周铣时,因为工件与铣刀的相对运动不同,就会有顺铣和逆铣两种方式。周铣时的顺铣与逆铣如图 8.3 所示。

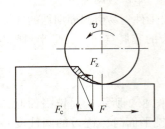 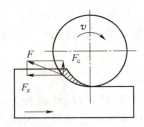

图 8.3　周铣时的顺铣与逆铣

（1）顺铣，切削处刀具的旋向与工件的进给方向一致。刀齿刚切入材料时切得深，而脱离工件时则切得少。顺铣时，作用在工件上的垂直铣削力始终是向下的，能起到压住工件的作用，对铣削加工有利，而且垂直铣削力的变化较小，故产生的振动也小，机床受冲击小，有利于减小工件过渡表面的粗糙度，从而得到较好的表面质量，同时顺铣也有利于排屑，数控铣削加工一般尽量用顺铣法加工。

（2）逆铣，切削处刀具的旋向与工件的进给方向相反。刀齿刚切入材料时切得薄，而脱离工件时则切得厚。用这种方式机床受冲击较大，加工后的表面不如顺铣光洁，消耗在工件进给运动上的动力较大。由于铣刀刀刃在过渡表面上要滑动一小段距离，因此刀刃容易磨损。但对于表面有硬皮的毛坯工件，顺铣时铣刀刀齿一开始就切削到硬皮，切削刃容易损坏，而逆铣时则无此问题。

### 8.2.2　数控铣削工艺处理

在数控铣床上加工零件时，要把加工的全部工艺过程、工艺参数等编制成程序，整个加工过程是自动进行的，因此程序编制前的工艺分析是一项十分重要的工作，其目的是以最合理或较合理的工艺过程和操作方法，指导编程和操作人员完成程序编制和加工任务。主要内容包括：零件的工艺性分析；零件图形的数学处理；加工方法的选择与加工方案的确定；工序与工步的划分；零件的安装与夹具的选择；刀具的选择与切削用量的确定；起刀、进刀、退刀相关的工艺处理；工艺加工路线的确定等。

**1. 零件的工艺性分析**

（1）零件图上尺寸数据的给出，应符合程序编制方便的原则，零件图上尺寸标注方法应适应数控加工编程的特点。构成零件轮廓几何元素的条件要充分。

在编制数控加工程序时，要计算加工轨迹中每个节点的坐标。因此在分析零件图时，要分析几何元素的给定条件是否充分。例如，圆弧与直线、圆弧与圆弧轨迹在图样中是相切关系，但如果根据图样中给定的尺寸进行几何计算，则可能会变成相交或离散断开状态。构成零件轮廓的几何元素的条件不充分，将使编程时无法下手。遇到这种情况，应与零件的设计人员协商解决。

（2）零件加工部位的结构工艺性应符合数控加工的特点。

①零件的内腔和外形最好采用统一的几何类型和尺寸，从而减少使用刀具的规格和换刀的次数，使编程方便，生产效益提高。

②内槽圆角的大小决定刀尖直径的大小，因此内槽圆角半径不应太小。如图 8.4 所示，零件工艺性的好坏与被加工零件的形状、连接轨迹圆弧半径的大小有关。图 8.4（a）和图 8.4（b）相比，连接轨迹圆弧半径更大，可以采用较大直径的铣刀来进行加工，并且在加

工平面时，进给次数也相应减少，零件表面的加工质量也会好一些，所以工艺性较好。通常以铣刀半径 $R<0.2H$ （$H$ 为被加工零件轮廓表面的最大高度）来判定零件该部位加工工艺性的好坏。

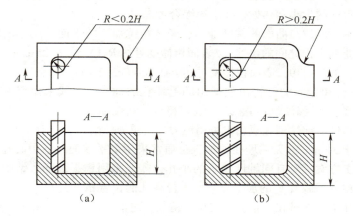

**图 8.4　圆角对工艺性影响**
(a) $R<0.2H$；(b) $R>0.2H$

③零件铣削底平面时，槽底圆角半径 $r$ 不应过大，如图 8.5 所示。铣刀倒圆半径 $R$ 越大，铣刀端刃铣削平面的能力越低。当铣刀倒圆半径 $R$ 大到一定程度时，必须使用球头刀加工，这是应该避免的。因为铣刀与铣削平面接触的最大直径 $d=D-2R$（$D$ 为铣刀直径）。当 $D$ 一定时，铣刀倒圆半径 $r$ 越大，铣刀端刃铣削平面的面积越小，加工表面的能力越差，加工工艺性也越差。

④应采用统一的定位基准。在数控加工中，如果没有统一的定位基准，在加工过程中就会因零件的重新安装而导致部分零件尺寸的整体错位，并由此造成被加工零件的报废。

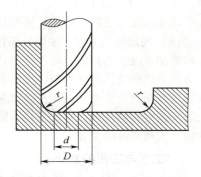

**图 8.5　底面圆弧对工艺性影响**

为避免上述问题的产生，应该保证两次或两次以上装夹加工后被加工零件相对位置的一致性，所以必须采用统一的定位基准。

**2. 零件图形的数学处理**

在数控铣削加工中，手工编程尺寸不能简单地直接选取工件图样上的基本尺寸。零件图形调整可按如下方式进行：

（1）精度高的尺寸处理：可将基本尺寸换算为平均尺寸。

（2）几何关系的处理：保持原来重要的几何关系，如角度、相切、相交关系不变。

（3）精度低的尺寸处理：通过调整修改一般尺寸，保持零件原有的几何关系，使之相互协调。

（4）节点坐标尺寸的计算：按照调整后的尺寸计算有关未知节点的坐标尺寸。

（5）编程尺寸的修正：按照调整后的尺寸编程，进行加工，测量关键尺寸的实际分散中心与误差，再按照误差对编程尺寸进行调整，并相应修改程序。

在数控铣床加工中，零件图形的数学处理与数控车床相比，更为复杂和烦琐，特别是圆弧和圆弧连接图形轨迹。数学处理的根本出发点为，在保证较高精度尺寸的基础上（如两圆弧间的中心距），力求图形轨迹的圆滑，无拐点连接。

### 3. 加工方法的选择与加工方案的确定

（1）加工方法的选择。铣削加工方法的选择原则是：保证加工表面的加工精度和表面粗糙度的要求。由于获得同一级精度及表面粗糙度的加工方法一般有多种，因此在实际选择时，要结合零件的形状、尺寸的大小和热处理要求等综合考虑。

①对于平面、平面轮廓与曲面的铣削加工，经过粗铣加工的平面，尺寸精度可达标准公差等级 IT12～IT14（指两平面之间的尺寸），表面粗糙度可达 $Ra12.5～Ra25\ \mu m$；经过精铣加工的平面，尺寸精度可达 IT7～IT9，表面粗糙度可达 $Ra1.6～Ra3.2\ \mu m$。

②对于直径大于 30 mm 的已铸出或锻出的毛坯孔的加工，一般采用粗镗—半精镗—孔倒角—精镗的加工方案，孔径较大的可采用立铣刀粗铣—精铣加工方案。有空刀槽时可用锯片铣刀在半精镗之后、精镗之前铣削完成，也可用镗刀进行单刀镗削，但单刀镗削效率较低。

③对于直径小于 30 mm 的无毛坯孔的加工，通常采用锪平端面—钻中心孔—钻孔—扩孔—孔倒角—铰孔的加工方案，对有同轴度要求的小孔，需要采用锪平端面—钻中心孔—钻孔—半精镗—孔倒角—精镗（或铰孔）的加工方案。为提高孔的位置精度，在钻孔前需安排锪平端面和钻中心孔工步。孔倒角安排在半精加工之后、精加工之前，以防在孔内产生毛刺。

④螺纹的加工应根据孔径的大小分别进行处理，一般情况下，直径为 M6～M20 的螺纹，通常采用攻螺纹的方法加工。直径在 M6 以下的螺纹，在完成底孔加工后再通过其他手段加工螺纹；直径在 M20 以上的螺纹，可采用镗刀镗削加工。

常用加工方法的经济加工精度与表面粗糙度可查阅有关工艺手册。

（2）确定加工方案的原则。零件上精度要求较高的表面加工，常常是通过粗加工、半精加工和精加工逐步达到的。对于这些表面仅仅根据质量要求选择相应的最终加工方法是不够的，还应该正确确定从毛坯到最终成形的加工方案。确定加工方案时，首先应该根据主要表面的精度和表面粗糙度的要求，初步确定为达到这些要求所需要的加工方法。此时要考虑数控机床使用的合理性和经济性，并充分发挥数控机床的功能。原则上数控机床仅进行较复杂零件重要基准的加工和零件的精加工。

### 4. 工艺与工步的划分

（1）工序的划分。在数控铣床上加工零件，工序可以比较集中，在一次装夹中尽可能完成大部分或全部工序。首先应该根据零件图，考虑被加工零件是否可以在一台数控铣床上完成整个加工。如果不能，则应决定其中哪些部分的加工在数控铣床上进行，哪些部分的加工在其他机床上进行。一般工序的划分有以下几种方式。

①以零件的装夹定位方式划分工序，由于每个零件结构形状不同，各表面的技术要求也不同，因此在加工中，其定位方式也各有差异。一般铣削加工外形时以内形定位；铣削加工内形时以外形定位。可根据定位方式的不同来划分工序。

②按粗、精加工划分工序，根据零件的加工精度、刚度和变形等因素来划分工序时，可按粗、精加工分开的原则来划分工序，先进行粗加工，再进行精加工。此时可使用不同的机床或不同的刀具来进行加工。通常在一次安装中，不允许将零件的某一部分表面加工完毕后，再加工零件的其他表面。

③按所用刀具划分工序，为了减少换刀次数，压缩空程运行时间，减少不必要的定位误差，可按使用刀具来集中工序的方法进行零件的加工，即尽可能使用同一把刀具加工要加工的所有部位，然后更换另一把刀具加工其他部分。

（2）工步划分原则。

①基面先行原则，用作精基准的表面应优先加工出来，因为定位基准的表面越精确，装夹误差就越小。例如，箱体类零件总是先加工定位用的平面和两个定位孔，再以平面和定位孔为

精基准加工孔系和其他平面。

②先粗后精原则，各个表面的加工顺序按照粗加工—半精加工—精加工—光整加工的顺序依次进行，逐步提高表面的加工精度和减小表面粗糙度。

③先主后次原则，零件的主要工作表面、装配基面应先加工，以便及早发现毛坯中主要表面可能出现的缺陷。次要表面可穿插加工，放在主要加工表面加工到一定程度后、最终精加工之前进行加工。

④先面后孔原则，对箱体、支架类零件，平面轮廓尺寸较大，一般先加工平面，再加工孔和其他尺寸，这样安排加工顺序，一方面用加工过的平面定位，稳定可靠；另一方面在加工过的平面上加工孔，比较容易，并能提高孔的加工精度，特别是钻孔，孔的轴线不易偏斜。

⑤先近后远原则，在一般情况下，离对刀点近的部位先加工，离对刀点远的部位后加工，以便缩短刀具移动距离，减少空行程时间。对于车削而言，先近后远还有利于保持坯件或半成品的刚性，改善其切削条件。

### 5. 零件的安装与夹具的选择

（1）定位基准分析。定位基准有粗基准和精基准两种，用未加工过的毛坯表面作为定位基准称为粗基准，用已加工过的表面作为定位基准称为精基准。除第一道工序采用粗基准外，其余工序应使用精基准。

选择定位基准要遵循基准重合原则，即力求设计基准、工艺基准和编程基准统一，这样做可以减少基准不重合产生的误差和数控编程中的计算量，并且能有效地减少装夹次数。

零件的定位基准一方面要能保证零件经多次装夹后其过渡表面之间相互位置的正确性，如多棱体、复杂箱体等在卧式加工中心上完成四周加工后，需重新装夹加工剩余的过渡表面，用同一种基准定位可以避免由基准转换引起的误差；另一方面要满足加工中工序集中的特点，即一次安装尽可能完成零件上较多表面的加工。定位基准最好选择零件上已有的面或孔，若没有合适的面或孔，则也可以专门设置工艺孔或工艺凸台等作为定位基准。

（2）定位安装的基本原则。在数控铣床上加工零件时，安装定位的基本原则与普通铣床相同，也要合理选择定位基准和夹紧方式。在确定装夹方案时，需根据已选定的加工表面和定位基准确定工件的定位夹紧方式，并选择合适的夹具。此时，主要考虑以下几点：

①夹持工件后夹具等一些组件不能与刀具运动轨迹发生干涉，不能影响进给，加工部位要敞开。

②必须保证最小的夹紧变形。工件在加工时，切削力大，需要的夹紧力也大，但不能把工件夹压变形。因此，必须慎重选择夹具的支撑点、定位点和夹紧点。如果采用了相应措施仍不能控制零件变形，就只能将粗加工和精加工分开，或者在粗加工和精加工中采用不同的夹紧力。

③装卸方便，辅助时间尽量短。由于数控铣床加工效率高，装夹工件的辅助时间对加工效率影响较大，因此要求配套夹具在使用中的装卸快速且方便。

④对小型零件或工序时间不长的零件，可以考虑在工作台上同时装夹几个进行加工，以提高加工效率。

⑤夹具结构应简单。因为零件在加工中大多采用工序集中的原则，加工的部位较多，如果批量较小，零件的更换加工周期短，所以夹具的标准化、通用化和自动化对加工效率的提高及加工费用的降低就有很大的影响。因此，对批量小的零件应优先选用组合夹具；对形状简单的单件小批量生产的零件，应选用通用夹具，如自定心盘、机用虎钳等；对批量较大、加工精度要求较高的关键工序才考虑设计专用夹具，以保证加工精度和提高装夹效率。

⑥夹具应便于与机床工作台及工件定位表面间的定位元件连接。数控铣床工作台面上一般有基准T形槽，转台中心上有定位孔，台面侧面有基准挡板等定位元件。固定方式一般用T形

螺钉、螺栓或压板压紧。夹具上用于紧固的孔和槽的位置必须与工作台的 T 形槽和孔的位置相对应。

⑦避免采用占机人工调整加工方案，以充分发挥出数控机床的效能。

（3）选择夹具的基本原则。数控铣削加工的特点对夹具提出了两点要求：一是要保证夹具的坐标方向与机床的坐标方向相对固定不变；二是要协调零件的和机床坐标系的尺寸关系。除此之外，还要考虑以下几点：

①当零件加工批量不大时，应尽量采用组合夹具、可调式夹具或其他通用夹具，以缩短生产准备时间，节省生产费用。

②在成批生产时考虑使用专用夹具，力求结构紧凑、简单。

③零件的装卸要快速、方便、可靠，尽量缩短数控机床的停顿时间。

④夹具上各零部件不能妨碍机床对零件各表面的加工，即夹具要敞开，其定位夹紧机构的元件不能影响加工中的进给运动。

此外，为了提高数控加工的效率，在成批生产中还可以采用多位、多件夹具。

### 6. 刀具的选择与切削用量的确定

（1）刀具的选择。刀具的选择是数控铣削加工工艺中的重要内容之一，它不仅影响机床的加工效率，而且直接影响零件的加工质量。在编程时，选择刀具通常要考虑机床的加工能力、工序内容、被加工零件的材料等因素。

数控加工的刀具材料，要求采用新型优质材料，一般原则是尽可能选用硬质合金，精密加工时，还可选择性能更好、更耐磨的陶瓷、立方氮化硼和金刚石刀具，并优选刀具参数。

（2）切削用量的确定。对于不同的加工方法，需要选用不同的切削用量，并应编入零件的加工程序清单。

合理选择切削用量的原则是：粗加工时，一般以提高生产率为主，但也应该考虑经济性和加工成本；半精加工和精加工时，一般应在保证加工质量的前提下，兼顾切削效率、经济性和加工成本。具体选用数值应该根据机床说明书和切削用量手册，并结合实际经验而定。

### 7. 起刀、进刀、退刀相关的工艺处理

程序起始点是指程序开始时，刀尖（刀位点）的初始停留点。采用 G92 对刀时一般为对刀点。

程序返回点是指一把刀具在程序执行完毕后，刀尖返回后的停留点。一般为换刀点。

切入点是指在曲面的初始切削位置上，刀具与曲面的接触点。

切出点是指在曲面切削完毕后，刀具与曲面的接触点。

（1）程序起始点、返回点、切入点、切出点的确定。

①程序起始点、返回点、切入点、切出点的确定。在同一个程序中起始点和返回点最好相同。如果一个零件的加工需要几个程序才能完成，那么这几个程序的起始点和返回点也最好完全相同，以免引起加工操作上的麻烦。程序起始点和返回点的坐标值最好设置 $X$ 坐标值和 $Y$ 坐标值均为零，这样能够使加工操作更为方便。

程序中起始点和返回点应该定义在高出被加工零件最高点 50～100 mm 的某一位置上，即起始平面、退刀平面所在的位置上。这样设置主要是出于数控加工的安全性考虑。为防止碰刀，同时考虑到数控加工的效率，使非切削时间控制在一定的范围之内。

②切入点选择的原则。在进刀或切削曲面的加工过程中，要使刀具不受损坏，对粗加工而言，选择曲面内的最高点作为曲面的切入点（也称初始切削点）。因为该点的切削余量较小，进刀时不容易损坏刀具；对精加工而言，选择曲面内某个曲率比较平缓的角点作为曲面的切入点。因为在该点处，刀具所受力矩最小，进刀时不容易折断刀具。必须避免在数控铣削加工中把铣

刀当作钻头使用。

③切出点选择的原则。主要应该考虑曲面能够连续完整地进行加工，或者是使曲面加工间的非切削时间尽可能短，并使换刀方便。若被加工曲面为开放型曲面，则用曲面的某角点作为切出点；若被加工曲面为封闭型曲面，则只能用曲面的一个角点作为切出点。

（2）程序进刀、退刀方式与进刀、退刀路线的确定。

程序进刀方式是指在零件加工前，刀具接近工件表面的运动方式。

程序退刀方式是指零件加工完毕，刀具离开工件表面的运动方式。

进刀、退刀路线是为了防止加工中刀具与工件发生过切或碰撞，在切削前和切削后设置引入到切入点和从切出点引出的线段。

①沿坐标轴 $Z$ 轴方向直接进刀和退刀，此方式是数控加工中最常用的进刀、退刀方式。其优点是定义简单；缺点是在工件表面的进刀、退刀处会留下微观的停刀痕迹，影响工件表面的加工质量和精度。因此，在数控铣削平面轮廓零件时，应该尽量避免在零件垂直表面的方向上进刀和退刀。

②沿给定的矢量方向进刀和退刀，此方式是先定义一个矢量方向，以此来确定刀具进刀和退刀运动方向的方式。

③沿曲面的切线方向以直线方式进刀和退刀，此方式是从被加工零件曲面的切线方向切入或切出工件表面的方式。其优点是在工件表面的进刀、退刀处不会留下停刀痕迹，工件表面的加工精度好。例如，用立铣刀的端刃和侧刃铣削加工平面轮廓零件时，为了避免在轮廓的切入点留下刀迹，应该沿着零件轮廓的切线方向切入或切出工件表面。切入点或切出点一般选取在零件轮廓两几何元素的交点处。引入线、引出线由与零件轮廓曲线相切的直线组成，这样可以保证零件轮廓曲线的加工形状平滑。

④沿曲面的法线方向进刀和退刀，该方式是从被加工零件曲面切入点或切出点的法线方向切入或切出工件表面的方式。其特点与沿坐标轴 $Z$ 轴方向直接进刀和退刀相同。

⑤沿圆弧段方向进刀和退刀，该方式是以圆弧段的运动方式切入或切出工件表面的方式。引入线、引出线为圆弧。圆弧的作用是使加工刀具与加工曲面相切。使用此方式时必须首先定义切入段或切出段的圆弧。对于加工精度要求很高的零件轮廓轨迹的加工，应该选择沿曲面的切线方向进刀和退刀，这样可以避免在工件表面的进刀、退刀处留下停刀痕迹，影响工件表面的加工质量和精度。

为了防止加工中刀具或铣头与被加工表面发生干涉和相撞，在加工起始点和进刀路线、返回点和退刀路线之间，应该增加刀具移动和定位的控制指令。在开始进行加工时，应该使刀具先运行到引入线上方的某个位置；在曲面加工完毕后，应该使刀具先向上运行到引出线上方的某个位置；向上运行后的刀具位置应该到达安全高度或与加工起始点的 $Z$ 值相同处。

（3）起始平面、返回平面、进刀平面、退刀平面和安全平面的确定。

①起始平面。起始平面是程序开始时刀具的初始位置所在的 $Z$ 平面，一般定义在被加工表面的最高点之上 50～100 mm 的某个位置上。此平面应该高于安全平面，其对应的高度称为起始高度。

②返回平面。返回平面是指在程序结束时，刀具刀尖处所在的 $Z$ 平面。此平面定义在被加工表面的最高点之上 5～10mm 的某个位置上，一般与起始平面重合。由此可知：刀具处于返回平面时是安全的。返回平面对应的高度称为返回高度。在返回平面上刀具以 G00 的速度运行。

③进刀平面。在数控铣削加工中，刀具首先以 G00 的速度高速运行到被加工零件的开始切削位置处，然后转换为切削进给速度开始加工。此速度转折点的位置称为进刀平面，其对应的高度称为进刀高度，其转折速度称为进刀速度。此高度一般在零件加工平面和安全平面之间，

距零件加工面 5～10 mm 的某个位置上。零件加工面为毛坯时取大值，零件加工面为已加工面时取小值。

④退刀平面。在数控铣削加工结束后，刀具以切削进给速度离开工件表面一段距离（5～10mm）后，转换成高速（G00）返回安全平面和被加工零件的开始切削位置处。此转折位置称为退刀平面，其对应的高度称为退刀高度。

⑤安全平面。安全平面是指当一个曲面切削完毕以后，刀具沿着刀轴方向返回运行一段距离后，刀尖所在的 Z 平面。安全平面一般被定义在高出被加工零件最高点 10～50 mm 的某个位置上，刀具处于安全平面时是安全的。在安全平面上刀具以 G00 速度运行。设定安全平面既能防止刀具碰伤工件，又能使非切削时间控制在一定的范围内。其对应的高度称为安全高度。刀具在一个位置处加工完毕后，返回安全平面，再沿安全高度移动到下一个位置处，之后下刀进行另一个表面的加工。

（4）对刀点和换刀点的确定。

对数控机床来说，在编程时正确选择对刀点是很重要的。对刀点是数控加工中刀具相对于工件运动的起点。由于程序是从该点开始执行的，所以对刀点又称为程序起点、起刀点或程序原点。选择对刀点的原则是：

①对刀点的位置便于数学处理和简化程序编制；

②对刀点在机床上容易校准；

③对刀点在加工过程中便于检查；

④对刀点在加工中引起的加工误差小。

对刀点可以设置在零件上，也可以设置在夹具上或机床上。为提高零件的加工精度，应尽可能设置在零件的设计基准或工艺基准上，或与零件的设计基准有一定的尺寸关系。对于以孔定位的零件，可以选择孔的中心作为对刀点，刀具的位置以孔来找正，使对刀点与刀位点重合。对刀实质上就是使刀位点与对刀点重合的操作。所谓刀位点，是指刀具的定位基准点。立铣刀的刀位点是刀具轴线与刀具底面的交点；面铣刀的刀位点是刀具轴线与刀具底面的交点；球头铣刀的刀位点是球头的球心；车刀的刀位点是刀尖或刀尖圆弧中心；镗刀的刀位点是刀尖；钻头的刀位点是钻尖。为了保证加工中的对刀精度，常常采用千分表、对刀测头或对刀样板进行找正对刀。

在铣削加工过程中需要换刀时，应该在换刀点处进行。所谓换刀点，是指刀架转位换刀时的位置。换刀点在数控车床上是一任意点，一般根据工序内容安排；换刀点在数控铣床上是一相对固定点；换刀点在加工中心机床上也是一固定点。为了防止换刀时刀具碰伤被加工零件，换刀点应该设置在被加工零件或夹具的外部。

**8. 工艺加工路线的确定**

在数控铣削加工中，工艺加工路线是指数控加工过程中刀位点相对于被加工零件的运动轨迹，即刀具从对刀点开始运动起，直至结束加工时所经过的路径，包括切削加工的路径及刀具引入、刀具返回等非切削的空行程。加工路线的确定原则：首先必须保证被加工零件的尺寸精度和表面质量，然后考虑使数值计算简单、进给路线尽量短、效率高等。

在确定工艺加工路线时，还应考虑零件的加工余量和机床、刀具的刚度，确定是一次走刀还是多次走刀来完成切削加工。

### 8.2.3　加工中心常用指令

#### 1. 辅助功能 M

M 功能指令是用地址字 M 及后面的数字表示的。

（1）M00：程序停止，当执行 M00 指令后，主轴的转动、进给、切削液都将停止。它与单程序段停止相同，模态信息全部被保存，以便进行某一手动操作，如换刀、测量工件的尺寸等。重新起动机床后，继续执行后面的程序。

（2）M01：选择停止，与 M00 的功能基本相似，只有在按下"选择停止"键后，M01 才有效，否则机床继续执行后面的程序段；按"启动"键，继续执行后面的程序。

（3）M02：程序结束，该指令编在程序的最后一条，表示执行完程序内所有指令后，主轴停止、进给停止、切削液关闭，机床处于复位状态。

（4）M03：用于主轴顺时针方向转动。

（5）M04：用于主轴逆时针方向转动。

（6）M06：用于主轴停止转动。

（7）M07：用于切削液开 1。

（8）M08：用于切削液开 2。

（9）M09：用于切削液关。

（10）M30 程序结束，使用 M30 时，除表示执行 M02 的内容外，还返回到程序的第一条语句，准备下一个工件的加工。

### 2. 进给功能 F

F 功能：进给速度 F 是刀具轨迹速度，它是所有移动坐标轴速度的矢量和。坐标轴速度是刀具轨迹速度在坐标轴上的分量。进给速度 F 在 C01、G02、G03、G05 插补方式中生效，并且一直有效，直到被一个新的地址 F 取代为止。地址 F 单位由 G 功能确定。G94 为直线进给速度（mm/r）；G95 为旋转进给速度（mm/r）（只有主轴旋转才有意义）。

### 3. 主轴转速

S 功能指令表示数控铣床主轴的转速（r/min）。主轴的旋转方向、主轴运动起始点及终点通过 M 指令实现。如果程序段中不仅有辅助功能 M 指令，还有坐标轴运行（G00 等）指令，则 M 指令在坐标轴运行指令之前生效，即只有在主轴启动之后，坐标轴才开始运行。

### 4. 刀具功能

T 功能指令表示选择刀具。因为数控铣床一次只有一把刀具在使用，所以在选用一个刀具后，程序运行结束及系统关机、开机对此均没有影响，该刀具一直保持有效。

### 5、圆弧插补 G02、G03

刀具以圆弧轨迹从起始点移动到终点，方向由 G 指令确定。G02 指令表示在指定平面内顺时针插补；G03 指令表示在指定平面内逆时针插补。圆弧插补旋向如图 8.6 所示。

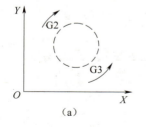
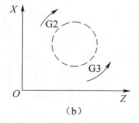
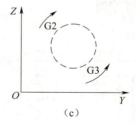

图 8.6　圆弧插补旋向

圆弧插补有圆弧终点坐标和用 I、J、K 指定圆心坐标、圆弧终点坐标和用圆弧半径 R 指定圆心坐标两种方式。G02/G03 一直有效，直到被 G 功能组中其他的指令取代为止。圆弧插补圆心坐标表示方式如图 8.7 所示。

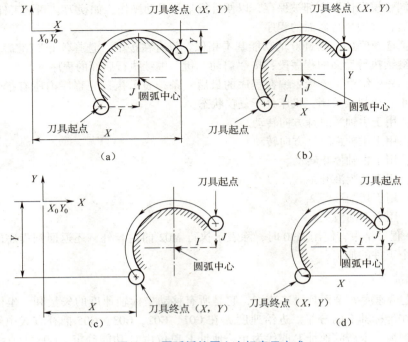

图 8.7 圆弧插补圆心坐标表示方式
(a) XY 平面 G17、G90、G02；(b) XY 平面 G17、G91、G02
(c) XY 平面 G17G90G03；(d) XY 平面 G17、G91、G03

(1) 圆弧终点坐标和用 I、J、K 指定圆心坐标，如图 8.8 所示。

编程格式：N10 G90 G00X30 Y40；　　用于 N10 的圆弧起始点
　　　　　N20 G02 X50 Y40 I10 J-7；　终点和圆心

注：只有用圆心坐标和终点坐标才可以编程一个整圆。

(2) 圆弧终点坐标和圆弧半径如图 8.9 所示。

编程格式：N10 G90 G00X30 Y40；　　圆弧起始点
　　　　　N20 G02 X50 Y40 R12；　　终点和半径

在用半径表示圆弧时，可以通过 R 的符号正确选择圆弧，因为在相同的起始点、终点、半径和相同的方向时可以有两种圆弧。其中，R 为负号表明圆弧段大于半圆，而正号则表明圆弧段小于或等于半圆。

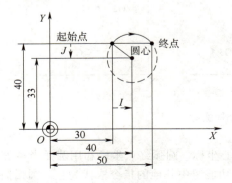

图 8.8 终点坐标和圆心坐标

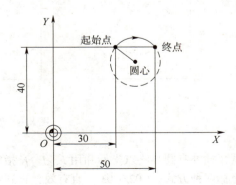

图 8.9 终点坐标和圆弧半径

**例 8.1** 使用 φ10 mm 立铣刀铣直径 30 mm 圆槽，深度 5 mm。

铣圆槽程序（R 方式）如表 8.2 所示。

表 8.2　铣圆槽程序 R 方式

| | |
|---|---|
| O8001；(R 方式) | N100 G01 Z-5.0 F500.0; |
| N10 G91 G28 Z0; | N110 G01 Y10.0; |
| N20 G90; | N120 G02 X0 Y-10.0 R10.0; |
| N30 M05; | N130 G02 X0 Y10.0 R10.0; |
| N40 T01 M06; | N140 G01 Y0.0; |
| N50 G54; | N150 G00 Z50.0; |
| N60 G00 X0 Y0; | N160 G91 G28 Z0; |
| N70 G00 Z50; | N170 G90; |
| N80 M03 S800; | N180 M05; |
| N90 G00 Z10.0; | N190 M30; |

例 8.1-1 仿真加工

例 8.1-2 仿真加工

铣圆槽程序（I、J 方式）如表 8.3 所示。

表 8.3　铣圆槽程序（I、J 方式）

| | |
|---|---|
| O8002；(I、J 方式) | N100 G01 Z-5.0 F500.0; |
| N10 G91 G28 Z0; | N110 G01 Y10.0; |
| N20 G90; | N120 G02 I0 J-10.0 F500.0; |
| N30 M05; | N130 G01 Y0.0; |
| N40 T01 M06; | N140 G00 Z50.0; |
| N50 G54; | N150 G91 G28 Z0; |
| N60 G00 X0 Y0; | N160 G90; |
| N70 G00 Z50; | N170 M05; |
| N80 M03 S800; | N180 M30; |
| N90 G00 Z10.0; | |

### 8.2.4　刀具半径补偿

#### 1. 刀具半径补偿指令（G41、G42、G40）

具备刀具半径补偿功能的数控系统在编程时不需要计算刀具中心的运动轨迹，只需按零件轮廓编程。使用刀具半径补偿指令，并在控制面板上手工输入刀具半径，数控装置便能自动地计算出刀具中心轨迹，并按刀具中心轨迹运动，即在执行刀具半径补偿后，刀具自动偏离工件轮廓一个刀具半径值，从而加工出所要求的工件轮廓，如图 8.10 所示。在操作时还可以用同一个加工程

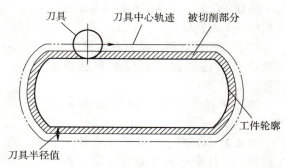

图 8.10　半径补偿

项目 8　轴承座零件加工　167

序，通过改变刀具半径的偏移量，对零件轮廓进行粗、精加工。

（1）G41为刀具半径左补偿，即刀具沿工件左侧运动方向时的半径补偿，如图8.11所示。

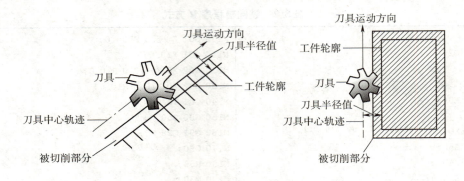

图8.11　左偏半径补偿

（2）G42为刀具半径右补偿，即刀具沿工件右侧运动时的半径补偿，如图8.12所示；G40为刀具半径补偿取消，使用该指令后，G41、G42指令无效。G40必须和G41或G42成对使用。

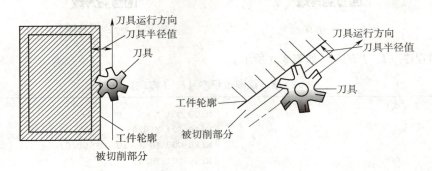

图8.12　右偏半径补偿

### 2. 刀具半径补偿的过程

刀具半径补偿的过程分为以下三步：

（1）刀补的建立，是刀具中心从与编程轨迹重合过渡到与编程轨迹偏离一个偏置量的过程。

（2）刀补进行，在执行有G41、G42指令的程序段后，刀具中心始终与编程轨迹相距一个偏置量。

（3）刀补的取消，是刀具离开工件，刀具中心轨迹要过渡到与编程重合的过程。

刀具半径补偿建立过程如图8.13所示。

例8.2　编写图8.14所示零件的加工程序。工件坐标系Z轴零点设置在零

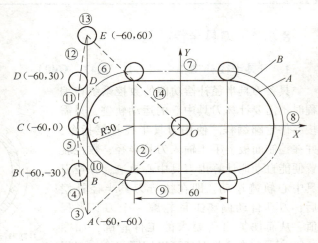

图8.13　刀具半径补偿建立过程

件的上表面，X、Y轴零点设在零件的几何对称中心上。

例 8.2 仿真加工

半径补偿建立如图 8.15 所示。建立半径补偿的几个点如下：

（1）进刀点：X-70 Y-100；
（2）建立补偿点：X-30 Y-70；
（3）切入点：X-30 Y-50；
（4）切出点：X-65 Y-30；
（5）取消补偿点：X-70 Y-40。

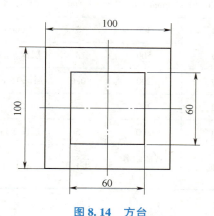

图 8.14　方台

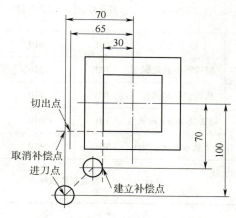

图 8.15　半径补偿建立

加工程序如表 8.4 所示。

表 8.4　半径补偿程序

```
O8003;
N10 G91 G28 Z0.0;
N20 G90;
N30 T02 M06;
N40 M03 S500;
N50 G55;
N60 G00 X-70.0 Y-100.0;
N70 G00 Z50.0;
N80 G01 Z-5.0 F800.0;
N90 G01 G41 X-30.0 Y-70.0 F800.0 D2;
N100 G01 Y30.0 F300.0;
N110 G01 X30.0;
N120 G01 Y-30.0;
N130 G01 X-65.0;
N140 G01 G40 X-70.0 Y-40.0 F800.0;
N150 G91 G28 Z0;
N160 G90;
N170 M05;
N180 M30;
```

任务 8.3　工艺单

### 8.3.1　毛坯准备

下料，平各端面，保证尺寸为 110 mm×110 mm×40 mm。采用底面定位，平口钳夹紧。

### 8.3.2　工艺设计

项目 8 工艺表如表 8.5 所示。

项目 8　轴承座零件加工　169

表 8.5 项目 8 工艺表

| 单位名称 | 河北工业职业技术大学 | 产品名称或代号 | | 零件名称 | | 零件图号 |
|---|---|---|---|---|---|---|
| | | 项目 8 轴承座 | | 任务 8 轴承座 | | ZNZZ－08 |
| | 程序编号 | 夹具名称 | 使用设备 | 数控系统 | | 场地 |
| | O0005 | 精密平口钳 | VMC850 | FANUC 0i Mate MC | | 理实一体化教室 |
| 工序号 | 工序内容 | 刀具号 | 刀具名称 | 主轴转速 $n$ /(r·min$^{-1}$) | 进给量 $f$ /(mm·min$^{-1}$) | 背吃刀量 $a_p$/mm | 备注（程序名） |
| 1 | 钻工艺孔 | T01 | $\phi$10 | 600 | 300 | 5 | O0005 |
| 2 | 粗铣圆孔和轮廓 | T02 | $\phi$16 | 500 | 500 | 8 | 层深 5 mm |
| 3 | 精铣轮廓和圆孔 | T03 | $\phi$10 | 900 | 200 | 0.6 | 层深 15 mm |
| 4 | 钻 2 处 $\phi$10 mm 孔 | T01 | $\phi$10 | 600 | 300 | 5 | |
| 5 | 铣 2 处 $\phi$16 mm 圆孔 | T04 | $\phi$10 | 900 | 300 | 5 | 层深 5 mm |
| 编制 | | 审核 | 智能制造教研室 | 批准 | 智能制造教研室 | 共 1 页 | 第 1 页 |

## 任务 8.4　刀具选择

项目 8 刀具表如表 8.6 所示。

表 8.6 项目 8 刀具表

| 产品名称或代号 | 数控编程与零件加工实训件 | | 零件名称 | 任务 8 轴承座 | 零件图号 | ZNZZ－08 |
|---|---|---|---|---|---|---|
| 序号 | 刀具号 | 刀具名称 | 数量 | 过渡表面 | 刀尖半径 $R$/mm | 备注 |
| 1 | T01 | $\phi$10 mm 钻头 | 1 | 钻工艺孔 | — | |
| 2 | T02 | $\phi$16 mm 立铣刀 | 1 | 粗铣轮廓和圆孔 | — | |
| 3 | T03 | $\phi$10 mm 立铣刀 | 1 | 精铣轮廓和圆孔 | — | |
| 4 | T04 | $\phi$10 mm 立铣刀 | 1 | 铣 $\phi$16 mm 沉孔 | — | |
| 编制 | | 审核 | 智能制造教研室 | 批准 | 智能制造教研室 | 共 1 页　第 1 页 |

## 任务 8.5  程序单

### 8.5.1  基点坐标计算

（1）工序1：钻工艺孔。钻工艺孔坐标如表 8.7 所示。

表 8.7  钻工艺孔坐标

| 基点 | 坐标 |
| --- | --- |
| 1 | X0  Y0    Z-15 |

（2）工序2：粗铣轮廓。项目8零件图如图8.16所示。粗铣轮廓基点和基点坐标如图8.17和图8.18所示。

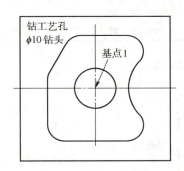

图 8.16  项目 8 零件图

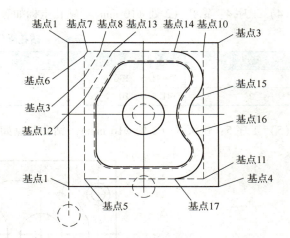

图 8.17  粗铣轮廓基点

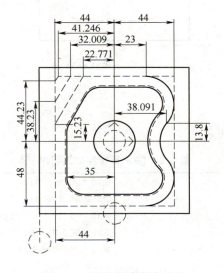

图 8.18  粗铣轮廓基点坐标

(3) 工序3：精铣轮廓和圆槽。精铣轮廓和圆槽基点和基点坐标如图8.19和图8.20所示。

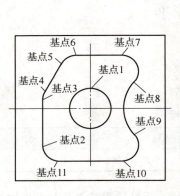

图8.19 精铣轮廓和圆槽基点

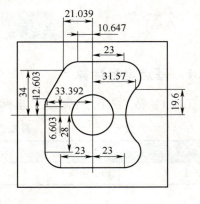

图8.20 精铣轮廓和圆槽基点坐标

(4) 工序4：钻孔（2处 $\phi$10 mm）。钻孔坐标如表8.8所示。

表8.8 钻孔坐标

| 基点 | 坐标 | |
|---|---|---|
| 1 | X-41.5  Y30 | Z-25  Z-40 |
| 2 | X41.5   Y0  | Z-25  Z-40 |

(5) 工序5：铣沉孔（2处 $\phi$16 mm）。钻孔基点如图8.21所示。

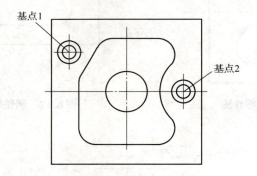

图8.21 钻孔基点

## 8.5.2 程序编制

程序如表8.9~表8.11所示。

表8.9 轴承座零件加工程序

| | |
|---|---|
| O0005； | N70 G00 Z50.0； |
| N10 G91 G28 Z0； | N80 G00 Z10.0； |
| N20 G90； | N90 G01 Z-15.0 F300.0； |
| N30 T01 M06；钻头，钻工艺孔 | N100 G00 Z10.0； |
| N40 G54； | N110 G91 G28 Z0； |
| N50 M03 S600； | N120 G90； |
| N60 G00 X0 Y0； | N130 M05； |

续表

N140 T02 M06；粗铣
N150 M03 S500；
N160 G55；
N170 G00 X - 55.0 Y - 75.0；
N180 G00 Z50.0；
N190 G00 Z10.0；
N200 G01 Z0 F500.0；
N210 M98 P35001；粗铣轮廓子程序
N220 G00 Z10.0；
N230 G00 X0 Y0；
N240 G01 Z0.0；
N250 M98 P35002；粗铣圆子程序
N260 G00 Z10.0；
N270 G91 G28 Z0；
N280 G90；
N290 M05；
N300 T03 M06；精铣
N310 M03 S900；
N320 G56；
N330 G00 X - 5.0 Y - 5.0；
N340 G00 Z50.0；
N350 G00 Z10.0；
N360 G01 Z - 15.0 F150.0；
N370 G01 G42 X0 Y0 D3；建立半径补偿
N380 G01 X0 Y15.0；
N390 G02 Y - 15.0 R15.0；
N400 G02 Y15.0 R15.0；
N410 G01 Y0；
N420 G01 G40 X - 5.0 Y - 5.0；
N430 G00 Z10.0；
N440 G00 X - 35.0 Y - 75.0；
N450 G01 Z - 15.0 F500.0；
N460 G00 G41 X - 35.0 Y - 61.0；
N470 G01 Y6.603；
N480 G02 X - 33.392 Y12.603 R12.0；
N490 G01 X - 21.039 Y34.0；
N500 G02 X - 10.647 Y40.0；
N510 G01 X23.0；
N520 G02 X31.57 Y19.6 R12.0；
N530 G03 X31.57 Y - 19.6 R28.0；
N540 G02 X23.0 Y - 40.0 R12.0；
N550 G01 X - 23.0；
N560 G02 X - 35.0 Y - 28.0 R12.0；
N570 G01 Y0；
N580 G01 X - 60.0 F600.0；
N590 G00 G40 X - 75.0 Y0；
N600 G00 Z10.0；
N610 G00 Z50.0；
N620 G91 G28 Z0；

N630 G90；
N640 M05；
N650 T01 M06；钻孔
N660 M03 S500；
N670 G54；
N680 G00 X41.5 Y0；
N690 G00 Z10.0；
N700 G01 Z - 40.0 F300.0；
N710 G00 Z10.0；
N720 G00 X - 41.5 Y30.0；
N730 G01 Z - 40.0 F300.0；
N740 G00 Z10.0；
N750 G91 G28 Z0；
N760 G90；
N770 M05；
N780 T04 M06；铣孔
N790 M03 S600；
N800 G56；
N810 G00 X - 41.5 Y30.0；
N820 G00 Z50.0；
N830 G00 Z10.0；
N840 G01 Z - 20.0 F300.0；
N850 G01 Y33.0；
N860 G02 Y27.0 R3.0；
N870 G02 Y33.0 R3.0；
N880 G01 Y30.0；
N890 G01 Z - 25.0；
N900 G01 Y33.0；
N910 G02 Y27.0 R3.0；
N920 G02 Y33.0 R3.0；
N930 G01 Y30.0；
N940 G00 Z10.0；
N950 G00 X41.5 Y0；
N960 G01 Z - 20.0 F300.0；
N970 G01 Y3.0；
N980 G02 Y - 3.0 R3.0；
N990 G02 Y3.0 R3.0；
N1000 G01 Y0.0；
N1010 G01 Z - 25.0；
N1020 G01 Y3.0；
N1030 G02 Y - 3.0 R3.0；
N1040 G02 Y3.0 R3.0；
N1050 G01 Y0.0；
N1060 G00 Z10.0；
N1090 G00 Z50.0；
N1100 G91 G28 Z0；
N1110 G90；
N1120 M05；
N1130 M30；

表 8.10　粗铣轮廓子程序

| | |
|---|---|
| O5001 | N140 G01 X-44.0; |
| N10 G91 G01 Z-5.0 F500.0；每层切深5mm。 | N150 G01 Y12.23; |
| N20 G90 G01 Y55.0; | N160 G01 X-22.771 Y49.0; |
| N30 G01 X55.0; | N170 G01 X23.0; |
| N40 G01 Y-55.0; | N180 G02 X38.091 Y13.3 R21.0; |
| N50 G01 X-44.0; | N190 G03 Y-13.3 R19.0; |
| N60 G01 Y44.23; | N200 G02 X23.0 Y-49.0 R21.0; |
| N70 G01 X-41.246 Y49.0; | N210 G01 X-23.0; |
| N80 G01 X-32.009; | N220 G02 X-44.0 Y-28.0 R21.0; |
| N90 G01 X-44.0 Y28.23; | N230 G01 X-55.0; |
| N100 G01 Y44.23; | N240 G01 Y-75.0; |
| N110 G01 X-41.246 Y49.0; | N250 M99; |
| N120 G01 X44.0; | |
| N130 G01 Y-49.0; | |

表 8.11　粗铣圆子程序

| | |
|---|---|
| O5002; | N40 G02 Y6.0 R6.0; |
| N10 G91 G01 Z-5.0 F300.0; | N50 G01 Y0; |
| N20 G90 G01 Y6.0; | N60 M99; |
| N30 G02 Y-6.0 R6.0; | |

## 任务 8.6　加工仿真

### 8.6.1　机床与系统选择

打开宇龙仿真软件，选择"机床"→"选择机床"命令，机床类型选择立式加工中心，系统选择 FANUC 0i Mate，如图 8.22 所示。

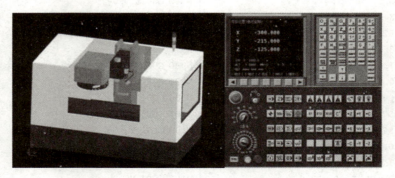

图 8.22　选择机床

### 8.6.2　毛坯定义

选择"零件"→"定义毛坯"命令，定义毛坯尺寸为 110 mm×110 mm×80 mm，如图 8.23 所示。仿真中毛坯厚度可以适当增加，防止仿真过程中碰撞报警。

#### 8.6.3 夹具定义

选择"零件"→"安装夹具"命令,在"选择夹具"对话框选择毛坯,夹具选择工艺板,如图 8.24 所示。

图 8.23 定义毛坯

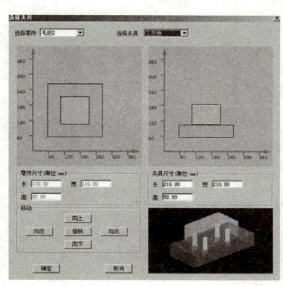

图 8.24 安装工艺板

#### 8.6.4 安装零件

选择"零件"→"放置零件"命令,然后选择定义好的毛坯,单击"安装零件"按钮,将零件毛坯安装到工作台上,如图 8.25 所示。

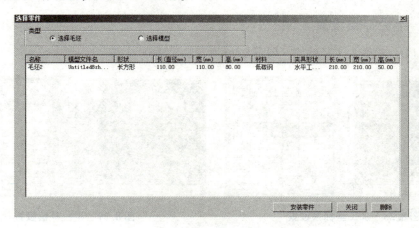

图 8.25 安装零件毛坯

#### 8.6.5 选择刀具

选择"机床"→"选择刀具"命令,在刀库中分别安装 4 把刀具,1 号刀为 $\phi$10 mm 钻头,2 号刀为 $\phi$16 mm 立铣刀,3 号刀为 $\phi$10 mm 立铣刀,4 号刀为 $\phi$10 mm 立铣刀,如图 8.26 所示。

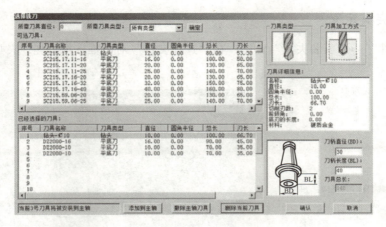

图 8.26 选择刀具

### 8.6.6 选择基准工具

选择"机床"→"基准工具"命令，选择 φ14 mm 基准工具，如图 8.27 所示，安装到主轴上，准备对刀操作。

### 8.6.7 加工坐标系设置

完成对刀操作，设置 1 号刀加工坐标系为 G54，将原点置于毛坯的上表面对称中心处，将坐标数据输入 G54 中，其余刀具设置成 T02 – G55、T03 – G56、T04 – G56，注意 X、Y 坐标一样，Z 坐标差值是刀具的长度差。加工坐标系设置如图 8.28 所示。

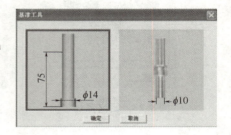

图 8.27 选择基准工具

### 8.6.8 半径补偿设置

在形状（D）中输入半径补偿，如图 8.29 所示。

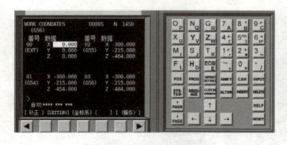

图 8.28 加工坐标系设置

图 8.29 半径补偿设置

### 8.6.9 仿真加工

将功能开关置于自动位置，按照工艺设计内容，分别完成加工，仿真加工步骤分别是：钻工艺孔、粗铣轮廓和圆槽、精铣轮廓、钻孔、铣沉孔，如图 8.30 所示。

项目 8 仿真操作

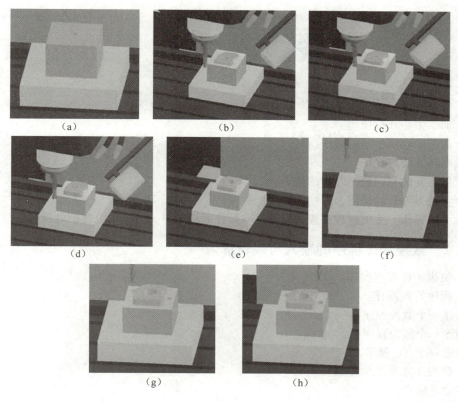

**图 8.30 仿真加工步骤**

(a) 钻工艺孔；(b) 粗铣轮廓 −5 mm；(c) 粗铣轮廓 −10 mm；(d) 粗铣轮廓 −15 mm；
(e) 粗铣圆槽；(f) 精铣轮廓 −15 mm；(g) 钻孔 $\phi$10 mm；(h) 铣沉孔 $\phi$16 mm

## 8.6.10 加工结果

仿真加工结果如图 8.31 所示。

**图 8.31 仿真加工结果**

## 任务 8.7　数控加工

### 8.7.1　加工中心基本操作

（1）加工中心开机操作。
（2）加工中心回参考点操作。
（3）毛坯安装与找正。
（4）钻头安装与调整，刀柄的使用。
（5）立铣刀刀具的使用，刀柄的使用。
（6）关机操作：关机过程一般为急停关→操作面板电源关→机床电气柜电源关→总电源关。

### 8.7.2　数控加工程序的输入与编辑练习

（1）机床坐标界面操作。
（2）程序管理操作：
①新建一个数控程序；
②删除一个数控程序；
③检索一个 NC 程序。
（3）数控车床系统程序编辑：
①移动光标；
②插入字符；
③删除输入域中的数据；
④删除字符；
⑤查找；
⑥替换。
（4）加工程序录入：
①空运行验证；
②使用 GRAPH 功能验证轨迹。

### 8.7.3　试切与零件加工检验

（1）对刀操作，完成 G54、G55、G56 3 个加工坐标系的设置。
（2）自动运行加工轴承座零件。
（3）使用游标卡尺和深度尺测量尺寸。
轴承座的加工结果如图 8.32 所示。

项目 8 综合实训

图 8.32　轴承座的加工结果

## 任务8.8 项目总结

本项目主要介绍数控铣削加工工艺等知识。通过轴承座零件的工艺设计,掌握轮廓类零件的工艺设计方法;通过轴承座零件的编程,掌握G02、G03等指令和子程序、相对坐标的应用、半径补偿的使用;通过轴承座零件的数控加工,掌握钻头、立铣刀刀具的安装与调整、毛坯的定位与找正、半径补偿设置等内容;通过轴承座零件的加工质量检测,掌握深度尺和游标卡尺的使用。

## 任务8.9 思考与练习

(1) G02/G03指令应如何使用?
(2) 刀具应如何安装到刀柄中?刀具悬伸长度对切削有什么影响?
(3) 刀具应如何安装到刀库中?
(4) 如何建立刀具半径补偿?
(5) 如何利用刀具半径补偿和主轴、进给倍率修调完成粗铣和精铣?
(6) 加工图8.33所示的凸轮,试编写加工程序。

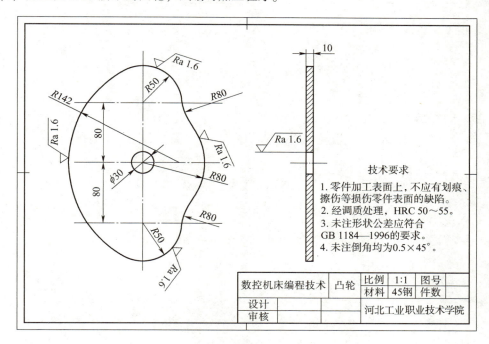

图8.33 凸轮

(7) 加工图8.34所示的底板零件,试编写加工程序。

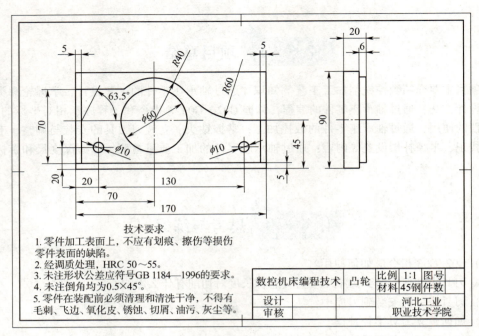

图 8.34　底板零件图

# 项目 9　异形槽板加工

## 任务 9.1　任务书

异形槽板是典型型腔类加工零件，如图 9.1 所示，已知材料为铝合金，毛坯尺寸为 150 mm × 120 mm × 30 mm，制定零件的加工工艺，编写零件的加工程序，在实训教学区进行实际加工。

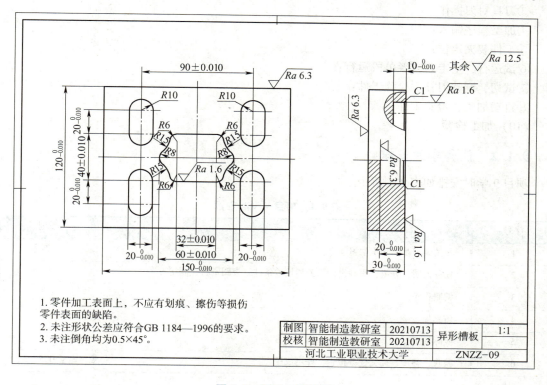

图 9.1　项目 9 零件图

### 9.1.1　任务要求

（1）进行异形槽板零件工艺分析。
（2）确定定位、夹紧方式，选用刀具。
（3）确定编程原点、编程坐标系、对刀位置及对刀方法。
（4）确定运动方向、轨迹。
（5）确定加工所用各种工艺参数。
（6）进行数值计算。

（7）重点掌握半径补偿指令和相对坐标应用，编制异形槽板加工程序。

（8）掌握机床仿真操作加工步骤：

①启动机床，回参考点；

②刀具准备，刀具安装与调整；

③刀具对刀操作；

④加工程序输入；

⑤工件装夹；

⑥试运行，空走刀或者单段运行；

⑦试切，调整刀补，检验工件；

⑧自动加工，检验工件。

（9）进行实际加工：

①启动机床，回参考点；

②刀具准备，包括刀具的选择、刀具安装与调整；

③刀具对刀操作；

④加工程序输入；

⑤工件装夹定位；

⑥试运行，空走刀或者单段运行；

⑦试切，调整刀补，检验工件；

⑧自动加工，检验工件。

（10）加工检验。

### 9.1.2　任务学时安排

项目 9 学时安排如表 9.1 所示。

表 9.1　项目 9 学时安排

| 序号 | 内容 | 学时 |
|:---:|:---|:---:|
| 1 | 相关编程基础知识学习 | 2 |
| 2 | 任务说明，分组，明确设计任务和技术条件，查阅资料，制定方案 | 1.5 |
| 3 | 编制程序 | |
| 4 | 仿真加工 | |
| 5 | 实际加工 | 1 |
| 6 | 验收，答辩，提交任务报告，评定成绩 | 0.5 |
| 合计 | | 5 |

## 任务9.2　相关知识

### 9.2.1　加工中心工艺处理

**1. 工艺性分析**

（1）选择加工内容，加工中心最适合加工形状复杂、工序较多、要求较高的零件，这类零件常需使用多种类型的通用机床、刀具和夹具，经多次装夹和调整才能完成加工。

（2）检查零件图样，零件图样应表达准确，标注齐全。同时要特别注意，图样上应尽量采用统一的设计基准，从而简化编程，保证零件的精度要求。

例如，图9.2中A、B两面均已在前面的工序中加工完毕，在加工中心上只进行所有孔的加工。

以A、B两面定位时，由于高度方向没有统一的设计基准，$\phi$48H7孔和上方两个$\phi$25H7孔与B面的尺寸是间接保证的，欲保证（32.5±0.1）mm和（52.5±0.04）mm尺寸，须在上道工序中对（105±0.1）mm尺寸公差进行压缩。若改为图7.7（b）所示的标注尺寸，各孔位置尺寸都以A面为基准，基准统一，且工艺基准与设计基准重合，各尺寸都容易保证。

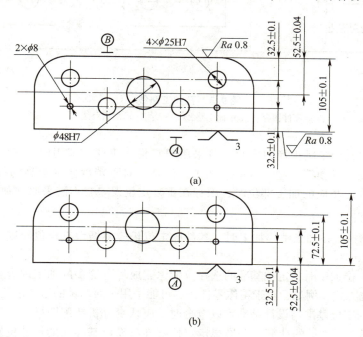

图9.2　加工基准
（a）以A、B两面定位；（b）以A面定位

（3）分析零件的技术要求，根据零件在产品中的功能，分析各项几何精度和技术要求是否合理；考虑在加工中心上加工，能否保证其精度和技术要求；选择哪一种加工中心最为合理。

（4）审查零件的结构工艺性，分析零件的结构刚度是否足够，各加工部位的结构工艺性是否合理等。

### 2. 工艺设计

工艺设计时，主要考虑精度和效率两方面，一般遵循先面后孔、先基准后其他、先粗后精的原则。加工中心在一次装夹中，尽可能完成所有能够加工表面的加工。加工对位置精度要求较高的孔系时，要特别注意安排孔的加工顺序。安排不当，就有可能将传动副的反向间隙引入，直接影响位置精度。例如，安排图9.3（a）所示的零件的孔系加工顺序时，若按图9.3（b）所示的路线加工，由于5、6孔与1、2、3、4孔在Y向的定位方向相反，Y向反向间隙会使误差增加，从而影响5孔和6孔与其他孔的位置精度。按图9.3（c）所示的路线加工，可避免反向间隙的引入。

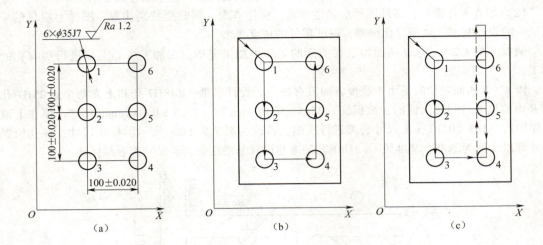

图 9.3 孔加工路线
(a) 零件图标；(b) 加工路线（一）；(c) 加工路线（二）

在加工过程中，为了减少换刀次数，可采用刀具集中工序，即用同一把刀具把零件上相应的部位都加工完，再换第二把刀具继续加工。但是，对于精度要求很高的孔系，当零件是通过工作台回转确定相应的加工部位时，因存在重复定位误差，不能采取这种方法。

**3. 零件的装夹**

定位基准的选择，在加工中心加工时，零件的定位仍应遵循六点定位原则。同时，应特别注意以下几点：

（1）进行多工位加工时，定位基准的选择应考虑完成尽可能多的加工内容，即便于各表面都能被加工的定位方式。例如，对于箱体零件，尽可能采用一面两销的组合定位方式。

（2）当零件的定位基准与设计基准难以重合时，应认真分析装配图样，明确该零件设计基准的设计功能，通过尺寸链的计算，严格规定定位基准与设计基准间的尺寸位置精度要求，确保加工精度。

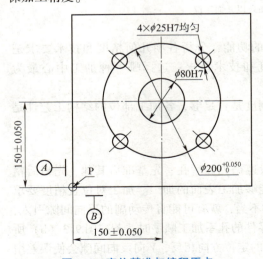

图 9.4 定位基准与编程原点

（3）编程原点与零件定位基准可以不重合，但两者之间必须有确定的几何关系。选择编程原点时主要考虑便于编程和测量。例如，在加工中心上加工图 9.4 所示零件的 $\phi 80H7$ 孔和 $4 \times \phi 25H7$ 孔，其中 $4 \times \phi 25H7$ 以 $\phi 80H7$ 孔为基准，编程原点应选择在 $\phi 80H7$ 孔的中心线上。当零件定位基准为 $A$、$B$ 两面时，定位基准与编程原点不重合，但同样能保证加工精度。

（4）夹具的选用，在加工中心上，夹具的任务不仅是装夹零件，而且要以定位基准为参考基准，确定零件的加工原点。因此，定位基准要准确可靠。

（5）零件的夹紧，在考虑夹紧方案时，应保证夹紧可靠，并尽量减少夹紧变形。

### 4. 刀具的选择

加工中心对刀具的基本要求是：

（1）良好的切削性能：能承受高速切削和强力切削并且性能稳定。

（2）较高的精度：刀具的精度指刀具的形状精度和刀具与装卡装置的位置精度。

（3）配备完善的工具系统：满足多刀连续加工的要求。

## 9.2.2  加工中心常用指令

### 1. G 功能代码

FANUC 系统 G 功能代码如表9.2所示。

表 9.2  G 功能代码

| G 代码 | 组别 | 功能 | G 代码 | 组别 | 功能 |
|--------|------|------|--------|------|------|
| G00 | 01 | 快速点定位 | G04 | 00 | 暂停 |
| * G01 | | 直线插补 | G09 | | 准确停止检验 |
| G02 | | 顺时针圆弧插补 | G10 | | 刀具偏移量设定 |
| G03 | | 逆时针圆弧插补 | | | 工件零点偏移量设定 |
| * G17 | 02 | XY 平面选择 | G54 ~ G59 | 14 | 工件坐标系 |
| G18 | | ZX 平面选择 | G60 | 00 | 单向定位 |
| G19 | | YZ 平面选择 | G61 | 15 | 精确停止校验方式 |
| G20 | 06 | 英制输入 | * G64 | | 切削进给方式 |
| G21 | | 公制输入 | G65 | 00 | 宏指令调用 |
| * G22 | 04 | 存储行程限位有效 | G66 | 12 | 宏指令模态调用 |
| G23 | | 存储行程限位无效 | G67 | | 宏指令模态调用取消 |
| G27 | 00 | 返回参考点检验 | G68 | 16 | 坐标系旋转方式建立 |
| G28 | | 自动返回参考点 | G69 | | 坐标系旋转方式取消 |
| G29 | | 由参考点返回 | G73 ~ G89 | 09 | 孔加工固定循环 |
| * G40 | 07 | 取消刀具半径补偿 | * G90 | 03 | 绝对值编程 |
| G41 | | 刀具左偏半径补偿 | G91 | | 增量值编程 |
| G42 | | 刀具右偏半径补偿 | G92 | 00 | 坐标系设定 |
| G43 | 08 | 刀具长度正补偿 | G94 | 05 | 每分钟进给 |
| G44 | | 刀具长度负补偿 | G95 | | 每转进给 |
| * G49 | | 取消刀具长度补偿 | * G98 | 10 | 固定循环返回初始点 |
| G45 | 00 | 刀具位置偏移增加 | G99 | | 固定循环返回 R 点 |
| G46 | | 刀具位置偏移减少 | | | |
| G47 | | 刀具位置偏移两倍增加 | | | |
| G48 | | 刀具位置偏移两倍减少 | | | |

注：（1）00 组 G 代码是非模态 G 代码，其他各组代码为模态 G 代码。

（2）在同组中，有 * 标记的 G 代码是在电源接通时或按下"复位"键时就立即生效的 G 代码。

（3）不同组 G 代码可以在同一个程序段中被规定并有效。但当在一个程序段中指定了两个以上属于同组的 G 代码时，仅最后一个被指定的 G 代码有效。

项目 9  异形槽板加工  ■ 185

**2. 坐标平移指令**

编程格式：G52 X_ Y_；

其中，X、Y 坐标为子坐标系原点相对于当前工件坐标系原点的坐标值。G52 X0 Y0；为取消平移。

如图 9.5 所示，坐标平移程序如下：
G54 G90 G40 G49 G00 Z100；
………
G52 X20.0 Y25.0；
………
G00 Z100.0；
G52 X0 Y0；
G00 X100.0 Y100.0；

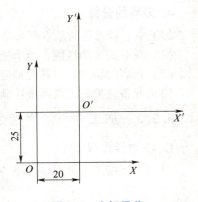

图 9.5 坐标平移

**3. 坐标旋转指令（G68、G69）**

编程格式：G68 X_ Y_ R_；

其中，X、Y 为旋转中心坐标值，R 为角度，逆时针为正，顺时针为负。
G69；为取消平移。

如图 9.6 所示，坐标旋转程序如下：
G68 X0 Y0 R20；
G68 和 G69 成对使用，先平移后旋转再刀补，先刀补后旋转再平移。

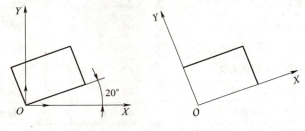

图 9.6 坐标旋转

**例 9.1** 使用坐标平移和坐标旋转指令编写加工程序，毛坯直径为 50 mm，圆槽的长度为 24 mm，宽度为 12 mm，深度为 6 mm，旋转角度为 60°和 −60°，零件尺寸如图 9.7 所示。

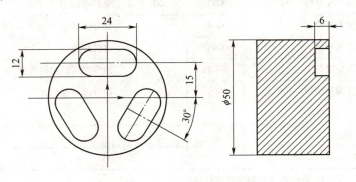

图 9.7 零件尺寸

例 9.1 仿真加工

坐标平移和坐标旋转程序如表 9.3 所示。

表 9.3　坐标平移和坐标旋转程序

| | |
|---|---|
| O9001; | N190 M98 P9101; |
| N10 G91 G28 Z0; | N200 G69; |
| N20 G90; | N210 G52 X0 Y0; |
| N30 M05; | N220 G00 X0 Y0; |
| N40 T01 M06; | N230 G52 X12.99 Y-7.5; |
| N50 G55; | N240 G00 X0 Y0; |
| N60 G00 X0 Y0; | N250 G68 X0 Y0 R60.0; |
| N70 G00 Z100.0; | N260 G00 X0 Y0; |
| N80 M03 S400; | N270 M98 P9101; |
| N100 G52 X0 Y15.0; | N280 G69; |
| N110 G00 X0 Y0; | N290 G52 X0 Y0; |
| N120 M98 P9101; | N300 G00 X0 Y0; |
| N130 G52 X0 Y0; | N310 G00 Z100.0; |
| N140 G00 X0 Y0; | N320 G91 G28 Z0; |
| N150 G52 X-12.99 Y-7.5; | N330 G90; |
| N160 G00 X0 Y0; | N340 M05; |
| N170 G68 X0 Y0 R-60.0; | N350 M30; |
| N180 G00 X0 Y0; | |

铣槽子程序如表 9.4 所示。

表 9.4　铣槽子程序

| | |
|---|---|
| O9101; | N40 G01 X6.0; |
| N10 G00 Z5.0; | N50 G00 Z10.0; |
| N20 G01 Z-6.0 F70.0; | N60 M99; |
| N30 G01 X-6.0; | |

### 9.2.3　刀具长度补偿

当使用不同类型及规格的刀具或刀具磨损时，可在程序中重新用刀具长度补偿指令补偿刀具尺寸的变化，而不必重新调整刀具或重新对刀。图 9.8 所示为不同刀具长度方向的偏移量。

编程格式：

　　G43 Z_ H_;

　　G44 Z_ H_;

　　G49;或 H00;

刀具长度补偿指令一般用于刀具轴向（Z 向）的补偿，使刀具在 Z 方向上的实际位移量比程序给定值增加或减少一个偏置量。G43 为刀具长度正补偿"+"；G44 为刀具长度负补偿"-"；Z 为目标点坐标；H 为刀具长度补偿代号，补偿量存入由 H 代码指令的存储器中。若指令为 G00 G43 Z100.0 H01，并于 H01 中存入"20.0"，则执行该指令时，将用 Z 坐标值减 100 与 H01 中所存"20"进行"+"运算，即 -100 + 20 = -80，并将所求结果作为 Z 轴移动值。取消刀具长度补偿用 G49 或 H00，若指令中忽略了坐标轴，则隐含为 Z 轴且为 Z0。

**例 9.2**　图 9.9 所示为用长度补偿编程的实例，图 9.9 中 A 为程序起点，加工路线为①→②→③→④→⑤→⑥→⑦→⑧→⑨。使用 3 把不同长度钻头，1 号刀为基准刀具，2、3 号刀长度补偿存入地址 H02、H03 中。

例 9.2 仿真加工

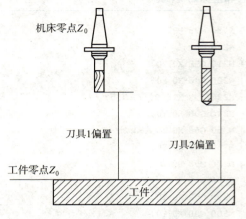

图 9.8 不同刀具长度方向的偏移量

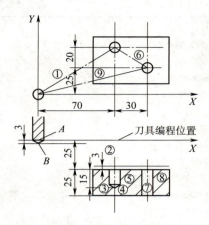

图 9.9 长度补偿实例

长度补偿程序如表 9.5 所示。

表 9.5 长度补偿程序

```
O9002;
N10 G91 G28 Z0;
N20 G90;
N30 T01 M06;1 号刀,基准刀具
N40 G54;
N50 M03 S1000;
N60 G00 Z25.0;
N70 G00 Y45.0 X70.0;
N80 G00 Z3.0;
N90 G01 Z -15.0 F500.0;
N100 G00 Z25.0;
N110 G00 X100.0;
N120 G00 Y25.0;
N130 G00 Z3.0;
N140 G01 Z -25.0;
N150 G00 Z25.0;
N160 G00 X0 Y0.0;
N170 G00 Z50.0;
N180 G91 G28 Z0;
N190 G90;
N200 M05;
N210 T02 M06;
N220 M03 S1000;
N230 G00 X0.0 Y0.0;
N240 G00 G44 Z25.0 H2;2 号刀,长度负补偿
N250 G00 Y45.0 X70.0;
N260 G00 Z3.0;
N270 G01 Z -15.0 F500.0;
N280 G00 Z25.0;
N290 G00 X100.0;
N300 G00 Y25.0;
N310 G00 Z3.0;
N320 G01 Z -25.0;
N330 G00 Z25.0;
N340 G00 X0 Y0.0;
N350 G00 Z50.0;
N360 G49 G00 Z60.;
N370 G91 G28 Z0;
N380 G90;
N390 M05;
N400 T03 M06;
N410 M03 S1000;
N420 G00 X0.0 Y0.0;
N430 G00 G43 Z25.0 H3;3 号刀,长度正补偿
N440 G00 Y45.0 X70.0;
N450 G00 Z3.0;
N460 G01 Z -15.0 F500.0;
N470 G00 Z25.0;
N480 G00 X100.0;
N490 G00 Y25.0;
N500 G00 Z3.0;
N510 G01 Z -25.0;
N520 G00 Z25.0;
N530 G00 X0 Y0.0;
N540 G49 G00 Z60.0;
N550 G91 G28 Z0;
N560 G90;
N570 M05;
N580 T0 M06;
N590 M30;
```

刀具长度补偿的过程分为三步：

(1) 刀补的建立，刀具刀位点从与编程轨迹重合过渡到与编程轨迹偏离一个偏置量；

(2) 刀补的进行，执行有 G43、G44 指令的程序段后，刀具刀位点始终与编程轨迹相距一个偏置量；

(3) 刀补的取消，刀具离开工件，刀具刀位点轨迹要过渡到与编程重合。

## 任务9.3　工艺单

### 9.3.1　毛坯准备

铝合金，150 mm×120 mm×30 mm。下料，平各端面，采用底面定位，平口钳夹紧。

### 9.3.2　工艺设计

项目 9 工艺表如表 9.6 所示。

表 9.6　项目 9 工艺表

| 单位名称 | 河北工业职业技术大学 | 产品名称或代号 | | 零件名称 | 零件图号 |
|---|---|---|---|---|---|
| | | 项目 9 异形槽板 | | 任务 9 异形槽板 | ZNZZ-09 |
| | 程序编号 | 夹具名称 | 使用设备 | 数控系统 | 场地 |
| | O0006—O0009 | 精密平口钳 | VMC850 | FANUC 0i Mate MC | 理实一体化教室 |
| 工序号 | 工序内容 | 刀具号 | 刀具名称 | 主轴转速 $n$ /(r·min$^{-1}$) | 进给量 $f$ /(mm·min$^{-1}$) | 背吃刀量 $a_p$/mm | 备注（程序名） |
| 1 | 钻工艺孔 | T01 | φ10 | 600 | 300 | 5 | O0006 |
| 2 | 粗铣槽 | T02 | φ16 | 500 | 500 | 8 | 层深 5 mm O0006 |
| 3 | 半精铣槽 | T03 | φ10 | 600 | 300 | 0.6 | 层深 15 mm O0007 |
| 4 | 精铣槽 | T04 | φ10 | 800 | 200 | 0.3 | 层深 15 mm O0008 |
| 5 | 倒角 | T05 | φ10 | 600 | 500 | | O0009 |
| 编制 | | 审核 | 智能制造教研室 | 批准 | 智能制造教研室 | 共 1 页 | 第 1 页 |

## 任务9.4　刀具选择

项目 9 刀具表如表 9.7 所示。

表9.7 项目9 刀具表

| 产品名称或代号 | 数控编程与零件加工实训件 | 零件名称 | 任务9 异形槽板 | 零件图号 | ZNZZ-09 |
|---|---|---|---|---|---|
| 序号 | 刀具号 | 刀具名称 | 数量 | 过渡表面 | 刀尖半径 R/mm | 备注 |
| 1 | T01 | φ10 mm 钻头 | 1 | 钻工艺孔 | — | |
| 2 | T02 | φ16 mm 立铣刀 | 1 | 粗铣槽 | — | |
| 3 | T03 | φ10 mm 立铣刀 | 1 | 半精铣槽 | — | |
| 4 | T04 | φ10 mm 立铣刀 | 1 | 精铣槽 | — | |
| 5 | T05 | φ10 mm 锪孔刀 | 1 | 倒角 | — | |
| 编制 | | 审核 | 智能制造教研室 | 批准 | 智能制造教研室 | 共1页 第1页 |

## 任务9.5 程序单

### 9.5.1 基点坐标计算

（1）工序1：钻工艺孔。工序1基点坐标如表9.8所示。工序1基点如图9.10所示。

表9.8 工序1基点坐标

| 基点 | 坐标 | |
|---|---|---|
| 1 | X-45 Y20 | Z-10 |
| 2 | X-45 Y-40 | Z-10 |
| 3 | X45 Y-40 | Z-10 |
| 4 | X45 Y20 | Z-10 |
| 5 | X-16 Y0 | Z-20 |

（2）工序2：粗铣槽。工序2基点和基点坐标如图9.11和表9.9所示。

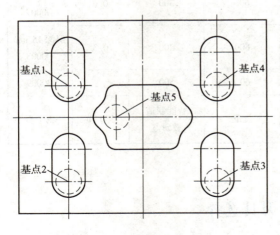

图9.10 工序1基点

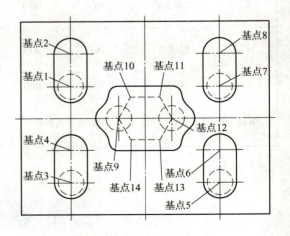

图9.11 工序2基点

表 9.9　工序 2 基点坐标

| 基点 | 坐标 | |
|---|---|---|
| 1 | X−45　Y20 | Z−5　Z−10 |
| 2 | X−45　Y40 | Z−5　Z−10 |
| 3 | X−45　Y−40 | Z−5　Z−10 |
| 4 | X−45　Y−20 | Z−5　Z−10 |
| 5 | X45　Y−40 | Z−5　Z−10 |
| 6 | X45　Y−20 | Z−5　Z−10 |
| 7 | X45　Y20 | Z−5　Z−10 |
| 8 | X45　Y40 | Z−5　Z−10 |
| 9 | X−16　Y0 | Z−5　Z−10　Z−15　Z−20 |
| 10 | X−9　Y13 | Z−5　Z−10　Z−15　Z−20 |
| 11 | X9　Y13 | Z−5　Z−10　Z−15　Z−20 |
| 12 | X16　Y0 | Z−5　Z−10　Z−15　Z−20 |
| 13 | X9　Y−13 | Z−5　Z−10　Z−15　Z−20 |
| 14 | X−9　Y−13 | Z−5　Z−10　Z−15　Z−20 |

（3）工序 3：半精铣。
（4）工序 4：精铣。
（5）工序 5：倒角。
工序 3、工序 4 和工序 5 基点和基点坐标如图 9.12 和图 9.13 所示。

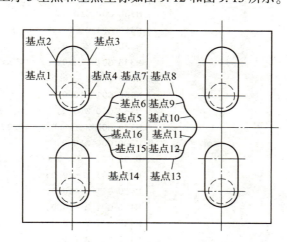

图 9.12　工序 3、工序 4 和工序 5 基点

项目 9　异形槽板加工

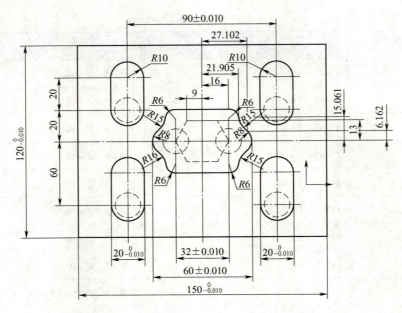

图 9.13 工序 3、工序 4 和工序 5 基点坐标

## 9.5.2 程序编制

程序如表 9.10～表 9.13 所示。

表 9.10 钻工艺孔和粗铣程序

| | |
|---|---|
| O0006；钻工艺孔和粗铣 | N240 G90； |
| N10 G91 G28 Z0； | N250 M05； |
| N20 G90； | N260 T02 M06； |
| N30 M05； | N270 M03 S500； |
| N40 T01 M06； | N280 G00 G44 Z50.0 H2； |
| N50 G54； | N290 G00 X-45.0 Y20.0； |
| N60 M03 S600； | N300 G00 Z10.0； |
| N70 G00 X-45.0 Y20.0； | N310 G01 Z-5.0 F300.0； |
| N80 G00 Z10.0； | N320 G01 Y40.0； |
| N90 G01 Z-10.0 F300.0； | N330 G01 Y20.0； |
| N100 G00 Z10.0； | N340 G01 Z-10.0； |
| N110 G00 X-45.0 Y-40.0； | N350 G01 Y40.0； |
| N120 G01 Z-10.0 F300.0； | N360 G00 Z10.0； |
| N130 G00 Z10.0； | N370 G00 X-45.0 Y-40.0； |
| N140 G00 X45.0 Y-40.0； | N380 G00 Z10.0； |
| N150 G01 Z-10.0 F300.0； | N390 G01 Z-5.0 F300.0； |
| N160 G00 Z10.0； | N400 G01 Y-20.0； |
| N170 G00 X45.0 Y20.0； | N410 G01 Y-40.0； |
| N180 G01 Z-10.0 F300.0； | N420 G01 Z-10.0； |
| N190 G00 Z10.0； | N430 G01 Y-20.0； |
| N200 G00 X-16.0 Y0.0； | N440 G00 Z10.0； |
| N210 G01 Z-20.0 F300.0； | N450 G00 X45.0 Y-40.0； |
| N220 G00 Z10.0； | N460 G00 Z10.0； |
| N230 G91 G28 Z0； | N470 G01 Z-5.0 F300.0； |

续表

| | |
|---|---|
| N480 G01 Y - 20.0; | N760 G01 X - 9.0 Y - 13.0; |
| N490 G01 Y - 40.0; | N770 G01 X - 16.0 Y0.0; |
| N500 G01 Z - 10.0; | N780 G01 X16.0 ; |
| N510 G01 Y - 20.0; | N790 G01 X - 16.0 F800.0; |
| N520 G00 Z10.0; | N800 G01 Z - 15.0; |
| N530 G00 X45.0 Y20.0; | N810 G01 X - 9.0 Y13.0; |
| N540 G00 Z10.0; | N820 G01 X9.0 Y13.0; |
| N550 G01 Z - 5.0 F300.0; | N830 G01 X16.0 Y0.0; |
| N560 G01 Y40.0; | N840 G01 X9.0 Y - 13.0; |
| N570 G01 Y20.0; | N850 G01 X - 9.0 Y - 13.0; |
| N580 G01 Z - 10.0; | N860 G01 X - 16.0 Y0.0; |
| N590 G01 Y40.0; | N870 G01 X16.0; |
| N600 G00 Z10.0; | N880 G01 X - 16.0 F800.0; |
| N610 G00 X - 16.0 Y0; | N890 G01 Z - 20.0 F300.0; |
| N620 G01 Z - 5.0; | N900 G01 X - 9.0 Y13.0; |
| N630 G01 X - 9.0 Y13.0; | N910 G01 X9.0 Y13.0; |
| N640 G01 X9.0 Y13.0; | N920 G01 X16.0 Y0.0; |
| N650 G01 X16.0 Y0.0; | N930 G01 X9.0 Y - 13.0; |
| N660 G01 X9.0 Y - 13.0; | N940 G01 X - 9.0 Y - 13.0; |
| N670 G01 X - 9.0 Y - 13.0; | N950 G01 X - 16.0 Y0.0; |
| N680 G01 X - 16.0 Y0.0; | N960 G01 X16.0; |
| N690 G01 X16.0; | N970 G00 Z10.0; |
| N700 G01 X - 16.0 F800.0; | N980 G00 G49 Z50.0; |
| N710 G01 Z - 10.0 F300.0; | N990 G91 G28 Z0; |
| N720 G01 X - 9.0 Y13.0; | N1000 G90; |
| N730 G01 X9.0 Y13.0; | N1010 M05; |
| N740 G01 X16.0 Y0.0; | N1020 M30; |
| N750 G01 X9.0 Y - 13.0; | |

**表 9.11  半精铣程序**

| | |
|---|---|
| O0007；半精铣 | N190 G00 X - 45.0 Y - 40.0; |
| N10 G91 G28 Z0; | N200 G01 Z - 10.0 F300.0; |
| N20 G90; | N210 G01 G91 G42 X - 10.0 Y10.0 D3; |
| N30 M05; | N220 G01 Y10.0; |
| N40 T03 M06; | N230 G02 X20.0 R10.0; |
| N50 G54; | N240 G01 Y - 20.0; |
| N60 M03 S600; | N250 G02 X - 20.0 R10.0; |
| N70 G00 X - 45.0 Y20.0; | N260 G01 Y10.0; |
| N80 G00 G44 Z50.0 H3; | N270 G01 G40 X10 Y - 10.0; |
| N90 G01 Z - 10.0 F300.0; | N280 G90; |
| N100 G01 G91 G42 X - 10.0 Y10.0 D3; | N290 G00 Z10.0; |
| N110 G01 Y10.0; | N300 G00 X45.0 Y - 40.0; |
| N120 G02 X20.0 R10.0; | N310 G01 Z - 10.0 F300.0; |
| N130 G01 Y - 20.0; | N320 G01 G91 G42 X - 10.0 Y10.0 D3; |
| N140 G02 X - 20.0 R10.0; | N330 G01 Y10.0; |
| N150 G01 Y10.0; | N340 G02 X20.0 R10.0; |
| N160 G01 G40 X10 Y - 10.0; | N350 G01 Y - 20.0; |
| N170 G90; | N360 G02 X - 20.0 R10.0; |
| N180 G00 Z10.0; | N370 G01 Y10.0; |

项目 9  异形槽板加工  193

续表

| | |
|---|---|
| N380 G01 G40 X10 Y -10.0; | N570 G03 X27.102 Y6.162 R15.0; |
| N390 G90; | N580 G02 X27.102 Y -6.162 R8.0; |
| N400 G00 Z10.0; | N590 G03 X21.905 Y -15.061 R15.0; |
| N410 G00 X45.0 Y20.0; | N600 G02 X16.0 Y -20.0 R6.0; |
| N420 G01 Z -10.0 F300.0; | N610 G01 X -16.0; |
| N430 G01 G91 G42 X -10.0 Y10.0 D3; | N620 G02 X -21.905 Y -15.061 R6.0; |
| N440 G01 Y10.0; | N630 G03 X -27.102 Y -6.162 R15.0; |
| N450 G02 X20.0 R10.0; | N640 G02 X -27.102 Y6.162 R8.0; |
| N460 G01 Y -20.0; | N650 G03 X -21.905 Y15.061 R15.0; |
| N470 G02 X -20.0 R10.0; | N660 G02 X -16.0 Y20.0 R6.0; |
| N480 G01 Y10.0; | N670 G01 X5.0; |
| N490 G01 G40 X10 Y -10.0; | N680 G01 G40 X0 Y0 F800.0; |
| N500 G90; | N690 G00 Z10.0; |
| N510 G00 Z10.0; | N700 G00 G49 Z50.0; |
| N520 G00 X0 Y0; | N710 G91 G28 Z0; |
| N530 G01 Z -20.0 F300.0; | N720 G90; |
| N540 G01 G42 X0.0 Y20.0 D3; | N730 M05; |
| N550 G01 X16.0; | N740 M30; |
| N560 G02 X21.905 Y15.061 R6.0; | |

表 9.12　精铣程序

| | |
|---|---|
| O0008；精铣 | N280 G90; |
| N10 G91 G28 Z0; | N290 G00 Z10.; |
| N20 G90; | N300 G00 X45.0 Y -40.0; |
| N30 M05; | N310 G01 Z -10.0 F300.0; |
| N40 T04 M06; | N320 G01 G91 G42 X -10.0 Y10.0 D4; |
| N50 G54; | N330 G01 Y10.0; |
| N60 M03 S600; | N340 G02 X20.0 R10.0; |
| N70 G00 X -45.0 Y20.0; | N350 G01 Y -20.0; |
| N80 G01 G44 Z50.0 F800.0 H4; | N360 G02 X -20.0 R10.0; |
| N90 G01 Z -10.0 F300.0; | N370 G01 Y10.0; |
| N100 G01 G91 G42 X -10.0 Y10.0 D4; | N380 G01 G40 X10 Y -10.0; |
| N110 G01 Y10.0; | N390 G90; |
| N120 G02 X20.0 R10.0; | N400 G00 Z10.0; |
| N130 G01 Y -20.0; | N410 G00 X45.0 Y20.0; |
| N140 G02 X -20.0 R10.0; | N420 G01 Z -10.0 F300.0; |
| N150 G01 Y10.0; | N430 G01 G91 G42 X -10.0 Y10.0 D4; |
| N160 G01 G40 X10 Y -10.0; | N440 G01 Y10.0; |
| N170 G90; | N450 G02 X20.0 R10.0; |
| N180 G00 Z10.0; | N460 G01 Y -20.0; |
| N190 G00 X -45.0 Y -40.0; | N470 G02 X -20.0 R10.0; |
| N200 G01 Z -10.0 F300.0; | N480 G01 Y10.0; |
| N210 G01 G91 G42 X -10.0 Y10.0 D4; | N490 G01 G40 X10 Y -10.0; |
| N220 G01 Y10.0; | N500 G90; |
| N230 G02 X20.0 R10.0; | N510 G00 Z10.0; |
| N240 G01 Y -20.0; | N520 G00 X0 Y0; |
| N250 G02 X -20.0 R10.0; | N530 G01 Z -20.0 F300.0; |
| N260 G01 Y10.0; | N540 G01 G42 X0.0 Y20.0 D4; |
| N270 G01 G40 X10 Y -10.0; | N550 G01 X16.0; |

続表

| | |
|---|---|
| N560 G02 X21.905 Y15.061 R6.0; | N660 G02 X-16.0 Y20.0 R6.0; |
| N570 G03 X27.102 Y6.162 R15.0; | N670 G01 X5.0; |
| N580 G02 X27.102 Y-6.162 R8.0; | N680 G01 G40 X0 Y0 F800.0; |
| N590 G03 X21.905 Y-15.061 R15.0; | N690 G00 Z10.0; |
| N600 G02 X16.0 Y-20.R6.; | N700 G00 G49 Z50.0; |
| N610 G01 X-16.0; | N710 G91 G28 Z0; |
| N620 G02 X-21.905 Y-15.061 R6.0; | N720 G90; |
| N630 G03 X-27.102 Y-6.162 R15.0; | N730 M05; |
| N640 G02 X-27.102 Y6.162 R8.0; | N740 M30; |
| N650 G03 X-21.905 Y15.061 R15.0; | |

表9.13　倒角程序

| | |
|---|---|
| O0009；倒角 | N380 G01 G40 X10 Y-10.0; |
| N10 G91 G28 Z0; | N390 G90; |
| N20 G90; | N400 G00 Z10.0; |
| N30 M05; | N410 G00 X45.0 Y20.0; |
| N40 T05 M06; | N420 G01 Z-2.0 F300.0; |
| N50 G54; | N430 G01 G91 G42 X-10.0 Y10.0 D5; |
| N60 M03 S600; | N440 G01 Y10.0; |
| N70 G00 X-45.0 Y20.0; | N450 G02 X20.0 R10.0; |
| N80 G00 Z50.0; | N460 G01 Y-20.0; |
| N90 G01 Z-2.0 F300.0; | N470 G02 X-20.0 R10.0; |
| N100 G01 G91 G42 X-10.0 Y10.0 D5; | N480 G01 Y10.0; |
| N110 G01 Y10.0; | N490 G01 G40 X10 Y-10.0; |
| N120 G02 X20.0 R10.0; | N500 G90; |
| N130 G01 Y-20.0; | N510 G00 Z10.0; |
| N140 G02 X-20.0 R10.0; | N520 G00 X0 Y0; |
| N150 G01 Y10.0; | N530 G01 Z-2.0 F300.0; |
| N160 G01 G40 X10 Y-10.0; | N540 G01 G42 X0.0 Y20.0 D5; |
| N170 G90; | N550 G01 X16.0; |
| N180 G00 Z10.0; | N560 G02 X21.905 Y15.061 R6.0; |
| N190 G00 X-45.0 Y-40.0; | N570 G03 X27.102 Y6.162 R15.0; |
| N200 G01 Z-2.0 F300.0; | N580 G02 X27.102 Y-6.162 R8.0; |
| N210 G01 G91 G42 X-10.0 Y10.0 D5; | N590 G03 X21.905 Y-15.061 R15.0; |
| N220 G01 Y10.0; | N600 G02 X16.0 Y-20.0 R6.0; |
| N230 G02 X20.0 R10.0; | N610 G01 X-16.0; |
| N240 G01 Y-20.0; | N620 G02 X-21.905 Y-15.061 R6.0; |
| N250 G02 X-20.0 R10.0; | N630 G03 X-27.102 Y-6.162 R15.0; |
| N260 G01 Y10.0; | N640 G02 X-27.102 Y6.162 R8.0; |
| N270 G01 G40 X10 Y-10.0; | N650 G03 X-21.905 Y15.061 R15.0; |
| N280 G90; | N660 G02 X-16.0 Y20.0 R6.0; |
| N290 G00 Z10.0; | N670 G01 X5.; |
| N300 G00 X45.0 Y-40.0; | N680 G01 G40 X0 Y0 F800.0; |
| N310 G01 Z-2.0 F300.0; | N690 G00 Z10.0; |
| N320 G01 G91 G42 X-10.0 Y10.0 D5; | N700 G00 Z50.0; |
| N330 G01 Y10.0; | N710 G91 G28 Z0; |
| N340 G02 X20.0 R10.0; | N720 G90; |
| N350 G01 Y-20.0; | N730 M05; |
| N360 G02 X-20.0 R10.0; | N740 M30; |
| N370 G01 Y10.0; | |

## 任务 9.6　加工仿真

### 9.6.1　机床与系统选择

打开宇龙仿真软件，选择"机床"→"选择机床"命令，机床类型选择立式加工中心，系统选择 FANUC 0i Mate，如图 9.14 所示。

图 9.14　选择机床

### 9.6.2　毛坯定义

选择"零件"→"定义毛坯"命令定义毛坯，尺寸为 150 mm×120 mm×100 mm，如图 9.15 所示。仿真中毛坯厚度可以适当增加，防止仿真过程中碰撞报警。

### 9.6.3　夹具定义

选择"零件"→"安装夹具"命令，在"选择夹具"对话框选择毛坯，夹具选择工艺板，如图 9.16 所示。

图 9.15　定义毛坯

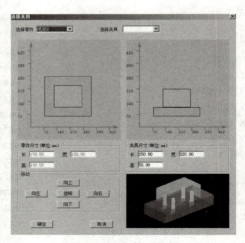

图 9.16　安装工艺板

### 9.6.4　安装零件

选择"零件"→"放置零件"命令，然后选择定义好的毛坯，单击"安装零件"按钮，将零件毛坯安装到工作台上,如图 9.17 所示。

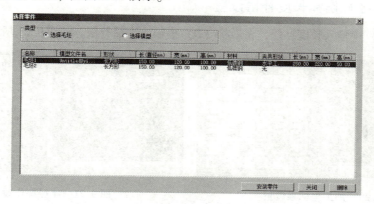

图 9.17　安装零件毛坯

### 9.6.5　选择刀具

选择"机床"→"选择刀具"命令,在刀库中分别安装 5 把刀具,1 号刀为 $\phi 10$ mm 钻头,2 号刀为 $\phi 16$ mm 立铣刀,3 号刀为 $\phi 10$ mm 立铣刀,4 号刀为 $\phi 10$ mm 立铣刀,5 号刀为 $\phi 8$ mm 球头铣刀,如图 9.18 所示。

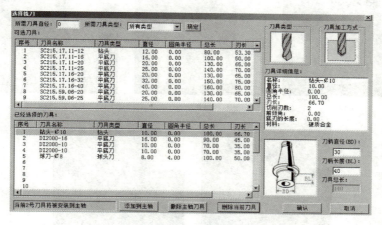

图 9.18　选择刀具

### 9.6.6　选择基准工具

选择"机床"→"基准工具"命令,选择 $\phi 14$ mm 基准工具,如图 9.19 所示,安装到主轴上,准备对刀操作。

### 9.6.7　加工坐标系设置

完成对刀操作,设置 1 号刀加工坐标系为 G54,将原点置于毛坯的上表面对称中心处,将坐标数据输入 G54 中。加工坐标系设置如图 9.20 所示。

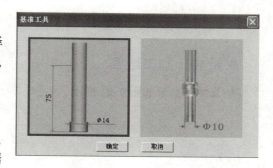

图 9.19　选择基准工具

项目 9　异形槽板加工　197

### 9.6.8 半径补偿和长度补偿设置

在形状（H）中输入长度补偿，在形状（D）中输入半径补偿，如图 9.21 所示。

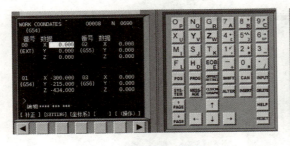

图 9.20 加工坐标系设置

图 9.21 半径补偿设置

### 9.6.9 仿真加工

将功能开关置于自动处，按照工艺设计内容，分别完成加工，仿真步骤，分别是：钻工艺孔、粗铣、半精铣、精铣、倒角，如图 9.22 所示。

项目 9 仿真操作

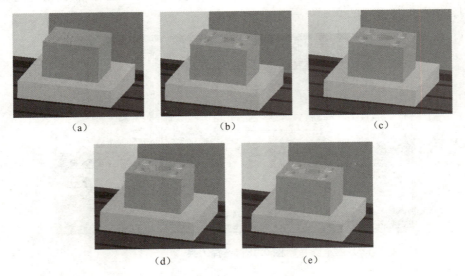

图 9.22 仿真加工
(a) 钻工艺孔；(b) 粗铣；(c) 半精铣；(d) 精铣；(e) 倒角

### 9.6.10 加工结果

仿真加工结果如图 9.23 所示。

图 9.23 仿真加工结果

## 任务9.7 数控加工

### 9.7.1 加工中心基本操作

（1）加工中心开机操作。
（2）加工中心回参考点操作。
（3）毛坯安装与找正。
（4）钻头安装与调整，刀柄的使用。
（5）立铣刀刀具的使用，刀柄的使用。
（6）关机操作：关机过程一般为急停关→操作面板电源关→机床电气柜电源关→总电源关。

### 9.7.2 数控加工程序的输入与编辑练习

（1）机床坐标界面操作。
（2）程序管理操作：
①新建一个数控程序；
②删除一个数控程序；
③检索一个 NC 程序。
（3）数控车床系统程序编辑：
①移动光标；
②插入字符；
③删除输入域中的数据；
④删除字符；
⑤查找；
⑥替换。
（4）加工程序录入：
①空运行验证；
②使用 GRAPH 功能验证轨迹。

项目9 综合实训

### 9.7.3 试切与零件加工检验

（1）对刀操作，完成1个加工坐标系 G54 的设置，输入半径补偿、长度补偿。
（2）自动运行加工异形槽板座零件。
（3）使用游标卡尺和深度尺测量尺寸。
槽板加工结果如图 9.24 所示。

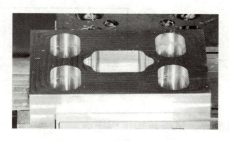

图 9.24 槽板加工结果

项目9 异形槽板加工

## 任务9.8　项目总结

本项目主要介绍加工中心工艺基础、坐标平移和坐标旋转、刀具长度补偿等知识。通过异形槽板零件的工艺设计，掌握型腔类零件的工艺设计方法；通过异形槽板零件的编程，掌握长度补偿G43、G44、G49等指令的应用；通过异形槽板零件的数控加工，掌握钻头、立铣刀刀具的安装与调整，长度补偿的设置，半径补偿在粗铣、半精铣、精铣中的应用；通过槽板零件的加工质量检测，掌握深度尺和游标卡尺的使用。

## 任务9.9　思考与练习

（1）试举例说明如何使用刀具长度补偿，在什么情况下使用正补偿，在什么情况下使用负补偿。

（2）试举例说明如何在系统中输入刀具长度补偿和半径补偿。

（3）如何使用半径补偿调整精铣预留余量？

（4）坐标旋转角度值应如何确定？

（5）当加工完毕后异形槽板零件的槽深度出现偏差时应如何调整？

（6）加工图9.25所示的零件，试编写加工程序。

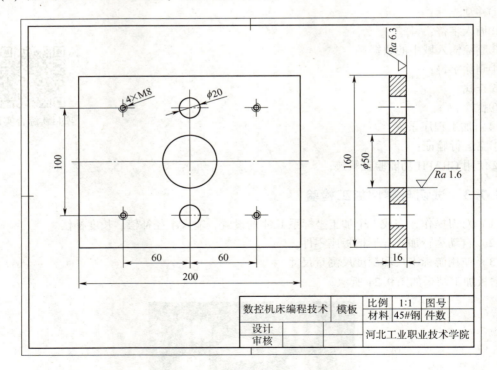

图9.25　模板

（7）加工图9.26所示的零件，试编写加工程序。

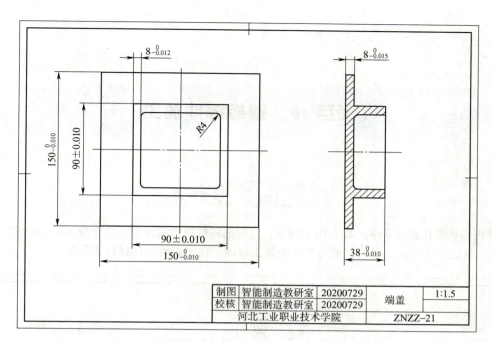

图9.26 端盖

项目9 异形槽板加工

# 项目 10　壁板零件加工

## 任务 10.1　任务书

壁板是典型孔系类零件，如图 10.1 所示，已知毛坯材料为铝合金，尺寸为 205 mm × 78 mm × 28 mm，制定零件的加工工艺，编写零件的加工程序，在实训教学区进行实际加工。

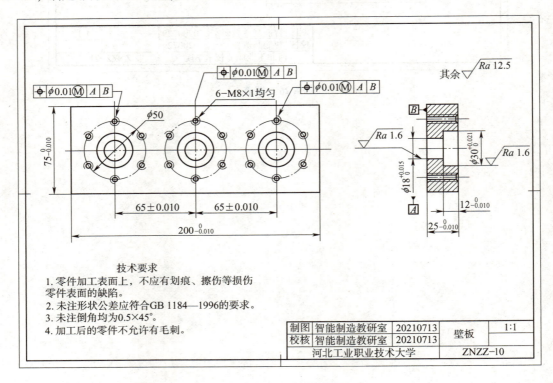

图 10.1　项目 10 零件图

### 10.1.1　任务要求

（1）进行壁板零件工艺分析。
（2）确定定位、夹紧方式，选用刀具。
（3）确定编程原点、编程坐标系、对刀位置及对刀方法。
（4）确定运动方向、轨迹。
（5）确定加工所用各种工艺参数。
（6）进行数值计算。

（7）重点掌握半径补偿指令和相对坐标应用，编制壁板加工程序。

（8）掌握机床仿真操作加工步骤：

①启动机床，回参考点；

②刀具准备，刀具安装与调整；

③刀具对刀操作；

④加工程序输入；

⑤工件装夹；

⑥试运行，空走刀或者单段运行；

⑦试切，调整刀补，检验工件；

⑧自动加工，检验工件。

（9）进行实际加工：

①启动机床，回参考点；

②刀具准备，包括刀具的选择，刀具安装与调整；

③刀具对刀操作；

④加工程序输入；

⑤工件装夹定位；

⑥试运行，空走刀或者单段运行；

⑦试切，调整刀补，检验工件；

⑧自动加工，检验工件。

（10）加工检验。

## 10.1.2　任务学时安排

项目 10 学时安排如表 10.1 所示。

表 10.1　项目 10 学时安排

| 序号 | 内容 | 学时 |
|------|------|------|
| 1 | 相关编程基础知识学习 | 2 |
| 2 | 任务说明，分组，明确设计任务和技术条件，查阅资料，制定方案 | 1.5 |
| 3 | 编制程序 | |
| 4 | 仿真加工 | |
| 5 | 实际加工 | 1 |
| 6 | 验收，答辩，提交任务报告，评定成绩 | 0.5 |
| 合计 | | 5 |

## 任务 10.2　相关知识

### 10.2.1　FANUC 系统固定循环功能

加工中心配备的固定循环功能，主要用于孔加工，包括钻孔、镗孔、攻螺纹等。使用一个程序段就可以完成一个孔加工的全部动作，因此可以简化编程。

项目 10　壁板零件加工　■ 203

### 1. 固定循环功能

根据 FANUC 0i Mate 固定循环功能、数控系统的不同，固定循环的代码及其编程格式有很大差别，10.2 节主要介绍 FANUC 0i Mate 数控系统的固定循环，常用的固定循环如表 10.2 所示。

表 10.2　FANUC 0i Mate 常用固定循环

| 固定循环 | 功能 | 固定循环 | 功能 |
| --- | --- | --- | --- |
| G73 | 高速深孔钻循环 | G84 | 攻螺纹 |
| G74 | 反攻螺纹 | G85 | 镗削 |
| G76 | 精镗 | G86 | 镗削 |
| G80 | 取消固定循环 | G87 | 背削 |
| G81 | 钻孔、锪孔 | G88 | 镗削 |
| G82 | 钻孔、阶梯镗孔 | G89 | 镗削 |
| G83 | 深孔钻循环 | | |

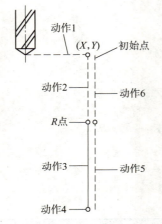

图 10.2　固定循环动作

### 2. 固定循环动作

固定循环通常由 6 个动作组成，如图 10.2 所示。
（1）$X$ 轴和 $Y$ 轴的快速定位。
（2）刀具快速从初始点进给到 $R$ 点。
（3）以切削进给的方式执行孔加工的动作。
（4）在孔底相应地动作。
（5）返回到 $R$ 点。
（6）快速返回到初始点。
对于立式数控铣床，孔加工都是在 $XY$ 平面定位并在 $Z$ 轴方向进行的。

### 3. 固定循环的定义平面

（1）初始平面。初始平面是为了安全下刀而规定的一个平面。初始平面到零件表面的距离可以任意设定在一个安全的高度上，当使用同一把刀具加工若干孔时，只有当孔间存在障碍需要跳跃或全部完成孔加工时，才使用 G98 功能使刀具返回到初始平面上的初始点。

（2）$R$ 点平面。$R$ 点平面又称为 $R$ 参考平面，这个平面是刀具下刀时自快进转为工进的高度平面。距工件表面的距离主要考虑工件表面尺寸的变化，一般可取 2～5 mm。使用 G99 时，刀具将返回到该平面上的 $R$ 点。

（3）孔底平面。当加工盲孔时孔底平面就是孔底的 $Z$ 轴高度，加工通孔时一般刀具还要伸出工件底平面一段距离，主要是保证全部孔深都加工到尺寸，钻削加工时还应考虑钻头钻尖对孔深的影响。

### 4. 沿钻孔轴的移动距离

固定循环沿钻孔轴的移动距离，即指令中的地址 R 和地址 Z 的数据指定与 G90 或 G91 的方式选择有关，当选择 G90 方式时，R 与 Z 一律取其终点坐标值；当选择 G91 方式时，R 是指自初始点到 R 点的距离，Z 是指自 R 点到孔底平面 Z 点的距离。

### 5. 返回点平面

当刀具到达孔底后，刀具可以返回到 R 点平面或初始平面，由 G98 和 G99 指定。如果指令为 G98，则刀具返回到初始平面；如果指令为 G99，则刀具返回到 R 点平面。

## 10.2.2　FANUC 系统常用的固定循环指令

### 1. 高速深孔钻循环（G73）

（1）指令功能：该循环执行高速深孔钻。它执行间歇切削进给直到孔的底部，同时从孔中排除切屑，G73 指令的动作步序如图 10.3 所示。

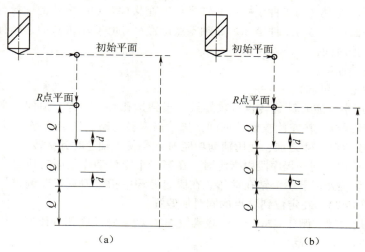

图 10.3　G73 指令的动作步序
(a) $Z$ 向孔底平面（G98）；(b) $Z$ 向孔底平面（G99）

（2）指令格式：G73 X_ Y_ Z_ R_ Q_ F_ K_;

其中，X、Y：孔位置坐标；

　　Z：孔底平面位置（与工件坐标系 $Z$ 轴零点位置及 G90/G91 方式的选择有关）；

　　R：$R$ 点平面位置（与工件坐标系 $Z$ 轴零点位置及 G90/G91 方式的选择有关）；

　　Q：每次切削进给的深度；

　　F：切削进给速度；

　　K：重复次数（可选）。

（3）说明：高速深孔钻循环沿着 $Z$ 轴执行间歇进给，当使用这个循环时切屑容易从孔中排出，并且能够通过修改系统参数设定较小的回退值。在指定 G73 之前用辅助功能旋转主轴（M 代码），当 G73 代码和 M 代码在同一程序段中指定时，在第一个定位动作的同时执行 M 代码，然后系统处理下一个钻孔动作；当指定重复次数 K 时，只对第一个孔执行 M 代码，对第二个和以后的孔不执行 M 代码；在固定循环中指定刀具长度偏置（G43，G44 或 G49），在定位到 $R$ 点的同时加偏置。

例 10.1　G73 钻孔程序如表 10.3 所示，孔深 30 mm。

例 10.1 仿真加工

表 10.3　G73 钻孔程序

| | |
|---|---|
| O1001; <br> N10 G91 G28 Z0; <br> N20 G90; <br> N30 T01 M06; <br> N40 G54; <br> N50 M03 S300; <br> N60 G00 X0 Y0; <br> N70 G00 Z50.0; | N80 G90 G98 G73 X0 Y0 Z - 30.0 R10.0 Q10.0 F150.0; <br> N90 G00 Z50.0; <br> N100 G91 G28 Z0; <br> N110 G90; <br> N120 M05; <br> N130 T0 M06; <br> N140 M30; |

## 2. 左旋（逆时针）攻螺纹循环（G74）

（1）指令功能：该循环执行左旋攻螺纹。在左旋攻螺纹循环中，当到达孔底时，主轴顺时针旋转。

（2）指令格式：G74 X_ Y_ Z_ R_ P_ F_ K_ ;

其中，X、Y：孔位置坐标；

Z：孔底平面位置（与工件坐标系 Z 轴零点位置及 G90/G91 方式的选择有关）；

R：R 点平面位置（与工件坐标系 Z 轴零点位置及 G90/G91 方式的选择有关）；

P：孔底暂停时间；

F：切削进给速度；

K：重复次数（可选）。

（3）说明：用主轴逆时针旋转执行攻螺纹。当到达孔底时，为了退回，主轴顺时针旋转，该循环加工一个反螺纹。在左旋攻螺纹期间，进给倍率被忽略。进给暂停，不停止机床，直到回退动作完成。在指定 G74 之前，使用辅助功能 M 代码使主轴逆时针旋转。当 G74 指令和 M 代码在同一程序段中指定时，在第一个定位动作的同时执行 M 代码；然后系统处理下一个钻孔动作。在固定循环中指定刀具长度偏置（G43，G44 或 G49），在定位到 R 点的同时加偏置。

例 10.2 仿真加工

**例 10.2** 使用攻螺纹循环 G74 指令，攻螺纹 M20×2，螺纹底孔直径为 17.7 mm。程序如表 10.4 所示。

表 10.4 G74 攻螺纹程序

| | |
|---|---|
| O1002; | N130 T02 M06; |
| N10 G91 G28 Z0; | N140 G00 X0 Y0; |
| N20 G90; | N150 G54; |
| N30 T01 M06; | N160 M03 S30; |
| N40 G54; | N170 G00 Z50.0; |
| N50 M03 S300; | N180 G90 G98 G74 X0 Y0 Z-25.0 R10.0 F60.0; |
| N60 G00 X0 Y0; | N190 G00 Z50.0; |
| N70 G00 Z50.0; | N190 G91 G28 Z0; |
| N80 G90 G98 G73 X0 Y0 Z-30.0 R10.0 Q10.0 F150.0; | N200 G90; |
| N90 G00 Z50.0; | N210 M05; |
| N100 G91 G28 Z0; | N220 T0 M06; |
| N110 G90; | N230 M30; |
| N120 M05; | |

## 3. 精镗循环（G76）

（1）指令功能：精镗循环用于镗削精密孔。当到达孔底时主轴停止切削，刀具离开工件的被加工表面并返回。

（2）指令格式：G76 X_ Y_ Z_ R_ Q_ P_ F_ K_ ;

其中，X、Y 孔位置坐标；

Z：指定孔底平面位置；

R：R 点平面位置；

Q：孔底的偏移量；

P：孔底暂停时间；

F：切削进给速度；

206 ■ 数控机床编程技术

K：重复次数（可选）。

（3）说明：当到达孔底时，主轴在固定的旋转位置停止，并且刀具向刀尖的相反方向移动退刀，以保证加工面不被破坏，实现精密和有效的镗削加工。

注意：Q 在孔底的偏移量是在固定循环内保存的模态值，必须谨慎指定。

### 4. 钻孔循环（G81）

（1）指令功能：该循环用于正常钻孔。切削进给执行到孔底，然后刀具从孔底快速移动退回。

（2）指令格式：G81 X_ Y_ Z_ R_ F_ K_；

其中，X、Y：孔位置坐标；

　　　　Z：孔底平面位置；

　　　　R：R 点平面位置；

　　　　F：切削进给速度；

　　　　K：重复次数（可选）。

（3）说明：在沿着 X 和 Y 轴定位以后，快速移动到 R 点。从 R 点到 Z 点执行钻孔加工，然后刀具快速移动退回。主轴旋转、M 代码和刀具偏置等，与其他循环相同。

### 5. 锪孔循环（G82）

（1）指令功能：该循环用作正常钻孔。孔切削进给到孔底时执行暂停，然后刀具从孔底快速移动退回。

（2）指令格式：G82 X_ Y_ Z_ R_ P_ F_ K_；

其中，X、Y：孔位置坐标；

　　　　Z：孔底平面位置；

　　　　R：R 点平面位置；

　　　　P：孔底暂停时间；

　　　　F：切削进给速度；

　　　　K：重复次数（可选）。

（3）说明：沿着 X 和 Y 轴定位以后，快速移动到 R 点，从 R 点到 Z 点执行钻孔加工，当到达孔底时执行暂停，然后刀具快速移动退回。主轴旋转、M 代码和刀具偏置等，与其他循环相同。

### 6. 排屑钻孔循环（G83）

（1）指令功能：该循环执行深孔钻，间歇切削进给到孔的底部，钻孔过程中从孔中排除切屑。

（2）指令格式：G83 X_ Y_ Z_ R_ Q_ F_ K_；

其中，X、Y：孔位置坐标；

　　　　Z：孔底平面位置；

　　　　R：R 点平面位置；

　　　　Q：每次切削进给的深度；

　　　　F：切削进给速度；

　　　　K：重复次数（可选）。

（3）说明：Q 表示每次切削进给的切削深度，它必须用增量值指定，在第二次和以后的切削进给中，执行快速移动到上次钻孔结束之前的 d 点，再次执行切削进给。d 在机床参数中设定，在 Q 中必须指定正值，负值被忽略。主轴旋转、M 代码和刀具偏置等，与其他循环相同。

### 7. 攻螺纹循环（G84）

（1）指令功能：该循环执行攻螺纹加工，当到达孔底时，主轴以反方向旋转。

（2）指令格式：G84 X_ Y_ Z_ R_ P_ F_ K_；

其中，X、Y：孔位置坐标；

Z：孔底平面位置；

R：R点平面位置；

P：孔底暂停时间；

F：切削进给速度；

K：重复次数（可选）。

（3）说明：主轴顺时针旋转执行攻螺纹。当到达孔底时，为了回退主轴以相反方向旋转，这个过程生成螺纹。在攻螺纹期间进给倍率被忽略，进给暂停，不停止机床，直到返回动作完成。主轴旋转、M代码和刀具偏置等，与其他循环相同。

### 8. 镗孔循环（G85）

（1）指令功能：该循环用于镗孔加工。

（2）指令格式：G85 X_ Y_ Z_ R_ F_ K_；

其中，X、Y：孔位置坐标；

Z：孔底平面位置；

R：R点平面位置；

F：切削进给速度；

K：重复次数（可选）。

（3）说明：沿着X和Y轴定位以后，快速移动到R点，从R点到Z点执行镗孔，当到达孔底时，执行切削进给，然后返回到R点。主轴旋转、M代码和刀具偏置等，与其他循环相同。

### 9. 背镗孔循环（G87）

（1）指令功能：该循环执行精密镗孔。

（2）指令格式：G87 X_ Y_ Z_ R_ Q_ P_ F_ K_；

其中，X、Y：孔位置坐标；

Z：孔底平面位置；

R：R点平面位置；

Q：刀具的偏移量；

P：暂停时间；

F：切削进给速度；

K：重复次数。

（3）说明：沿着X和Y轴定位以后，主轴在固定的旋转位置上停止；刀具在刀尖的相反方向上移动，并在孔底（R点）定位（快速移动）；然后刀具在刀尖的方向上移动并且主轴正转，沿Z轴的正向镗孔直到Z点。在Z点主轴再次停在固定的旋转位置，刀具在刀尖的相反方向上移动，然后刀具返回到初始位置。刀具在刀尖的方向上偏移，主轴正转，执行下一个程序段的加工。主轴旋转、M代码和刀具偏置等，与其他循环相同。

## 10.2.3 子程序的嵌套

为了进一步简化程序，可以让子程序调用另一个子程序，称为子程序的嵌套。子程序的嵌套不是无限次的，FANUC系统中的子程序允许4级嵌套，当子程序结束时，如果用P指定的是子程序号，程序返回到用 P 指定的子程序。图 10.4 所示为子程序的嵌套及执行顺序。

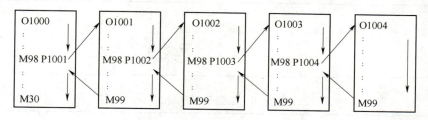

**图 10.4　子程序的嵌套及执行顺序**

**例 10.3**　如图 10.5 所示，坯料厚度为 12 mm，利用子程序编写孔加工程序，孔的直径为 10 mm，通孔。

该零件加工程序由四段程序构成：主程序 O1003 用于主轴定位；子程序 O1301 用于定位上表面；O1302 用于钻孔；O1303 用于移位。程序结构如图 10.6 所示。主程序、一级子程序、二级子程序（一）及二级子程序（二）如表 10.5～表 10.8 所示。

例 10.3 仿真加工

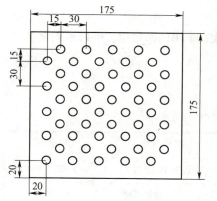

**图 10.5　子程序加工零件图**

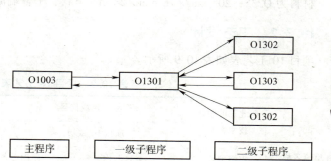

**图 10.6　程序结构**

**表 10.5　主程序**

| | |
|---|---|
| O1003; | N100 M98 P1301; |
| N10 G91 G28 Z0; | N110 G00 X20.0 Y80.0; |
| N20 G90; | N120 M98 P1301; |
| N30 T01 M06; | N130 G00 X20.0 Y110.0; |
| N40 G55; | N140 M98 P1301; |
| N50 M03 S1500; | N150 G00 X20.0 Y140.0; |
| N60 G00 X20.0 Y20.0; | N160 M98 P1301; |
| N70 G00 Z5.0; | N170 G00 Z50.0; |
| N80 M98 P1301; | N160 M05; |
| N90 G00 X20.0 Y50.0; | N170 M30; |

**表 10.6　一级子程序**

| | |
|---|---|
| O1301; | N40 M98 P1303; |
| N10 G01 Z0.0 F200.0; | N50 M98 P51302; |
| N20 M98 P51302; | N60 M99; |
| N30 G90 G00 Z5.0; | |

项目 10　壁板零件加工　209

表 10.7　二级子程序（一）

| | |
|---|---|
| O1302;<br>N10 G73 Z - 30.0 R10.0 Q10.0 F150.0;<br>N20 G00 Z5.0;<br>N30 G91; | N40 G00 X30.0;<br>N50 G90<br>N60 G01 Z0.0 F200.0;<br>N40 M99; |

表 10.8　二级子程序（二）

| | |
|---|---|
| O1303;<br>N10 G91;<br>N20 G00 Y15.0;<br>N30 G00 X - 135.0; | N40 G90<br>N50 G01 Z0.0 F200.0;<br>N60 M99; |

## 任务 10.3　工艺单

### 10.3.1　毛坯准备

材料为 Q235，205 mm×78 mm×28 mm 下料，平各端面，采用底面定位，平口钳夹紧。

### 10.3.2　工艺设计

项目 10 工艺表如表 10.9 所示。

表 10.9　项目 10 工艺表

| 单位名称 | 河北工业职业<br>技术大学 | | 产品名称或代号 | | 零件名称 | 零件图号 |
|---|---|---|---|---|---|---|
| | | | 项目 10 壁板 | | 任务 10 壁板 | ZNZZ - 10 |
| | 程序编号 | | 夹具名称 | 使用设备 | 数控系统 | 场地 |
| | O0010<br>O1001—O1006 | | 精密平口钳 | VMC850 | FANUC 0i Mate MC | 理实一体化教室 |
| 工序号 | 工序内容 | 刀具号 | 刀具名称 | 主轴转速 n<br>/ (r·min$^{-1}$) | 进给量 f<br>/ (mm·min$^{-1}$) | 背吃刀量<br>$a_p$/mm | 备注<br>（程序名） |
| 1 | 钻定位孔 | T01 | $\phi3$ | 900 | 200 | 1.5 | O1001 |
| 2 | 钻螺纹底孔 | T02 | $\phi6.92$ | 700 | 300 | 3.5 | O1002 |
| 3 | 钻工艺孔 | T03 | $\phi10$ | 600 | 300 | 5.0 | O0010 |
| 4 | 粗铣 | T04 | $\phi16$ | 500 | 300 | 8.0 | O1003 |
| 5 | 精铣 | T05 | $\phi10$ | 800 | 200 | 0.6 | O1004 |
| 6 | 倒角 | T06 | $\phi10$ | 600 | 500 | | O1005 |
| 7 | 攻螺纹 | T07 | M8×1 | 200 | 螺距1 | | O1006 |
| 编制 | | 审核 | 智能制造教研室 | 批准 | 智能制造<br>教研室 | 共1页 | 第1页 |

210　■　数控机床编程技术

## 任务 10.4　刀具选择

项目 10 刀具表如表 10.10 所示。

表 10.10　项目 10 刀具表

| 产品名称或代号 | | 数控编程与零件加工实训件 | 零件名称 | 任务 10 壁板 | 零件图号 | ZNZZ-10 |
|---|---|---|---|---|---|---|
| 序号 | 刀具号 | 刀具名称 | 数量 | 过渡表面 | 刀尖半径 R/mm | 备注 |
| 1 | T01 | φ3 mm 中心钻头 | 1 | 钻定位孔 | — | 中心钻 |
| 2 | T02 | φ6.92 mm 钻头 | 1 | 钻螺纹底孔 | — | 螺纹底孔钻头 |
| 3 | T03 | φ10 mm 钻头 | 1 | 钻工艺孔 | — | |
| 4 | T04 | φ16 mm 立铣刀 | 1 | 粗铣 φ30 mm、φ18 mm | — | |
| 5 | T05 | φ10 mm 立铣刀 | 1 | 精铣 φ30 mm、φ18 mm | — | |
| 6 | T06 | φ10 mm 镗孔刀 | 1 | 倒角 | — | |
| 7 | T07 | M8×1 丝锥 | 1 | 攻螺纹 | — | 螺距 1 mm |
| 编制 | | 审核 | 智能制造教研室 | 批准 | 智能制造教研室 | 共 1 页　第 1 页 |

## 任务 10.5　程序单

### 10.5.1　基点坐标计算

主程序基点和基点坐标分别如图 10.7 和表 10.11 所示。子程序基点和基点坐标分别如图 10.8 和表 10.12 所示。

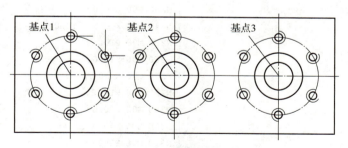

图 10.7　主程序基点

表 10.11　主程序基点坐标

| 基点 | 坐标 | |
|---|---|---|
| 1 | X-65　Y0 | Z-25 |
| 2 | X0　Y0 | Z-25 |
| 3 | X65　Y0 | Z-25 |

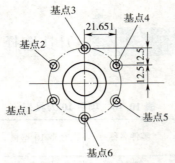

图 10.8 子程序基点

表 10.12 子程序基点坐标

| 基点 | 坐标 | | |
|---|---|---|---|
| 1 | $X-21.651$ | $Y-12.5$ | 相对 |
| 2 | $X0$ | $Y25$ | 相对 |
| 3 | $X21.651$ | $Y12.5$ | 相对 |
| 4 | $X21.651$ | $Y-12.5$ | 相对 |
| 5 | $X0$ | $Y-25$ | 相对 |
| 6 | $X-21.651$ | $Y-12.5$ | 相对 |

### 10.5.2 程序编制

程序如表 10.13～表 10.19 所示。

表 10.13 主程序

```
O0010;                          N200 T02 M06;
N10 G40 G49 G91 G28 Z0;         N210 M03 S700;
N20 G90;                        N220 G00 G43 Z50.0 H2;
N30 T01 M06;                    N230 G00 Z10.0;
N40 M03 S900;                   N240 G00 X-65.0 Y0.0;
N50 G55;                        N250 M98 P1002;
N60 G00 Z50.0;                  N260 G00 Z10.0;
N70 G00 X-65.0 Y0.0;            N270 G00 X0.0 Y0.0;
N80 G00 Z10.0;                  N280 M98 P1002;
N90 M98 P1001;                  N290 G00 Z10.0;
N100 G00 Z10.0;                 N300 G00 X65.0 Y0.0;
N110 G00 X0.0 Y0.0;             N310 M98 P1002;
N120 M98 P1001;                 N320 G00 Z10.0;
N130 G00 Z10.0;                 N330 G00 G49 Z50.0;
N140 G00 X65.0 Y0.0;            N340 G91 G28 Z0;
N150 M98 P1001;                 N350 G90;
N160 G00 Z10.0;                 N360 M05;
N170 G91 G28 Z0.0;              N370 T03 M06;
N180 G90;                       N380 M03 S600;
N190 M05;                       N390 G00 G43 Z50.0 H3;
```

```
N400 G00 Z10.0;
N410 G00 X - 65.0 Y0.0;
N420 G73 Z - 26.0 R5.0 Q5.0 F300.0;
N430 G00 Z10.0;
N440 G00 X0.0 Y0.0;
N450 G73 Z - 26.0 R5.0 Q5.0 F300.0;
N460 G00 Z10.0;
N470 G00 X65.0 Y0.0;
N480 G73 Z - 26.0 R5.0 Q5.0 F300.0;
N490 G00 Z20.0;
N500 G01 G49 Z50.0 F200.0;
N510 G91 G28 Z0.0;
N520 G90;
N530 M05;
N540 T04 M06;
N550 M03 S500;
N560 G00 G43 Z50.0 H4;
N570 G00 Z10.0;
N580 G00 X - 65.0 Y0.0;
N59 G01 Z0 F300.0;
N600 M98 P1003;
N610 G00 Z10.0;
N620 G00 X0.0 Y0.0;
N630 G01 Z0.0 F300.0;
N640 M98 P1003;
N650 G00 Z10.0;
N660 G00 X65.0 Y0.0;
N670 G01 Z0.0 F300.0;
N680 M98 P1003;
N690 G00 Z10.0;
N700 G00 G49 Z50.0;
N710 G91 G28 Z0;
N720 G90;
N730 M05;
N740 T05 M06;
N750 M03 S800;
N760 G00 G44 Z50.0 H5;
N770 G00 Z10.0;
N780 G00 X - 65.0 Y0.0;
N790 G01 Z0 F300.0;
N800 M98 P1004;
N810 G00 Z10.0;
N820 G00 X0.0 Y0.0;
N830 G01 Z0 F300.0;
N840 M98 P1004;
N850 G00 Z10.0;
N860 G00 X65.0 Y0.0;
N870 G01 Z0 F300.0;
```

```
N880 M98 P1004;
N890 G00 Z10.0;
N900 G00 G49 Z50.0;
N910 G91 G28 Z0;
N920 G90;
N930 M05;
N940 T06 M06;
N950 M03 S700;
N960 G00 G43 Z50.0 H6;
N970 G00 Z10.0;
N980 G00 X - 65.0 Y0.0;
N990 G01 Z0 F300.0;
N1000 M98 P1005;
N1010 G00 Z10.0;
N1020 M98 P1001;
N1030 G00 X0.0 Y0.0;
N1040 G01 Z0 F300.0;
N1050 M98 P1005;
N1060 G00 Z10.0;
N1070 M98 P1001;
N1080 G00 X65.0 Y0.0;
N1090 G01 Z0 F300.0;
N1100 M98 P1005;
N1110 G00 Z10.0;
N1120 M98 P1001;
N1130 G00 G49 Z50.0;
N1140 G91 G28 Z0;
N1150 G90;
N1160 M05;
N1170 T07 M06;
N1180 M03 S80;
N1190 G00 G43 Z50.0 H7;
N1200 G00 Z10.0;
N1210 G00 X - 65.0 Y0.0;
N1220 M98 P1006;
N1230 G00 Z10.0;
N1240 G00 X0.0 Y0.0;
N1250 M98 P1006;
N1260 G00 Z10.0;
N1270 G00 X65.0 Y0.0;
N1280 M98 P1006;
N1290 G00 Z30.0;
N1300 G00 G49 Z50.0;
N1310 G91 G28 Z0;
N1320 G90;
N1330 M05;
N1340 M30;
```

项目 10　壁板零件加工 ■ 213

**表 10.14　钻定位孔子程序**

| | |
|---|---|
| O1001;<br>N10 G91;<br>N20 G00 Y25.0;<br>N30 G90;<br>N40 G01 Z - 3.0 F200.0;<br>N50 G00 Z5.0;<br>N60 G91 G00 X21.651 Y - 12.5;<br>N70 G90 G01 Z - 3.0 F200.0;<br>N80 G00 Z5.0;<br>N90 G91 G00 Y - 25.0;<br>N100 G90 G01 Z - 3.0 F200.0;<br>N110 G00 Z5.0; | N120 G91 G00 X - 21.651 Y - 12.5;<br>N130 G90 G01 Z - 3.0 F200.0;<br>N140 G00 Z5.0;<br>N150 G91 G00 X - 21.651 Y12.5;<br>N160 G90 G01 Z - 3.0 F200.0;<br>N170 G00 Z5.0;<br>N180 G91 G00 Y25.0;<br>N190 G90 G01 Z - 3.0 F200.0;<br>N200 G00 Z5.0;<br>N210 G00 Z25.0;<br>N220 M99; |

**表 10.15　钻工艺孔子程序**

| | |
|---|---|
| O1002;<br>N10 G91;<br>N20 G00 Y25.0;<br>N30 G90;<br>N40 G73 Z - 26.0 R5.0 Q5.0 F300.0;<br>N50 G00 Z5.0;<br>N60 G91 G00 X21.651 Y - 12.5;<br>N70 G90 G73 Z - 26.0 R5.0 Q5.0 F300.0;<br>N80 G00 Z5.0;<br>N90 G91 G00 Y - 25.0;<br>N100 G90 G73 Z - 26.0 R5.0 Q5.0 F300.0;<br>N110 G00 Z5.0; | N120 G91 G00 X - 21.651 Y - 12.5;<br>N130 G90 G73 Z - 26.0 R5.0 Q5.0 F300.0;<br>N140 G00 Z5.0;<br>N150 G91 G00 X - 21.651 Y12.5;<br>N160 G90 G73 Z - 26.0 R5.0 Q5.0 F300.0;<br>N170 G00 Z5.0;<br>N180 G91 G00 Y25.0;<br>N190 G90 G73 Z - 26.0 R5.0 Q5.0 F300.0;<br>N200 G00 Z5.0;<br>N210 G00 Z25.0;<br>N220 M99; |

**表 10.16　粗铣子程序**

| | |
|---|---|
| O1003;<br>N10 G91;<br>N20 G01 Z - 5.0 F200.0;<br>N30 G01 Y6.0;<br>N40 G02 Y - 12.0 R6.0 F300.0;<br>N50 G02 Y12.0 R6.0;<br>N60 G01 Y - 6.0;<br>N70 G01 Z - 5.0 F200.0;<br>N80 G01 Y6.0;<br>N90 G02 Y - 12.0 R6.0 F300.0; | N100 G02 Y12.0 R6.0;<br>N110 G01 Y - 6.0;<br>N120 G01 Z - 2.0 F200.0;<br>N130 G01 Y6.0;<br>N140 G02 Y - 12.0 R6.0 F300.0;<br>N150 G02 Y12.0 R6.0;<br>N160 G01 Y - 6.0;<br>N170 G01 Z - 13.0 F200.0;<br>N180 G90 G00 Z0;<br>N190 M99; |

**表 10.17　精铣子程序**

| | |
|---|---|
| O1004;<br>N10 G91;<br>N20 G01 Z - 12.0 F200.0;<br>N30 G01 G42 Y15.0 D5;<br>N40 G02 Y - 30.0 R15.0 F300.0;<br>N50 G02 Y30.0 R15.0;<br>N60 G01 G40 Y - 15.0; | N70 G90 G01 Z - 25.0 F200.0;<br>N80 G91 G01 Y4.0;<br>N90 G02 Y - 8.0 R4.0 F300.0;<br>N100 G02 Y8.0 R4.0;<br>N110 G01 Y - 4.0;<br>N120 G90 G00 Z0.0;<br>N130 M99; |

表 10.18  倒角子程序

| | |
|---|---|
| O1005;<br>N10 G91;<br>N20 G01 Z-2.0 F300.0;<br>N30 G01 G42 Y15.0 D6;<br>N40 G02 Y-30.0 R15.0;<br>N50 G02 Y30.0 R15.0; | N60 G01 G40 Y-15.0;<br>N70 G90;<br>N80 G00 Z10.0;<br>N90 M99; |

表 10.19  攻螺纹子程序

| | |
|---|---|
| O1006;<br>N10 G91;<br>N20 G00 Y25.0;<br>N30 G90;<br>N40 G84 Z-26.0 R5.0 F80.0;<br>N50 G00 Z5.0;<br>N60 G91 G00 X21.651 Y-12.5;<br>N70 G90 G84 Z-26.0 R5.0 F80.0;<br>N80 G00 Z5.0;<br>N90 G91 G00 Y-25.0;<br>N100 G90 G84 Z-26.0 R5.0 F80.0;<br>N110 G00 Z5.0; | N120 G91 G00 X-21.651 Y-12.5;<br>N130 G90 G84 Z-26.0 R5.0 F80.0;<br>N140 G00 Z5.0;<br>N150 G91 G00 X-21.651 Y12.5;<br>N160 G90 G84 Z-26.0 R5.0 F80.0;<br>N170 G00 Z5.0;<br>N180 G91 G00 Y25.0;<br>N190 G90 G84 Z-26.0 R5.0 F80.0;<br>N200 G00 Z5.0;<br>N210 G00 Z25.0;<br>N220 M99; |

## 任务 10.6  加工仿真

### 10.6.1  机床与系统选择

打开宇龙仿真软件，选择"机床"→"选择机床"命令，机床类型选择立式加工中心，系统选择 FANUC 0i Mate，如图 10.9 所示。

图 10.9  选择机床

### 10.6.2  毛坯定义

选择"零件"→"定义毛坯"命令，定义毛坯尺寸为 200 mm × 75 mm × 30 mm，如图 10.10 所示。仿真中毛坯厚度可以适当增加，防止仿真过程中碰撞报警。

### 10.6.3 夹具定义

选择"零件"→"安装夹具"命令,在"选择夹具"对话框中选择毛坯,夹具选择工艺板,如图 10.11 所示。

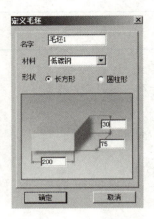

图 10.10 定义毛坯

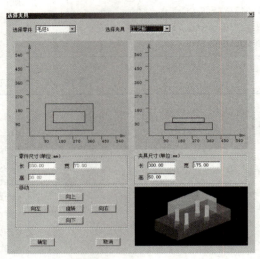

图 10.11 安装工艺板

### 10.6.4 安装零件

选择"零件"→"放置零件"命令,然后选择定义好的毛坯,单击"安装零件"按钮,将零件毛坯安装到工作台上,如图 10.12 所示。

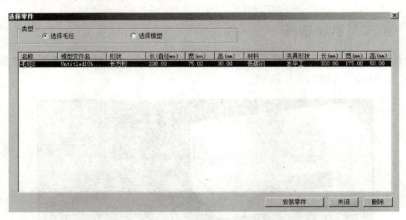

图 10.12 安装零件毛坯

### 10.6.5 选择刀具

选择"机床"→"选择刀具"命令,在刀库中分别安装 7 把刀具,1 号刀为 φ3 mm 钻头,2 号刀为 φ7 mm 钻头,3 号刀为 φ10 mm 钻头,4 号刀为 φ16 mm 立铣刀,5 号刀为 φ10 mm 立铣刀,6 号刀为 φ10 mm 球头铣刀,7 号刀为 φ6 mm 钻头(仿真中使用钻头替代丝锥验证程序),如图 10.13 所示。

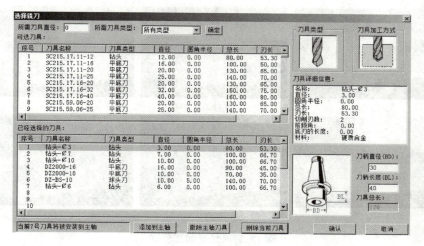

图 10.13　选择刀具

### 10.6.6　选择基准工具

选择"机床"→"基准工具"命令,选择 $\phi$14 mm基准工具,如图 10.14 所示,安装到主轴上,准备对刀操作。

### 10.6.7　加工坐标系设置

完成对刀操作,设置 1 号刀加工坐标系为 G55,将原点置于毛坯的上表面对称中心处,将坐标数据输入 G55 中。加工坐标系设置如图 10.15 所示。

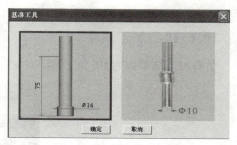

图 10.14　选择基准工具

### 10.6.8　半径补偿和长度补偿设置

在形状(H)中输入长度补偿,在形状(D)中输入半径补偿,如图 10.16 所示。

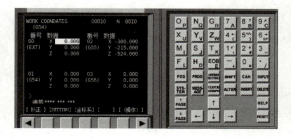

图 10.15　加工坐标系设置

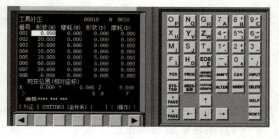

图 10.16　半径补偿设置

### 10.6.9　仿真加工

将功能开关置于自动处,按照工艺设计内容,分别完成加工,仿真加工步骤如图 10.17 所示,分别是:钻定位孔、钻螺纹底孔、粗铣 $\phi$30 mm 和 $\phi$18 mm 孔、精铣 $\phi$30 mm 和 $\phi$18 mm 孔、倒角、攻螺纹。

项目 10 仿真操作

项目 10　壁板零件加工　217

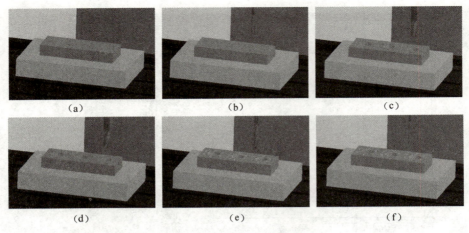

图 10.17 仿真加工步骤

(a) 钻定位孔；(b) 钻螺纹底孔；(c) 粗铣 φ30 mm 和 φ18 mm 孔；
(d) 精铣 φ30 mm 和 φ18 mm 孔；(e) 倒角；(f) 攻螺纹

### 10.6.10 加工结果

仿真加工结果如图 10.18 所示。

图 10.18 仿真加工结果

## 任务 10.7 数控加工

### 10.7.1 加工中心基本操作

(1) 加工中心开机操作。
(2) 加工中心回参考点操作。
(3) 毛坯安装与找正。
(4) 钻头安装与调整，刀柄的使用。
(5) 立铣刀刀具的使用，刀柄的使用。
(6) 关机操作：关机过程一般为急停关→操作面板电源关→机床电气柜电源关→总电源关。

### 10.7.2 数控加工程序的输入与编辑练习

(1) 机床坐标界面操作。
(2) 程序管理操作：
①新建一个数控程序；

②删除一个数控程序；
③检索一个 NC 程序。
(3) 数控车床系统程序编辑：
①移动光标；
②插入字符；
③删除输入域中的数据；
④删除字符；
⑤查找；
⑥替换。
(4) 加工程序录入：
①空运行验证；
②使用 GRAPH 功能验证轨迹。

### 10.7.3　试切与零件加工检验

(1) 对刀操作，完成 1 个加工坐标系 G55 的设置，输入半径补偿、长度补偿。
(2) 自动运行加工壁板零件。
(3) 使用游标卡尺和深度尺测量尺寸。
壁板加工结果如图 10.19 所示。

图 10.19　壁板加工结果

项目 10 综合实训

## 任务 10.8　项目总结

本项目主要介绍加工中心固定循环知识。通过壁板零件的工艺设计，掌握孔系类零件工艺设计方法；通过壁板类零件编程，掌握 G73、G74 等指令和子程序嵌套的应用；通过壁板零件的数控加工，掌握钻头、丝锥刀具的安装与调整，对刀操作与加工坐标系的设置，程序的录入和编辑，平口钳的安装与调整，毛坯的定位与找正；通过壁板零件的加工质量检测，掌握深度尺和游标卡尺的使用、检验。

## 任务 10.9　思考与练习

(1) 孔加工固定循环指令有哪些？各适用于什么类型的孔？
(2) G98/G99 模式有何区别？
(3) 怎样处理可以防止孔钻歪？
(4) 在攻螺纹过程中如何防止丝锥扭断？

(5) 在加工结束后,如果螺纹孔位置度出现超差,那这是什么原因引起的?应如何解决?
(6) 加工图 10.20 所示的零件,试编写加工程序。

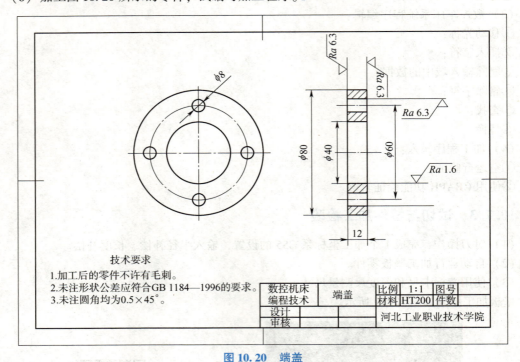

图 10.20  端盖

(7) 箱体零件如图 10.21 所示,使用固定循环指令方式,编写孔系零件加工程序,通过仿真加工验证程序的正确性。

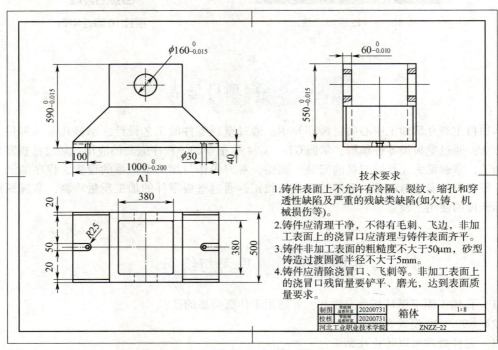

图 10.21  箱体

# 参考文献

[1] 陈华，林若森. 零件数控铣削加工 [M]. 2版. 北京：北京理工大学出版社，2014.

[2] 沈春根，徐晓翔，刘义. 数控铣宏程序编程实例精讲 [M]. 北京：机械工业出版社，2014.

[3] 杜国臣. 机床数控技术 [M]. 北京：机械工业出版社，2016.

[4] 张超英，罗学科. 数控机床加工工艺编程及操作实训 [M]. 北京：高等教育出版社，2003.

[5] 华茂发. 数控机床加工工艺 [M]. 2版. 北京：机械工业出版社，2016.

[6] 关雄飞. 数控加工技术综合实训 [M]. 北京：机械工业出版社，2005.

[7] 顾京. 数控加工编程及操作 [M]. 北京：高等教育出版社，2008.

[8] 蒋建强. 数控编程技术200例 [M]. 北京：科学出版社，2004.

[9] 中国就业培训技术指导中心. 国家职业资格培训教程：数控铣工（技师高级技师）[M]. 北京：中国劳动社会保障出版社，2013.

# 数控机床编程技术实训手册

主　编　万晓航
副主编　张文灼　韩开生　刘胜永　胡孟谦
　　　　李小红　安建良　田　宁　许香海
主　审　韩提文

北京理工大学出版社
BEIJING INSTITUTE OF TECHNOLOGY PRESS

# 工作页目录

**实训项目 1  典型传动轴加工** ································· 1

任务 1.1  FANUC 0i Mate 系统基本操作 ················ 1

任务 1.2  CK6150 数控车基本操作 ····················· 5

任务 1.3  CK6150 数控车对刀操作 ····················· 9

任务 1.4  典型传动轴编程与加工 ······················ 13

**实训项目 2  法兰盘零件加工** ····························· 19

任务 2.1  使用 G96 指令恒线速度 ····················· 19

任务 2.2  使用 G94 指令切端面 ······················· 22

任务 2.3  法兰盘编程与加工 ·························· 24

**实训项目 3  复合轴零件加工** ····························· 29

任务 3.1  使用 G71 指令编程 ························· 29

任务 3.2  使用 G73 指令编程 ························· 31

任务 3.3  复合轴零件编程与加工 ······················ 33

**实训项目 4  螺纹轴零件加工** ····························· 39

任务 4.1  使用 G92 指令切外螺纹 ····················· 39

任务 4.2  使用 G76 指令切螺纹 ······················· 41

任务 4.3  螺纹轴编程与加工 ·························· 44

**实训项目 5  带轮加工** ································· 50

任务 5.1  使用子程序调用切槽 ······················· 50

任务 5.2  使用子程序调用切球面 ······················ 52

任务 5.3  带轮编程与加工 ··························· 55

**实训项目 6  曲面轴加工** ······························· 60

任务 6.1  使用宏程序切抛物线 ······················· 60

任务 6.2  使用 CAXA 数控车 2016 自动编程 ··············· 62

任务 6.3  椭圆轴编程与加工 ·························· 70

**实训项目 7  薄壁隔框零件加工** ··························· 76

任务 7.1  加工中心 FANUC 0i Mate 系统基本操作 ············ 76

任务 7.2  加工中心 VMC850 基本操作 ··················· 80

1

任务 7.3　VMC850 加工中心对刀操作 ⋯⋯⋯⋯⋯⋯⋯⋯⋯⋯⋯⋯⋯⋯⋯⋯⋯⋯⋯ 84

任务 7.4　隔框零件编程与加工 ⋯⋯⋯⋯⋯⋯⋯⋯⋯⋯⋯⋯⋯⋯⋯⋯⋯⋯⋯⋯⋯⋯⋯ 88

## 实训项目 8　轴承座零件加工 ⋯⋯⋯⋯⋯⋯⋯⋯⋯⋯⋯⋯⋯⋯⋯⋯⋯⋯⋯⋯⋯⋯⋯⋯ 95

任务 8.1　使用 G02 指令铣圆槽（R 方式）⋯⋯⋯⋯⋯⋯⋯⋯⋯⋯⋯⋯⋯⋯⋯⋯⋯⋯ 95

任务 8.2　使用 G41、G42 半径补偿指令 ⋯⋯⋯⋯⋯⋯⋯⋯⋯⋯⋯⋯⋯⋯⋯⋯⋯⋯⋯ 97

任务 8.3　轴承座编程与加工 ⋯⋯⋯⋯⋯⋯⋯⋯⋯⋯⋯⋯⋯⋯⋯⋯⋯⋯⋯⋯⋯⋯⋯⋯ 99

## 实训项目 9　异形槽板零件加工 ⋯⋯⋯⋯⋯⋯⋯⋯⋯⋯⋯⋯⋯⋯⋯⋯⋯⋯⋯⋯⋯⋯ 106

任务 9.1　使用坐标平移和坐标旋转指令 ⋯⋯⋯⋯⋯⋯⋯⋯⋯⋯⋯⋯⋯⋯⋯⋯⋯⋯ 106

任务 9.2　使用 G43、G44 长度补偿指令 ⋯⋯⋯⋯⋯⋯⋯⋯⋯⋯⋯⋯⋯⋯⋯⋯⋯⋯ 108

任务 9.3　异形槽板编程与加工 ⋯⋯⋯⋯⋯⋯⋯⋯⋯⋯⋯⋯⋯⋯⋯⋯⋯⋯⋯⋯⋯⋯ 111

## 实训项目 10　壁板零件加工 ⋯⋯⋯⋯⋯⋯⋯⋯⋯⋯⋯⋯⋯⋯⋯⋯⋯⋯⋯⋯⋯⋯⋯ 118

任务 10.1　使用 G73 指令钻孔 ⋯⋯⋯⋯⋯⋯⋯⋯⋯⋯⋯⋯⋯⋯⋯⋯⋯⋯⋯⋯⋯⋯ 118

任务 10.2　使用子程序嵌套钻孔系 ⋯⋯⋯⋯⋯⋯⋯⋯⋯⋯⋯⋯⋯⋯⋯⋯⋯⋯⋯⋯ 121

任务 10.3　壁板编程与加工 ⋯⋯⋯⋯⋯⋯⋯⋯⋯⋯⋯⋯⋯⋯⋯⋯⋯⋯⋯⋯⋯⋯⋯⋯ 124

# 实训项目 1　典型传动轴加工

## 任务 1.1　FANUC 0i Mate 系统基本操作

**1. FANUC 0i Mate 系统基本操作实施要求**

(1) 新建程序。
(2) 输入程序。
(3) 编辑程序。
(4) 删除程序。
(5) 检索程序。
(6) 程序导入。
(7) 程序导出。

实训项目 1　任务 1.1

**2. FANUC 0i Mate 系统基本操作实施步骤**

(1) 新建程序。

单击  按钮，打开机床电源，松开系统急停开关，系统准备好。将机床功能开关置于编辑位置，单击编程按钮 PROG，系统进入编程界面，如图 1.1 所示。输入程序名 O0001，单击 INSERT 按钮，输入后如图 1.2 所示，然后单击 EOB 按钮，输入换行符。

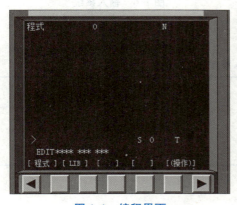

图 1.1　编程界面

图 1.2　程序名输入

(2) 输入程序。

单击 OFFSET SETTING 按钮，然后单击 按钮，进入顺序号设置界面，如图 1.3 所示，在顺序号处输入 1，单击输入软键，设置成行号自动生成模式，如图 1.4 所示。

实训项目 1　典型传动轴加工　1

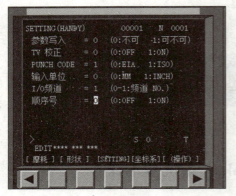

图 1.3 顺序号设置界面

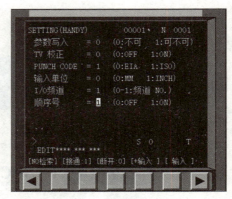

图 1.4 顺序号自动生成设置

单击 PROG 按钮，系统回到编程界面，输入 T0101，如图 1.5 所示；单击 INSERT 按钮，输入系统如图 1.6 所示。

图 1.5 输入 T0101

图 1.6 输入系统

然后输入程序，如表 1.1 所示。

表 1.1 输入程序

| |
|---|
| M03 S500; |
| G00 X50; |
| G00 Z30; |
| M05; |
| M30; |

程序输入后如图 1.7 所示。

（3）编辑程序。

如果在程序输入过程中有修改的地方，则可以使用光标键，将光标调整到要修改的字符处，如图 1.8 所示。输入 Z10.0，单击 ALTER 按钮，完成将 Z30.0 修改为 Z10，如图 1.9 所示。

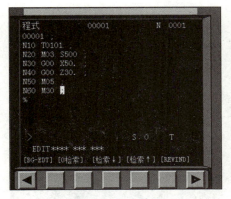
图 1.7 程序输入

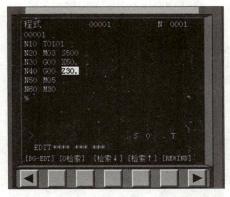
图 1.8 光标移动

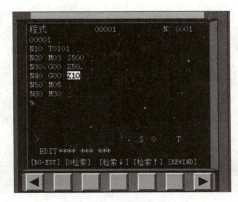
图 1.9 字符编辑

（4）删除程序。

如果有多个程序，可以单击 软键来查看系统中的程序，如图 1.10 所示。输入要删除的程序 O0002，然后单击 按钮，可以删除程序，如图 1.11 所示。

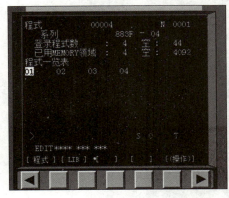
图 1.10 查看程序

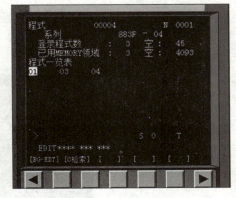
图 1.11 删除程序

（5）检索程序。

在程序查看界面中输入程序名，可以调出程序。输入 O0001，如图 1.12 所示，单击 按钮，可以调出 O0001 程序，如图 1.13 所示。

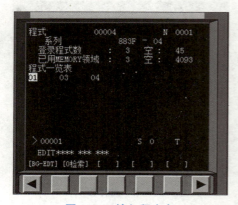 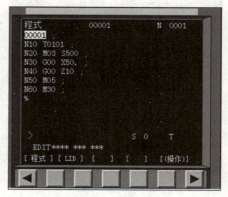

图 1.12　输入程序名　　　　　　　　　　　图 1.13　调出程序

(6) 程序导入。

单击 PROG 按钮，系统进入编程界面，单击 [(操作)] 软键，再单击 ▶ 按钮，然后单击 [ READ ] 软键，最后单击 DNC 传送图标 ，系统弹出"打开"对话框，找到目标文件夹和文件，如图 1.14 所示。

选中文件 "o0002.NC"，单击"打开"按钮，输入程序名 O0002，单击 [ EXEC ] 软键，程序成功导入，如图 1.15 所示。

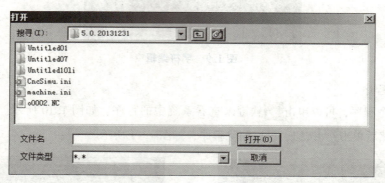

图 1.14　搜索目标文件

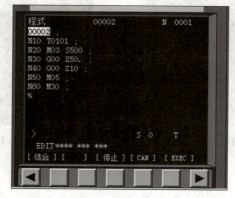

图 1.15　程序导入

(7) 程序导出。

单击 [PROG] 按钮，系统进入编程界面，单击 [（操作）] 软键，再单击 ▶ 按钮，然后单击 [PUNCH] 软键，系统弹出"另存为"对话框，找到目标文件夹，输入程序名 O0001，单击"保存"按钮，如图 1.16 所示。程序导出后，可以使用记事本文件打开和编辑，如图 1.17 所示。

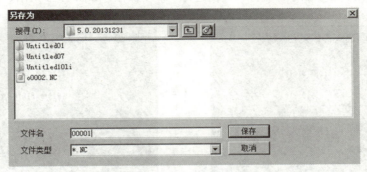

图 1.16　程序导出

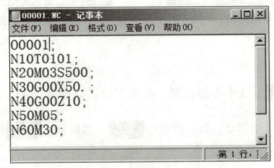

图 1.17　程序导出记事本格式文件

### 3. FANUC 0i Mate 系统基本操作考核要求

（1）熟练掌握系统面板各键功能。
（2）熟练掌握程序输入、编辑。
（3）熟练掌握程序检索、调用、删除。
（4）熟练掌握程序导入和导出。

## 任务 1.2　CK6150 数控车基本操作

### 1. 数控车基本操作实施要求

（1）机床开机。
（2）回零操作。
（3）安装毛坯。
（4）安装刀具。
（5）JOG 操作。
（6）手轮操作。
（7）MDI 操作。

实训项目 1　任务 1.2

实训项目 1　典型传动轴加工　5

## 2. 数控车操作实施步骤

（1）机床开机。

单击"系统启动"按钮，接通电源，CRT 显示未准备好，如图 1.18 所示。单击按钮，松开急停开关，CRT 显示准备好，可以进行下一步操作，如图 1.19 所示。

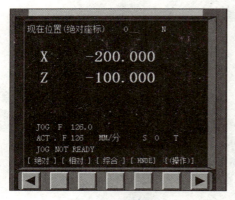
图 1.18 系统开机

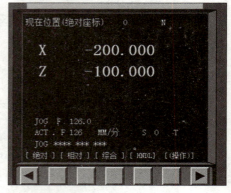
图 1.19 系统准备好

（2）回零操作。

单击"回零开关"，置于右侧位置，将机床功能旋钮置于最右侧 JOG 位置，先单击按钮，刀架回到 X 零点，指示灯点亮，然后单击按钮，刀架回到 Z 零点，指示灯点亮，完成回零操作。

（3）安装毛坯。

选择"零件"→"定义毛坯"命令，如图 1.20 所示，系统弹出"定义毛坯"对话框，输入直径 50 mm，长度 150 mm，如图 1.21 所示，然后单击"确定"按钮。

图 1.20 定义毛坯

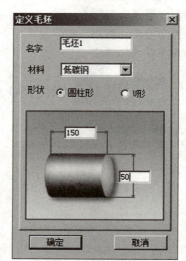
图 1.21 定义尺寸

选择"零件"→"放置零件"命令，如图 1.22 所示，系统弹出毛坯选择对话框，选择定义的毛坯，单击"安装零件"按钮，如图 1.23 所示。将毛坯安装到夹盘上，如图 1.24 所示。

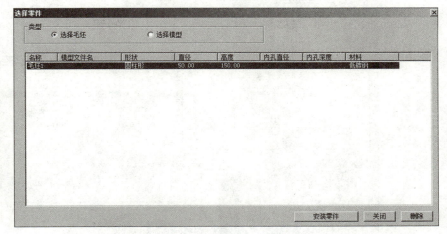

图 1.22　"放置零件"命令　　　　图 1.23　毛坯选择对话框

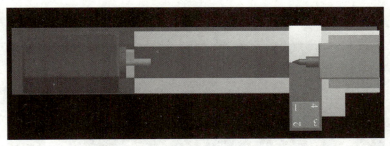

图 1.24　安装毛坯

（4）安装刀具。

选择"机床"→"选择刀具"命令，如图 1.25 所示。系统弹出"刀具选择"对话框，选择 1 号刀位置，选择刀尖角度为 35°的刀片，刀尖半径选择 0.20 mm；选择外圆刀柄，主偏角选择 93°，如图 1.26 所示，然后单击"确定"按钮，将刀具安装到刀架 1 号刀位置上，如图 1.27 所示。

（5）JOG 操作。

将机床功能旋钮置于最右侧 JOG 位置，回零开关置于左侧位置，然后单击 按钮或 按钮，可以沿 Z 轴负方向或 X 轴负方向移动刀架；单击 按钮或 按钮，可以沿 Z 轴正方向或 X 轴正方向移动刀架。

图 1.25　"选择刀具"命令

实训项目 1　典型传动轴加工　7

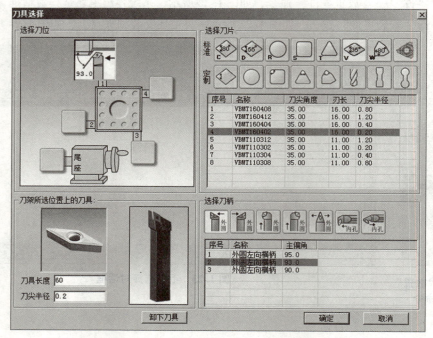

图 1.26 "刀具选择"对话框

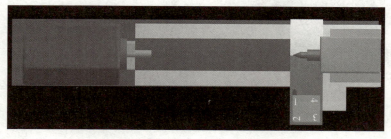

图 1.27 刀具安装

（6）手轮操作。

将机床功能旋钮置于手轮位置 ，轴选开关置于 X 轴 ，倍率开关置于×100 位置 ，然后转动手轮 ，可以沿 X 轴移动刀架，手轮每转一个格，刀架移动 0.1 mm。如果倍率开关选择×10 位置，手轮每转一个格，刀架移动 0.01 mm。倍率开关选择×1 位置，手轮每转一个格，刀架移动 0.001 mm。轴选开关置于 Z 轴 ，可以沿 Z 轴移动刀架，倍率选择与 X 轴相同。

（7）MDI 操作。

将机床功能旋钮置于 MDI 位置 ，可以输入指令，如输入 M03 S500，然后单击"循环启动"按钮 ，可以让主轴转动起来，MDI 界面如图 1.28 所示。

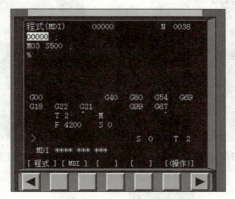

图 1.28　MDI 界面

3. 数控车基本操作考核要求

（1）熟练掌握机床开机、回零操作。
（2）熟练掌握快移操作，快速调整刀架位置。
（3）熟练掌握手轮操作。
（4）熟练掌握 MDI 操作，设置主轴转速，更换刀具位置。

## 任务 1.3　CK6150 数控车对刀操作

1. 对刀操作基本要求

（1）安装毛坯。
（2）安装刀具。
（3）机床回零。
（4）试切法切外圆，测量 $X$ 坐标。
（5）在坐标偏置界面输入 $X$ 坐标。
（6）试切法切端面。
（7）在坐标偏置界面输入 $Z$ 坐标。
（8）验证加工坐标系设置。

实训项目 1　任务 1.3

2. 对刀操作实施步骤

（1）安装毛坯（参照任务 1.2 中安装毛坯部分）。
（2）安装刀具（参照任务 1.2 中安装刀具部分）。
（3）机床回零（参照任务 1.2 中机床回零部分）。
（4）试切法切外圆，测量 $X$ 坐标。

将机床功能旋钮置于最右侧 JOG 位置 ，然后单击 ■ 按钮，同时单击 ■ 按钮，将刀架沿 $Z$ 轴快速移动到毛坯附近，如图 1.29 所示，然后单击 ■ 按钮，将刀架沿 $X$ 轴移动到毛坯附近，如图 1.30 所示，在快速移动过程中注意安全，防止刀具撞到毛坯上，造成刀具损坏。

实训项目 1　典型传动轴加工　9

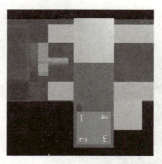
图 1.29 刀架沿 Z 轴快移

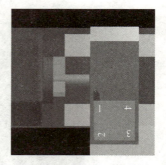
图 1.30 刀架沿 X 轴快移

将机床功能旋钮置于 MDI 位置 ![MDI旋钮]，再单击 ![PROG] 按钮，进入 MDI 界面，然后单击 ![EOB] 按钮，输入换行符，再单击 ![INSERT] 按钮，如图 1.31 所示，然后输入 M03 S500 字符和换行符，再单击 ![INSERT] 按钮，如图 1.32 所示。

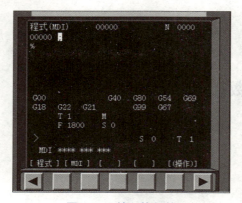
图 1.31 输入换行符

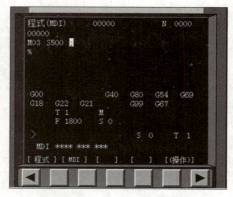
图 1.32 输入 M03 S500 字符

单击 ![循环启动] 按钮，使主轴转起来。然后将机床功能开关置于手轮位置 ![手轮旋钮]，手轮倍率选择×100 位置 ，然后调整刀尖位置，沿 Z 轴试切外圆，切圆即可，如图 1.33 所示，然后反方向转动手轮，将刀具沿 Z 轴退出，单击 ![INSERT] 按钮，停止主轴转动，如图 1.34 所示。

（5）在坐标偏置界面输入 X 坐标。

选择"测量"→"剖面图测量"命令，如图 1.35 所示。系统提示是否保留半径小于 1 mm 的圆弧，单击"否"按钮，如图 1.36 所示。

系统弹出测量对话框，选择试切的外圆，测量直径，显示直径数值为 47.080 mm，如图 1.37 所示。

单击"退出"按钮，退出测量对话框。单击 ![OFFSET SETTING] 按钮，然后单击 [形状] 软键，在 1 号刀位置输入 X47.080，然后单击 [测量] 软键，完成 X 坐标输入，如图 1.38 所示。

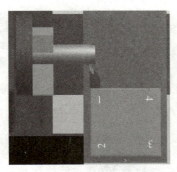
图 1.33 试切法切外圆

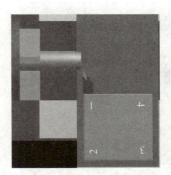
图 1.34 沿 Z 轴退刀

图 1.35 "剖面图测量"命令

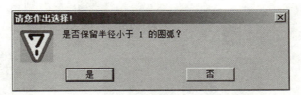
图 1.36 是否保留半径小于 1 mm 的圆弧

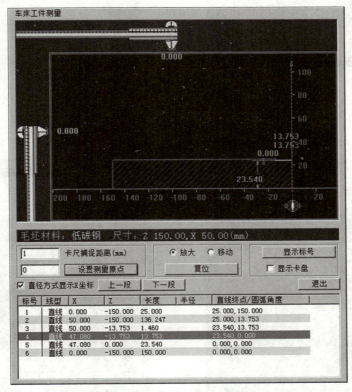
图 1.37 测量直径值

实训项目 1　典型传动轴加工　11

(6) 试切法切端面。

将机床功能旋钮置于 MDI 位置，再单击 PROG 按钮，进入 MDI 界面，然后单击 EOB 按钮，输入换行符；再单击 INSERT 按钮，然后输入 M03 S500 字符和换行符，之后单击 INSERT 按钮，如图 1.31 所示。单击 循环启动 按钮，使主轴转起来。然后将机床功能开关置于手轮位置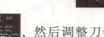，手轮倍率选择×100 位置

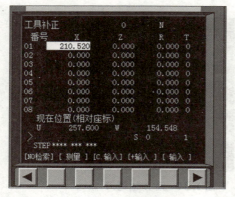

图 1.38　X 坐标输入

，然后调整刀尖位置，如图 1.39 所示。最后将轴选开关置于 X 处，摇动手轮平端面，如图 1.40 所示。

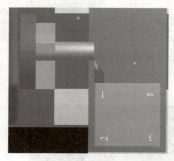

图 1.39　刀尖位置

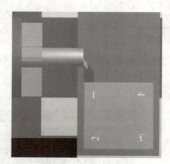

图 1.40　平端面

(7) 在坐标偏置界面输入 Z 坐标。

平端面后，反向摇动手轮，沿 X 轴退出。单击 INSERT 按钮，停止主轴转动。单击 OFFSET SETTING 按钮，然后单击 [形状] 软键，在 1 号刀位置输入 Z0，如图 1.41 所示，最后单击 [测量] 软键，完成 Z 坐标输入，如图 1.42 所示。

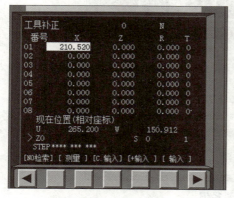

图 1.41　输入 Z0

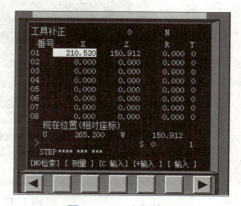

图 1.42　Z 坐标输入

（8）验证加工坐标系设置。

将机床功能开关置于编辑位置 ，单击 PROG 按钮，进入编程界面，输入表 1.2 所示的程序段。

**表 1.2　程序**

```
O0001;
N10 M03 S500;
N20 G00 X50.0;
N30 G00 Z20.0;
N40 M05;
N50 M30;
```

将机床功能开关置于自动运行位置，单击"循环启动"按钮，执行完程序后刀尖位置如图 1.43 所示，可以检查刀尖距离毛坯 $X$ 为 0 mm，距离端面 20 mm。如果距离正确，就可以验证对刀数据正确。

图 1.43　验证对刀

3. 数控车对刀操作考核要求

（1）熟练掌握毛坯安装与位置调整。
（2）熟练掌握刀具安装与刀尖位置调整。
（3）熟练掌握对刀操作。
（4）掌握验证刀具加工坐标系设置是否正确的方法。

## 任务 1.4　典型传动轴编程与加工

1. 任务基本要求

（1）完成工艺方案制定，满足轴的尺寸和公差要求。
（2）刀具选择。
（3）坐标计算。
（4）程序编制。
（5）输入程序。
（6）安装和调整刀具。
（7）安装和调整毛坯。
（8）对刀操作。
（9）传动轴零件数控加工。
（10）加工质量检验。

实训项目 1　任务 1.4

2. 实施步骤

（1）工艺方案制定，满足轴的尺寸和公差要求。工艺表如表 1.3 所示。

表 1.3    任务 1.4 工艺表

| 单位名称 | 河北工业职业技术大学 | 产品名称或代号 | | 零件名称 | | 零件图号 | |
|---|---|---|---|---|---|---|---|
| 工序号 | 程序编号 | 夹具名称 | 使用设备 | | 数控系统 | 场地 | |
| | | | | | | | |
| 工序号 | 工序内容 | 刀具号 | 刀具名称 | 主轴转速 $n$/ $(\text{r} \cdot \text{min}^{-1})$ | 进给量 $f$/$(\text{mm} \cdot \text{r}^{-1})$ | 背吃刀量 $a_p$/mm | 备注 (程序名) |
| 1 | | | | | | | |
| 2 | | | | | | | |
| 3 | | | | | | | |
| 4 | | | | | | | |
| 5 | | | | | | | |
| 6 | | | | | | | |
| 7 | | | | | | | |
| 编制 | | 审核 | 第 组 | 批准 | 第 组 | 共 1 页 | 第 1 页 |

（2）刀具选择如表 1.4 所示。

表 1.4    任务 1.4 刀具表

| 产品名称或代号 | | 零件名称 | | 零件图号 | | |
|---|---|---|---|---|---|---|
| 序号 | 刀具号 | 刀具名称 | 数量 | 过渡表面 | 刀尖半径 $R$/mm | 备注 |
| 1 | | | | | | |
| 2 | | | | | | |
| 3 | | | | | | |
| 4 | | | | | | |
| 编制 | | 审核 | 第 组 | 批准 | 第 组 | 共 1 页  第 1 页 |

（3）坐标计算。

右端基点坐标和左侧螺纹端基点坐标分别如表 1.5 和表 1.6 所示。

表 1.5    右端基点坐标

| 基点 | 坐标 | 基点 | 坐标 |
|---|---|---|---|
| 1 | | 7 | |
| 2 | | 8 | |
| 3 | | 9 | |
| 4 | | 10 | |
| 5 | | 11 | |
| 6 | | 12 | |

表 1.6 左侧螺纹端基点坐标

| 基点 | 坐标 | 基点 | 坐标 |
|------|------|------|------|
| 1 |  | 7 |  |
| 2 |  | 8 |  |
| 3 |  | 9 |  |
| 4 |  | 10 |  |
| 5 |  | 11 |  |
| 6 |  | 12 |  |

（4）程序编制如表 1.7 所示。

表 1.7 程序编制

| 程序名 |  |
|--------|--|
|  |  |

实训项目 1 典型传动轴加工 ■ 15

（5）输入程序。

① 新建程序名。

② 输入程序段。

③ 使用 GRAPH 功能仿真验证轨迹。

（6）安装和调整刀具。

① 安装外圆刀具，注意检查刀具安装位置，保证主切刃的角度和刀尖高度，与毛坯回转中心高度一致。

② 安装切槽刀具，保证刀具中心线垂直毛坯回转轴线，保证退刀槽位置正确。

③ 安装螺纹刀具，保证刀具中心线垂直毛坯回转轴线，保证牙型角正确。

（7）安装和调整毛坯。

① 加工右端，使用自定心卡盘夹紧外圆，注意悬伸长度。

② 加工左侧螺纹端，使用自定心卡盘夹紧左侧，使用轴肩定位。

（8）对刀操作。

① 1 号刀对刀。

② 2 号刀对刀。

③ 3 号刀对刀。

④ 4 号刀对刀。

数据输入如表 1.8 所示。

表 1.8　数据输入

| 刀号 | $X$ 坐标 | $Z$ 坐标 |
|---|---|---|
| 1 号刀 | | |
| 2 号刀 | | |
| 3 号刀 | | |
| 4 号刀 | | |

（9）传动轴零件数控加工。

① 加工右侧。

② 掉头，加工左侧螺纹端。

（10）加工质量检验。

填写下列检验报告：

16　数控机床编程技术实训手册

项目编号：＿＿＿＿＿＿＿＿＿　　项目名称：＿＿＿＿＿＿＿＿＿

班组编号：＿＿＿＿＿＿＿＿＿　　完成人：＿＿＿＿＿＿＿＿＿

指导教师：＿＿＿＿＿＿＿＿＿

### 项目1　检验报告

| 班级 | | | | 姓名 | | 学号 | | 日期 | |
|---|---|---|---|---|---|---|---|---|---|
| 尺寸检测 | 序号 | 图样参数或尺寸/mm | 公差/mm | 量具 | | 实际尺寸 | 配分 | 分数 | |
| | | | | 名称 | 规格/mm | | | | |
| | 1 | $\phi30$ | 0.000<br>−0.013 | 千分尺 | 25～50 | | 10 | | |
| | 2 | $\phi34$ | +0.015<br>−0.015 | 千分尺 | 25～50 | | 5 | | |
| | 3 | $\phi30$<br>（螺纹侧） | 0.000<br>−0.013 | 千分尺 | 25～50 | | 10 | | |
| | 4 | $\phi24$ | +0.015<br>−0.015 | 千分尺 | 0～25 | | 5 | | |
| | 5 | $\phi40$ | 执行未注公差 | 千分尺 | 25～50 | | 5 | | |
| | 6 | 15 | 执行未注公差 | 游标卡尺 | 0～150 | | 5 | | |
| | 7 | 55 | +0.015<br>−0.015 | 游标卡尺 | 0～150 | | 5 | | |
| | 8 | 35 | 执行未注公差 | 游标卡尺 | 0～150 | | 5 | | |
| | 9 | 20 | 执行未注公差 | 游标卡尺 | 0～150 | | 5 | | |
| | 10 | 70 | +0.015<br>−0.015 | 游标卡尺 | 0～150 | | 5 | | |
| | 11 | 25 | 执行未注公差 | 游标卡尺 | 0～150 | | 5 | | |
| | 12 | 220 | 0.000<br>−0.015 | 游标卡尺 | 0～150 | | 5 | | |
| | 13 | 粗糙度 | $Ra12.5\ \mu m$ | 样板 | | | 5 | | |
| | 14 | 粗糙度 | $Ra1.6\ \mu m$ | 样板 | | | 5 | | |
| | 15 | 同轴度 | 0.025 | 指示表 | 40 | | 10 | | |
| | 16 | 退刀槽 | 3×2 | 游标卡尺 | 0～150 | | 4 | | |
| | 17 | 倒角 | 1×45° | 游标卡尺 | 0～150 | | 3 | | |
| | 18 | 倒角 | 2×45° | 游标卡尺 | 0～150 | | 3 | | |
| | 尺寸检测结果总计 | | | | | | | | |
| | 基本检查结果 | | 合格/不合格 | | | | | | |

实训项目1　典型传动轴加工　　17

### 3. 考核要求

（1）加工工艺设计合理。

（2）刀具选择正确。

（3）坐标计算正确。

（4）程序编制正确。

（5）数控加工完成。

（6）零件加工质量检验合格。

# 实训项目 2　法兰盘零件加工

## 任务 2.1　使用 G96 指令恒线速度

1. 任务基本要求

（1）定义盘类零件毛坯。
（2）安装端面刀具。
（3）对刀操作。
（4）输入 G96 程序，注意防止飞车，做出最高转速限制。
（5）自动运行程序，注意转速变化。

2. 实施步骤

（1）定义盘类零件毛坯。

实训项目 2　任务 2.1

选择"零件"→"定义毛坯"命令，如图 2.1 所示。系统弹出"定义毛坯"对话框，输入直径 130 mm，长度 50 mm，如图 2.2 所示。

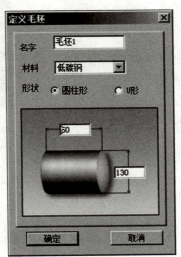

图 2.1　"定义毛坯"命令　　　图 2.2　"定义毛坯"对话框

然后选择"零件"→"放置零件"命令，选择定义的毛坯，单击"安装零件"按钮，如图 2.3 所示。

实训项目 2　法兰盘零件加工　19

图 2.3　安装毛坯

然后单击向右的箭头，调整毛坯位置，如图 2.4 所示。毛坯安装后如图 2.5 所示。

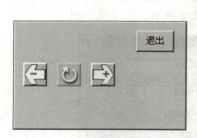

图 2.4　调整毛坯位置

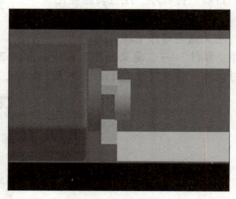

图 2.5　盘类零件毛坯安装

（2）安装端面刀具。

选择"机床"→"选择刀具"命令，如图 2.6 所示，在"刀具选择"对话框中选择端面切削刀具，如图 2.7 所示。

（3）对刀操作。

参照实训项目 1 任务 1.3 完成对刀操作，对刀数据如图 2.8 所示。

（4）输入 G96 程序，注意防止飞车，做出最高转速限制。

将功能开关置于编辑位置 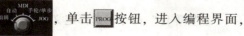，单击 PROG 按钮，进入编程界面，输入表 2.1 所示的程序段。

图 2.6　"选择刀具"命令

20 ▌数控机床编程技术实训手册

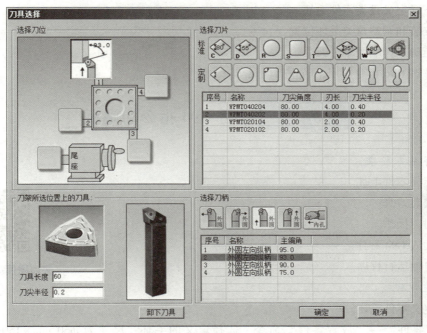

图 2.7 选择端面车削刀具

表 2.1 任务 2.1 程序段

| | |
|---|---|
| O2001； | N60 G01 Z-1.0 F0.3； |
| N10 T0101； | N70 G01 X12.0 F0.3； |
| N20 M03 S200； | N80 G00 Z5.0； |
| N30 G00 X131.0 Z1.0； | N90 G97 G00 X131.0 Z100.0； |
| N40 G50 S1000； | N100 M05； |
| N50 G96 S800； | N110 M30； |

（5）自动运行程序，注意转速变化。

当达到最高转速限制后，转速不再增加，如图 2.9 所示。

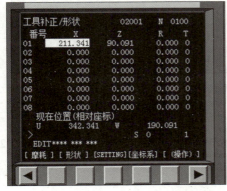

图 2.8 对刀数据

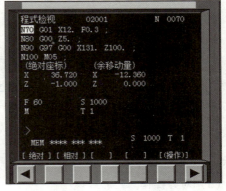

图 2.9 最高转速限制

实训项目 2 法兰盘零件加工 21

3. 考核要求

（1）正确定义盘类零件毛坯。

（2）安装和调整盘类毛坯位置。

（3）正确选择端面车削刀具。

（4）掌握 G96 指令应用，防止出现飞车。

## 任务 2.2　使用 G94 指令切端面

1. 任务基本要求

（1）定义零件毛坯。

（2）安装刀具。

（3）对刀操作。

（4）输入 G94 程序。

（5）自动运行程序。

实训项目 2　任务 2.2

2. 实施步骤

（1）定义零件毛坯。

选择"零件"→"放置零件"命令，选择定义的毛坯，尺寸为 ϕ60 mm×150 mm，单击"安装零件"按钮，如图 2.10 所示。

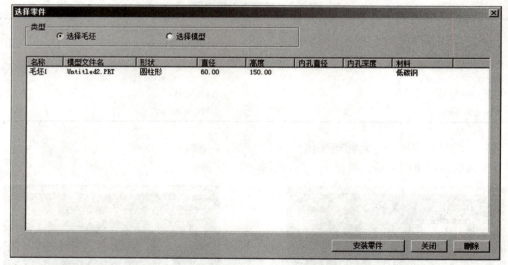

图 2.10　安装毛坯

（2）安装刀具。

选择"机床"→"选择刀具"命令，在"刀具选择"对话框中选择切削刀具，如图 2.11 所示。

（3）对刀操作。

参照实训项目 1 任务 1.3 完成对刀操作，对刀数据如图 2.12 所示。

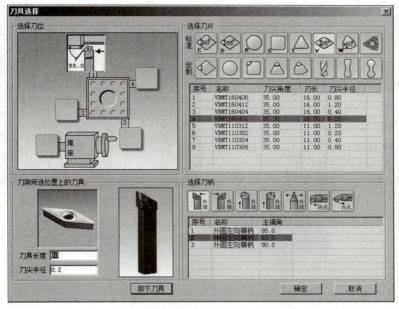

图 2.11 安装刀具

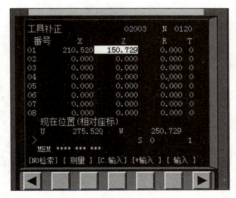

图 2.12 对刀数据

（4）输入 G94 程序。

将功能开关置于编辑位置，单击 按钮，进入编程界面，输入表 2.2 所示的程序段。

表 2.2 任务 2.2 程序段

| | |
|---|---|
| O2002； | |
| N10 T0101； | |
| N20 M03 S500； | N80 Z-16.0； |
| N30 G00 X61.0 Z1.0； | N90 Z-20.0； |
| N40 G94 X20.0 Z-3.0 F0.3； | N100 G00 X65.0； |
| N50 Z-6.0； | N110 G00 Z100.0； |
| N60 Z-10.0； | N120 M05； |
| N70 Z-13.0； | N130 M30； |

实训项目 2　法兰盘零件加工　23

(5) 自动运行程序。

将功能开关置于自动运行位置，单击 ■ 按钮，自动运行程序 O2002，加工结果如图 2.13 所示。

### 3. 考核要求

（1）正确定义零件毛坯。
（2）安装和调整毛坯位置。
（3）正确选择车削刀具。
（4）掌握 G94 指令应用。

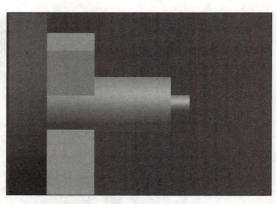

图 2.13 加工结果

## 任务 2.3 法兰盘编程与加工

### 1. 任务基本要求

（1）完成法兰盘零件工艺方案制定，满足尺寸和公差要求。
（2）刀具选择。
（3）坐标计算。
（4）程序编制。
（5）输入程序。
（6）安装和调整刀具。
（7）安装和调整毛坯。
（8）对刀操作。
（9）法兰盘零件数控加工。
（10）加工质量检验。

实训项目 2 任务 2.3

### 2. 实施步骤

（1）工艺方案制定，满足法兰盘的尺寸和公差要求。工艺表如表 2.3 所示。

表 2.3 任务 2.3 工艺表

| 单位名称 | 河北工业职业技术大学 | 产品名称或代号 || 零件名称 || 零件图号 ||
|---|---|---|---|---|---|---|---|
| 工序号 | 程序编号 | 夹具名称 || 使用设备 | 数控系统 || 场地 |
|  |  |  |  |  |  |  |  |
| 工序号 | 工序内容 | 刀具号 | 刀具名称 | 主轴转速 $n/(\mathrm{r \cdot min^{-1}})$ | 进给量 $f/(\mathrm{mm \cdot r^{-1}})$ | 背吃刀量 $a_\mathrm{p}/\mathrm{mm}$ | 备注（程序名） |
| 1 |  |  |  |  |  |  |  |
| 2 |  |  |  |  |  |  |  |
| 3 |  |  |  |  |  |  |  |
| 4 |  |  |  |  |  |  |  |
| 5 |  |  |  |  |  |  |  |
| 6 |  |  |  |  |  |  |  |
| 7 |  |  |  |  |  |  |  |
| 8 |  |  |  |  |  |  |  |
| 9 |  |  |  |  |  |  |  |
| 编制 || 审核 || 第 组 | 批准 | 第 组 | 共 1 页 | 第 1 页 |

（2）刀具选择。刀具表如表 2.4 所示。

表 2.4　任务 2.3 刀具表

| 产品名称或代号 | | | 零件名称 | | | 零件图号 | |
|---|---|---|---|---|---|---|---|
| 序号 | 刀具号 | 刀具名称 | 数量 | 过渡表面 | 刀尖半径 $R/mm$ | 备注 | |
| 1 | | | | | | | |
| 2 | | | | | | | |
| 3 | | | | | | | |
| 4 | | | | | | | |
| 编制 | | 审核 | 第　组 | 批准 | 第　组 | 共 1 页 | 第 1 页 |

（3）坐标计算。右端和左端基点坐标分别如表 2.5 和表 2.6 所示。

表 2.5　右端基点坐标

| 基点 | 坐标 | 基点 | 坐标 |
|---|---|---|---|
| 1 | | 6 | |
| 2 | | 7 | |
| 3 | | 8 | |
| 4 | | 9 | |
| 5 | | 10 | |

表 2.6　左端基点坐标

| 基点 | 坐标 | 基点 | 坐标 |
|---|---|---|---|
| 1 | | 6 | |
| 2 | | 7 | |
| 3 | | 8 | |
| 4 | | 9 | |
| 5 | | 10 | |

（4）程序编制。程序如表 2.7 所示。

表 2.7　程序

| 程序名 | |
|---|---|
| | |

实训项目 2　法兰盘零件加工　25

（5）输入程序。

① 新建程序名。

② 输入程序段。

③ 使用 GRAPH 功能仿真验证轨迹。

（6）安装和调整刀具。

① 安装外圆刀具，注意检查刀具安装位置，保证主切刃的角度和刀尖高度，与毛坯回转中心高度一致。

② 安装内孔刀具，保证主切刃的角度和刀尖高度，与毛坯回转中心高度一致。

③ 安装内槽刀具，保证切槽刀片中心线垂直毛坯回转轴线，保证退刀槽位置正确。

（7）安装和调整毛坯。

① 加工右端，使用自定心卡盘反爪夹紧外圆，注意端面限位。

② 加工左端，使用自定心卡盘夹紧左侧。

（8）对刀操作。

① 1 号刀对刀。

② 2 号刀对刀。

③ 3 号刀对刀。

④ 4 号刀对刀。

数据输入如表 2.8 所示。

表 2.8　数据输入

| 刀号 | $X$ 坐标 | $Z$ 坐标 |
| --- | --- | --- |
| 1 号刀 | | |
| 2 号刀 | | |
| 3 号刀 | | |
| 4 号刀 | | |

（9）法兰盘零件数控加工。

① 加工右侧。

② 掉头，加工左侧。

（10）加工质量检验。

填写下列检验报告：

项目编号： _____   项目名称： _____

班组编号： _____   完成人： _____

指导教师： _____

## 项目 2　检验报告

| 班级 | | | 姓名 | | 学号 | | 日期 | |
|---|---|---|---|---|---|---|---|---|
| 尺寸检测 | 序号 | 图样参数或尺寸/mm | 公差/mm | 量具 | | 实际尺寸 | 配分 | 分数 |
| | | | | 名称 | 规格/mm | | | |
| | 1 | φ70（左） | +0.0065<br>-0.0065 | 千分尺 | 50~75 | | 10 | |
| | 2 | φ70（右） | +0.0065<br>-0.0065 | 千分尺 | 50~75 | | 10 | |
| | 3 | φ60 | 0.000<br>-0.015 | 指标表 | 40 | | 8 | |
| | 4 | φ30 | +0.000<br>-0.015 | 指标表 | 40 | | 8 | |
| | 5 | φ120 | 执行未注公差 | 游标卡尺 | 0~150 | | 5 | |
| | 6 | 19 | 执行未注公差 | 游标卡尺 | 0~150 | | 5 | |
| | 7 | 21 | 执行未注公差 | 游标卡尺 | 0~150 | | 5 | |
| | 8 | 45 | 执行未注公差 | 游标卡尺 | 0~150 | | 5 | |
| | 9 | 10 | 执行未注公差 | 游标卡尺 | 0~150 | | 5 | |
| | 10 | 20 | 执行未注公差 | 游标卡尺 | 0~150 | | 5 | |
| | 11 | 粗糙度 | $Ra$12.5 μm | 样板 | | | 5 | |
| | 12 | 粗糙度 | $Ra$3.2 μm | 样板 | | | 5 | |
| | 13 | 粗糙度 | $Ra$1.6 μm | 样板 | | | 5 | |
| | 14 | 同轴度 | 0.025 | 指示表 | 40 | | 5 | |
| | 15 | 倒角 | 2×45° | 游标卡尺 | 0~150 | | 4 | |
| | 16 | 倒角 | 2×45° | 游标卡尺 | 0~150 | | 4 | |
| | 17 | 垂直度 | 0.04 | 指示表 | 40 | | 3 | |
| | 18 | 平行度 | 0.04 | 指示表 | 40 | | 3 | |
| 尺寸检测结果总计 | | | | | | | | |
| 基本检查结果 | | 合格/不合格 | | | | | | |

## 3. 考核要求

（1）加工工艺设计合理。

（2）刀具选择正确。

（3）坐标计算正确。

（4）程序编制正确。

（5）数控加工完成。

（6）零件加工质量检验合格。

# 实训项目 3　复合轴零件加工

## 任务 3.1　使用 G71 指令编程

### 1. 任务基本要求
（1）定义零件毛坯。
（2）安装刀具。
（3）对刀操作。
（4）输入 G71 程序。
（5）自动运行程序，观察 G71 刀具运动轨迹。

### 2. 实施步骤
（1）定义零件毛坯。

实训项目 3　任务 3.1

选择"零件"→"放置零件"命令，选择定义的毛坯，尺寸为 $\phi 85$ mm× 150 mm，单击"安装零件"按钮，如图 3.1 所示。

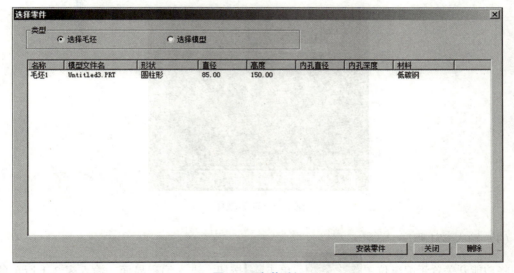

图 3.1　安装毛坯

（2）安装刀具。

选择"机床"→"选择刀具"命令，在"刀具选择"对话框中选择切削刀具，如图 3.2 所示。

(3) 对刀操作。

参照实训项目 1 任务 1.3 完成对刀操作，对刀数据如图 3.3 所示。

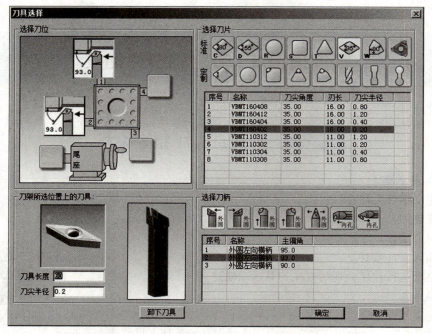

图 3.2　安装刀具

图 3.3　对刀数据

(4) 输入 G71 程序。

将功能开关置于编辑位置，单击 PROG 按钮，进入编程界面，输入表 3.1 所示的程序段。

表 3.1　任务 3.1 程序段

| | |
|---|---|
| O3004；<br>N10 T0101；<br>N20 G96 M03 S150；<br>N30 G00 X84.0 Z3.0； | N120 G01 Z-90.0；<br>N130 G01 X84.0；<br>N140 G00 Z3.0； |

续表

| | |
|---|---|
| N40 G71 U3.0 R1.0;<br>N50 G71 P60 Q130 U0.2 W0.05 F0.2;<br>N60 G00 X20.;<br>N70 G01 Z-20.0 F0.07 S180;<br>N80 X40.0 W-20.0;<br>N90 G03 X60.0 W-10.0 R10.0;<br>N100 G01 W-20.0;<br>N110 G01 X80.0; | N150 G00 X100.0 Z100.0;<br>N160 T0202;<br>N170 G00 X84.0 Z3.0;<br>N180 G70 P60 Q130;<br>N190 G00 Z3.0;<br>N200 G00 X100.0 Z100.0;<br>N210 M05;<br>N220 M30; |

（5）自动运行程序。

将功能开关置于自动运行位置，单击 按钮，自动运行程序 O3004，加工结果如图 3.4 所示。

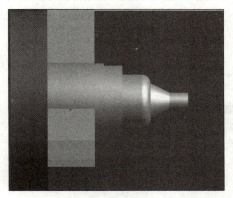

图 3.4　加工结果

3. 考核要求

（1）正确定义零件毛坯。
（2）安装和调整毛坯位置。
（3）正确选择车削刀具。
（4）掌握 G71 指令应用。

## 任务 3.2　使用 G73 指令编程

1. 任务基本要求

（1）定义零件毛坯。
（2）安装刀具。
（3）对刀操作。
（4）输入 G73 程序。
（5）自动运行程序，观察 G73 刀具运动轨迹。

2. 实施步骤

（1）定义零件毛坯。

选择"零件"→"放置零件"命令，选择定义的毛坯，尺寸为 $\phi60$ mm×150 mm，单击"安装零件"按钮，如图 3.5 所示。

实训项目 3　任务 3.2

实训项目 3　复合轴零件加工　31

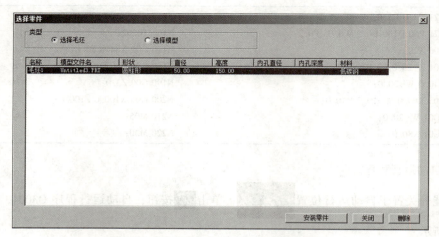

图3.5 安装毛坯

（2）安装刀具。

选择"机床"→"选择刀具"命令，在"刀具选择"对话框中选择切削刀具，如图3.6所示。

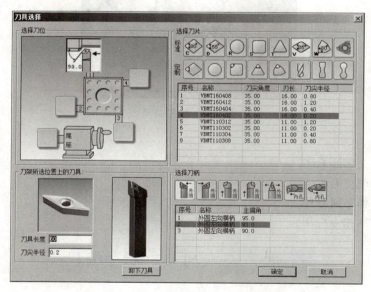

图3.6 安装刀具

（3）对刀操作。

参照实训项目1任务1.3完成对刀操作，对刀数据如图3.7所示。

（4）输入G73程序。

将功能开关置于编辑位置 ，单击 按钮，进入编程界面，输入表3.2所示的程序段。

表 3.2　任务 3.3　程序段

| | |
|---|---|
| O3006; <br> N10 T0101; <br> N20 M03 S500; <br> N30 G00 X46.0 Z0.5; <br> N40 G73 U20.0 W0 R6; <br> N50 G73 P60 Q160 U0.6 W0 F0.2; <br> N60 G01 X6.0 F0.3; <br> N70 G01 Z0.0; <br> N80 G01 X10.0 Z-2.0; <br> N90 G01 Z-20.0; <br> N100 G02 X20.0 Z-25.0 R5.0; <br> N110 G01 Z-35.0; | N120 G03 X34.0 Z-42.0 R7.0; <br> N130 G01 Z-52.0; <br> N140 G01 X44.0 Z-62.0; <br> N150 Z-72.0; <br> N160 G01 X51.0; <br> N170 G70 P60 Q160 <br> N180 G00 X60.0 Z100.0; <br> N190 M05; <br> N200 M30; |

（5）自动运行程序。

将功能开关置于自动运行位置，单击 按钮，自动运行程序 O3006，加工结果如图 3.8 所示。

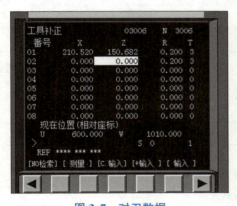

图 3.7　对刀数据

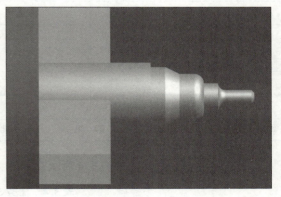

图 3.8　加工结果

3. 考核要求
（1）正确定义零件毛坯。
（2）安装和调整毛坯位置。
（3）正确选择车削刀具。
（4）掌握 G73 指令应用。

## 任务 3.3　复合轴零件编程与加工

1. 任务基本要求
（1）完成复合轴零件工艺方案制定，满足尺寸和公差要求。
（2）刀具选择。
（3）坐标计算。
（4）程序编制。
（5）输入程序。

实训项目 3　复合轴零件加工　33

(6) 安装和调整刀具。
(7) 安装和调整毛坯。
(8) 对刀操作。
(9) 复合轴零件数控加工。
(10) 加工质量检验。

**2. 实施步骤**

(1) 工艺方案制定，满足复合轴的尺寸和公差要求。工艺表如表3.3所示。

实训项目3　任务3.3

表3.3　任务3.3 工艺表

| 单位名称 | 河北工业职业技术大学 | 产品名称或代号 | | 零件名称 | | 零件图号 | |
|---|---|---|---|---|---|---|---|
| 工序号 | 程序编号 | 夹具名称 | | 使用设备 | 数控系统 | | 场地 |
| 工序号 | 工序内容 | 刀具号 | 刀具名称 | 主轴转速 $n/(\text{r}\cdot\text{min}^{-1})$ | 进给量 $f/(\text{mm}\cdot\text{r}^{-1})$ | 背吃刀量 $a_p/\text{mm}$ | 备注（程序名） |
| 1 | | | | | | | |
| 2 | | | | | | | |
| 3 | | | | | | | |
| 4 | | | | | | | |
| 5 | | | | | | | |
| 编制 | | 审核 | 第　组 | 批准 | 第　组 | 共1页 | 第1页 |

(2) 刀具选择。刀具表如表3.4所示。

表3.4　任务3.3 刀具表

| 产品名称或代号 | | 零件名称 | | 零件图号 | | |
|---|---|---|---|---|---|---|
| 序号 | 刀具号 | 刀具名称 | 数量 | 过渡表面 | 刀尖半径 $R/\text{mm}$ | 备注 |
| 1 | | | | | | |
| 2 | | | | | | |
| 3 | | | | | | |
| 编制 | | 审核 | 第　组 | 批准 | 第　组 | 共1页　第1页 |

(3) 坐标计算。右端和左端基点坐标分别如表3.5和表3.6所示。

表 3.5　右端基点坐标

| 基点 | 坐标 | 基点 | 坐标 |
|---|---|---|---|
| 1 | | 7 | |
| 2 | | 8 | |
| 3 | | 9 | |
| 4 | | 10 | |
| 5 | | 11 | |
| 6 | | 12 | |

表 3.6　左端基点坐标

| 基点 | 坐标 | 基点 | 坐标 |
|---|---|---|---|
| 1 | | 7 | |
| 2 | | 8 | |
| 3 | | 9 | |
| 4 | | 10 | |
| 5 | | 11 | |
| 6 | | 12 | |

（4）程序编制。程序如表 3.7 所示。

表 3.7　程序

| 程序名 | |
|---|---|
| | |

（5）输入程序。

① 新建程序名。

② 输入程序段。

③ 使用 GRAPH 功能仿真验证轨迹。

（6）安装和调整刀具。

① 安装外圆刀具，注意检查刀具安装位置，保证主切刃的角度和刀尖高度，与毛坯回转中心高度一致。

② 安装切槽刀具，保证切槽刀片中心线垂直毛坯回转轴线，保证退刀槽位置正确。

（7）安装和调整毛坯。

① 加工右端，使用自定心卡盘反爪夹紧外圆，注意端面限位。

② 加工左端，使用自定心卡盘夹紧左侧。

（8）对刀操作。

① 1号刀对刀。

② 2号刀对刀。

③ 3号刀对刀。

数据输入如表3.8所示。

表 3.8　数据输入

| 刀号 | $X$ 坐标 | $Z$ 坐标 |
| --- | --- | --- |
| 1号刀 | | |
| 2号刀 | | |
| 3号刀 | | |

（9）复合轴零件数控加工。

① 加工右侧。

② 掉头，加工左侧。

（10）加工质量检验。

填写下列检验报告：

项目编号：＿＿＿＿＿＿＿＿＿　　项目名称：＿＿＿＿＿＿＿＿＿

班组编号：＿＿＿＿＿＿＿＿＿　　完成人：＿＿＿＿＿＿＿＿＿

指导教师：＿＿＿＿＿＿＿＿＿

## 项目 3　检验报告

| 班级 | | | 姓名 | | 学号 | | 日期 | |
|------|---|---|---|---|---|---|---|---|
| | 序号 | 图样参数或尺寸/mm | 公差/mm | 量具 | | 实际尺寸 | 配分 | 分数 |
| | | | | 名称 | 规格/mm | | | |
| 尺寸检测 | 1 | $\phi15$（左） | +0.000 −0.013 | 千分尺 | 0~25 | | 10 | |
| | 2 | $\phi15$（右） | +0.000 −0.013 | 千分尺 | 0~25 | | 10 | |
| | 3 | $\phi60$（左） | 0.000 −0.015 | 指标表 | 40 | | 8 | |
| | 4 | $\phi30$（右） | +0.000 −0.015 | 指标表 | 40 | | 8 | |
| | 5 | $\phi12$ | 执行未注公差 | 游标卡尺 | 0~150 | | 5 | |
| | 6 | $\phi46$ | 执行未注公差 | 游标卡尺 | 0~150 | | 5 | |
| | 7 | 20 | 执行未注公差 | 游标卡尺 | 0~150 | | 5 | |
| | 8 | 20 | 执行未注公差 | 游标卡尺 | 0~150 | | 5 | |
| | 9 | 17 | 执行未注公差 | 游标卡尺 | 0~150 | | 5 | |
| | 10 | 15 | 执行未注公差 | 游标卡尺 | 0~150 | | 5 | |
| | 11 | 15 | 执行未注公差 | 游标卡尺 | 0~150 | | 5 | |
| | 12 | 102 | +0.000 −0.010 | 游标卡尺 | 0~150 | | 5 | |
| | 13 | 粗糙度 | $Ra12.5\ \mu m$ | 样板 | | | 5 | |
| | 14 | 粗糙度 | $Ra1.6\ \mu m$ | 样板 | | | 5 | |
| | 15 | 同轴度 | 0.025 | 指示表 | 40 | | 4 | |
| | 16 | 倒角 | 1×45° | 游标卡尺 | 0~150 | | 4 | |
| | 17 | 倒角 | 0.5×45° | 游标卡尺 | 0~150 | | 3 | |
| | 18 | 退刀槽 | 2×1.5 | 游标卡尺 | 0~150 | | 3 | |
| 尺寸检测结果总计 | | | | | | | | |
| 基本检查结果 | | 合格/不合格 | | | | | | |

实训项目 3　复合轴零件加工　37

### 3. 考核要求

（1）加工工艺设计合理。

（2）刀具选择正确。

（3）坐标计算正确。

（4）程序编制正确。

（5）数控加工完成。

（6）零件加工质量检验合格。

# 实训项目 4　螺纹轴零件加工

## 任务 4.1　使用 G92 指令切外螺纹

**1. 任务基本要求**

（1）定义零件毛坯。
（2）安装刀具。
（3）对刀操作。
（4）输入 G92 程序。
（5）自动运行程序，观察 G92 刀具运动轨迹。

实训项目 4　任务 4.1

**2. 实施步骤**

（1）定义零件毛坯。

选择"零件"→"放置零件"命令，选择定义的毛坯，尺寸为 φ30 mm ×150 mm，单击"安装零件"按钮，如图 4.1 所示。

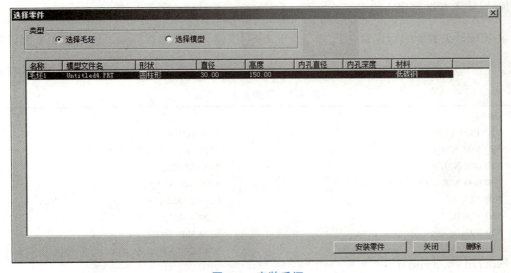

图 4.1　安装毛坯

（2）安装刀具。

选择"机床"→"选择刀具"命令，在"刀具选择"对话框中选择切削刀具，如图 4.2 所示。

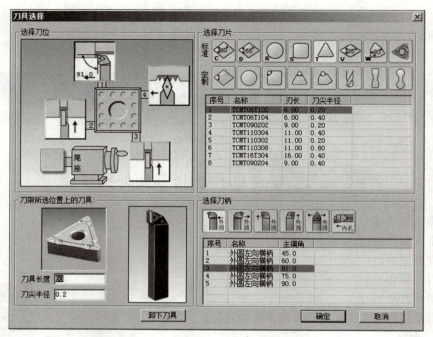

图 4.2　安装刀具

（3）对刀操作。

参照实训项目1任务1.3完成对刀操作，对刀数据如图4.3所示。

（4）输入G92程序。

将功能开关置于编辑位置，单击 PROG 按钮，进入编程界面，输入表4.1所示的程序段。

表 4.1　任务 4.1 程序段

| | |
|---|---|
| O4001; | N170 G01 X30.0; |
| N10 T0101; | N180 G01 X26.0 Z-30.0; |
| N20 M03 S500; | N190 G01 X14.0; |
| N30 G00 X31.0 Z1.0; | N200 G00 X50.0; |
| N40 G90 X28.0 Z-30.0 F0.3; | N210 Z100.0; |
| N50 X26.0; | N220 T0404; |
| N60 X24.0; | N230 M03 S800; |
| N70 X22.0; | N240 G00 X21.0 Z5.0; |
| N80 X19.8; | N250 G92 X18.9 Z-26.5 F2.0; |
| N90 G00 X50.0 Z100.0; | N260 X18.3; |
| N100 T0202; | N270 X17.7; |
| N110 M03 S500; | N280 X17.3; |
| N120 G00 X31.0; | N290 X17.2; |
| N130 Z-30.0; | N300 G00 X50.0 Z100.0; |
| N140 G01 X14.0 F0.15; | N310 M05; |
| N150 G00 X31.0; | N320 M30; |
| N160 G00 Z-32.0; | |

(5) 自动运行程序。

将功能开关置于自动运行位置 ，单击 按钮，自动运行程序 O4001，加工结果如图 4.4 所示。

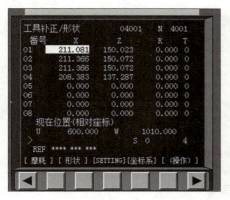
图 4.3　对刀数据

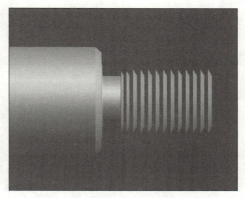
图 4.4　加工结果

3. 考核要求

(1) 正确定义零件毛坯。
(2) 安装和调整毛坯位置。
(3) 正确选择车削刀具。
(4) 掌握 G92 指令应用。

## 任务 4.2　使用 G76 指令切螺纹

1. 任务基本要求

(1) 定义零件毛坯。
(2) 安装刀具。
(3) 对刀操作。
(4) 输入 G76 程序。
(5) 自动运行程序，观察 G76 刀具运动轨迹。

2. 实施步骤

实训项目 4　任务 4.2

(1) 定义零件毛坯。

选择"零件"→"放置零件"命令，选择定义的毛坯，尺寸为 $\phi 40$ mm×150 mm，单击"安装零件"按钮，如图 4.5 所示。

(2) 安装刀具。

选择"机床"→"选择刀具"命令，在"刀具选择"对话框中选择切削刀具，如图 4.6 所示。

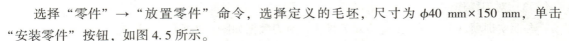

实训项目 4　螺纹轴零件加工　41

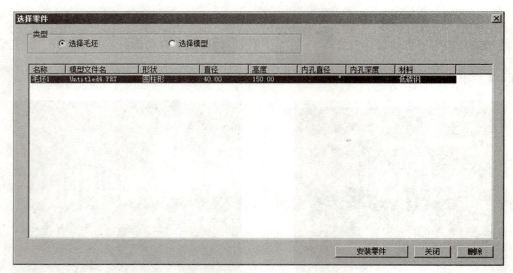

图 4.5　安装毛坯

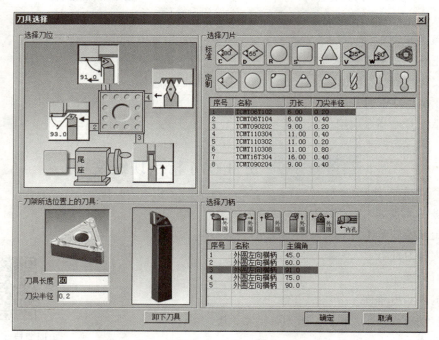

图 4.6　安装刀具

（3）对刀操作。

参照实训项目 1 任务 1.3 完成对刀操作，对刀数据如图 4.7 所示。

（4）输入 G76 程序。

将功能开关置于编辑位置，单击 PROG 按钮，进入编程界面，输入表 4.2 所示的程序段。

表 4.2　任务 4.2 程序段

| | |
|---|---|
| O4002； | N180 M03 S500； |
| N10 T0101； | N190 G00X 31.0； |
| N20 M03 S500； | N200 Z-30.0； |
| N30 G00 X41.0 Z1.0； | N210 G01 X24.0 F0.15； |
| N40 G90 X38.0 Z-30.0 F0.3； | N220 G00 X50.0； |
| N50 X35.0； | N230 G01 Z-28.0； |
| N60 X32.0； | N240 G01 X24.0； |
| N70 X30.6； | N250 G00 X50.0； |
| N80 G00 X50.0 Z100.0； | N260 Z100.0； |
| N90 T0202； | N270 T0404； |
| N100 M03 S800； | N280 M03 S800； |
| N110 G00 G42 X24.0 Z0.0； | N290 G00 X30.0 Z8.0； |
| N120 G01 X29.8 Z-3.0 F0.1； | N300 G76 P010060 Q100 R50； |
| N130 Z-30.0； | N310 G76 X27.402 Z-27.5 R0 P1299 Q500 F2.0； |
| N140 G01 X41.0； | N320 G00 X50.0 Z100.0； |
| N150 G00 X50.0； | N330 M05； |
| N160 G00 G40 X55.0 Z100.0； | N340 M30； |
| N170 T0303； | |

（5）自动运行程序。

将功能开关置于自动运行位置 ，单击 按钮，自动运行程序 O4002，加工结果如图 4.8 所示。

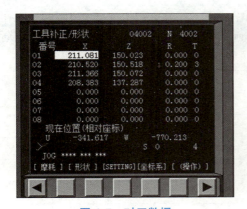

图 4.7　对刀数据

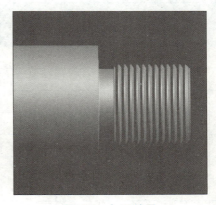

图 4.8　加工结果

3. 考核要求

（1）正确定义零件毛坯。
（2）安装和调整毛坯位置。
（3）正确选择车削刀具。
（4）掌握 G76 指令应用。

实训项目 4　螺纹轴零件加工　43

## 任务 4.3 螺纹轴编程与加工

### 1. 任务基本要求
（1）完成螺纹轴零件工艺方案制定，满足尺寸和公差要求。
（2）刀具选择。
（3）坐标计算。
（4）程序编制。
（5）输入程序。
（6）安装和调整刀具。
（7）安装和调整毛坯。
（8）对刀操作。
（9）螺纹轴零件数控加工。
（10）加工质量检验。

### 2. 实施步骤

实训项目 4　任务 4.3

（1）工艺方案制定，满足螺纹轴的尺寸和公差要求。工艺表如表 4.3 所示。

表 4.3　任务 4.3 工艺表

| 单位名称 | 河北工业职业技术大学 | 产品名称或代号 |  | 零件名称 |  | 零件图号 |  |
|---|---|---|---|---|---|---|---|
| 工序号 | 程序编号 | 夹具名称 |  | 使用设备 | 数控系统 |  | 场地 |
| 工序号 | 工序内容 | 刀具号 | 刀具名称 | 主轴转速 $n$/ ($\mathrm{r \cdot min^{-1}}$) | 进给量 $f$/($\mathrm{mm \cdot r^{-1}}$) | 背吃刀量 $a_\mathrm{p}$/mm | 备注（程序名） |
| 1 |  |  |  |  |  |  |  |
| 2 |  |  |  |  |  |  |  |
| 3 |  |  |  |  |  |  |  |
| 4 |  |  |  |  |  |  |  |
| 5 |  |  |  |  |  |  |  |
| 6 |  |  |  |  |  |  |  |
| 7 |  |  |  |  |  |  |  |
| 8 |  |  |  |  |  |  |  |
| 9 |  |  |  |  |  |  |  |
| 10 |  |  |  |  |  |  |  |
| 编制 |  | 审核 | 第　组 | 批准 | 第　组 | 共 1 页 | 第 1 页 |

（2）刀具选择。刀具表如表 4.4 所示。

表 4.4　任务 4.3 刀具表

| 产品名称或代号 | | | 零件名称 | | 零件图号 | | |
|---|---|---|---|---|---|---|---|
| 序号 | 刀具号 | 刀具名称 | 数量 | 过渡表面 | 刀尖半径 $R$/mm | 备注 | |
| 1 | | | | | | | |
| 2 | | | | | | | |
| 3 | | | | | | | |
| 4 | | | | | | | |
| 5 | | | | | | | |
| 6 | | | | | | | |
| 7 | | | | | | | |
| 编制 | | 审核 | 第 组 | 批准 | 第 组 | 共1页 | 第1页 |

（3）坐标计算。右端和左端基点坐标如表4.5和表4.6所示。

表 4.5　右端基点坐标

| 基点 | 坐标 | 基点 | 坐标 |
|---|---|---|---|
| 1 | | 9 | |
| 2 | | 10 | |
| 3 | | 11 | |
| 4 | | 12 | |
| 5 | | 13 | |
| 6 | | 14 | |
| 7 | | 15 | |
| 8 | | 16 | |

表 4.6　左端基点坐标

| 基点 | 坐标 | 基点 | 坐标 |
|---|---|---|---|
| 1 | | 6 | |
| 2 | | 7 | |
| 3 | | 8 | |
| 4 | | 9 | |
| 5 | | 10 | |

（4）程序编制。程序如表4.7所示。

实训项目 4　螺纹轴零件加工　45

表 4.7　程序

| 程序名 | |
|---|---|
| | |

（5）输入程序。

① 新建程序名。

② 输入程序段。

③ 使用 GRAPH 功能仿真验证轨迹。

（6）安装和调整刀具。

① 安装外圆刀具，注意检查刀具安装位置，保证主切刃的角度和刀尖高度，与毛坯回转中心高度一致。

② 安装内孔刀具，保证主切刃的角度和刀尖高度，与毛坯回转中心高度一致。

③ 安装内槽刀具，保证切槽刀片中心线垂直毛坯回转轴线，保证退刀槽位置正确。

④ 安装螺纹刀具，保证牙型角度正确。

（7）安装和调整毛坯。

① 加工右端，使用自定心卡盘反爪夹紧外圆，注意端面限位。

② 加工左端，使用自定心卡盘夹紧左侧。

（8）对刀操作。

① 1 号刀对刀。

② 2 号刀对刀。

③ 3 号刀对刀。

④ 4 号刀对刀。

⑤ 5 号刀对刀。

⑥ 6 号刀对刀。

⑦ 7 号刀对刀。

数据输入如表 4.8 所示。

表 4.8　数据输入

| 刀号 | $X$ 坐标 | $Z$ 坐标 |
|---|---|---|
| 1 号刀 | | |
| 2 号刀 | | |
| 3 号刀 | | |
| 4 号刀 | | |
| 5 号刀 | | |
| 6 号刀 | | |
| 7 号刀 | | |

（9）螺纹轴零件数控加工。

① 加工右侧。

② 掉头，加工左侧。

（10）加工质量检验。

填写下列检验报告：

项目编号：_____　　　　项目名称：_____

班组编号：_____　　　　完成人：_____

指导教师：_____

### 项目 4　检验报告

| 班级 | | | 姓名 | | 学号 | | 日期 | |
|---|---|---|---|---|---|---|---|---|
| 尺寸检测 | 序号 | 图样参数或尺寸/mm | 公差/mm | 量具 | | 实际尺寸 | 配分 | 分数 |
| | | | | 名称 | 规格/mm | | | |
| | 1 | φ49 | +0.015<br>−0.015 | 千分尺 | 25~50 | | 10 | |
| | 2 | φ36 | +0.015<br>−0.015 | 千分尺 | 25~50 | | 10 | |
| | 3 | φ30 | +0.000<br>−0.013 | 千分尺 | 25~50 | | 10 | |
| | 4 | φ33 | 执行未注公差 | 游标卡尺 | 0~150 | | 3 | |
| | 5 | φ33 | 执行未注公差 | 游标卡尺 | 0~150 | | 3 | |
| | 6 | M40×2 | 6g | 螺纹环规 | M40×2 | | 8 | |
| | 7 | M36×1.5 | 7H | 螺纹塞规 | M36×1.5 | | 10 | |
| | 8 | 20 | +0.000<br>−0.010 | 游标卡尺 | 0~150 | | 5 | |
| | 9 | 30 | +0.000<br>−0.010 | 游标卡尺 | 0~150 | | 5 | |
| | 10 | 29 | +0.000<br>−0.010 | 游标卡尺 | 0~150 | | 5 | |
| | 11 | 28 | +0.000<br>−0.010 | 游标卡尺 | 0~150 | | 5 | |
| | 12 | 15 | +0.000<br>−0.010 | 游标卡尺 | 0~150 | | 5 | |
| | 13 | 127 | +0.015<br>−0.015 | 游标卡尺 | 0~150 | | 5 | |
| | 14 | 粗糙度 | $Ra12.5\ \mu m$ | 样板 | | | 3 | |
| | 15 | 粗糙度 | $Ra1.6\ \mu m$ | 样板 | | | 3 | |
| | 16 | 倒角 | 1×45° | 游标卡尺 | 0~150 | | 3 | |
| | 17 | 倒角 | 2×45° | 游标卡尺 | 0~150 | | 3 | |
| | 18 | 退刀槽 | 4mm | 游标卡尺 | 0~150 | | 4 | |
| 尺寸检测结果总计 | | | | | | | | |
| 基本检查结果 | | 合格/不合格 | | | | | | |

## 3. 考核要求

（1）加工工艺设计合理。

（2）刀具选择正确。

（3）坐标计算正确。

（4）程序编制正确。

（5）数控加工完成。

（6）零件加工质量检验合格。

# 实训项目 5　带轮加工

## 任务 5.1　使用子程序调用切槽

**1. 任务基本要求**

（1）定义零件毛坯。
（2）安装刀具。
（3）对刀操作。
（4）输入主程序和子程序。
（5）自动运行程序，观察刀具运动轨迹。

**2. 实施步骤**

（1）定义零件毛坯。

选择"零件"→"放置零件"命令，选择定义的毛坯，尺寸为 $\phi$30 mm ×150 mm，单击"安装零件"按钮，如图 5.1 所示。

实训项目 5　任务 5.1

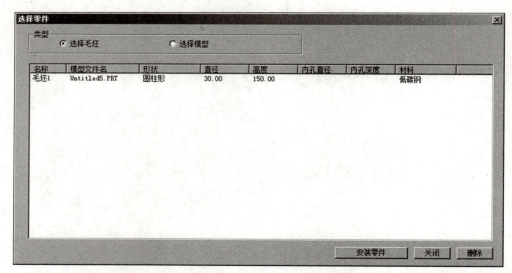

图 5.1　安装毛坯

（2）安装刀具。

选择"机床"→"选择刀具"命令，在"刀具选择"对话框选择切削刀具，如图 5.2 所示。

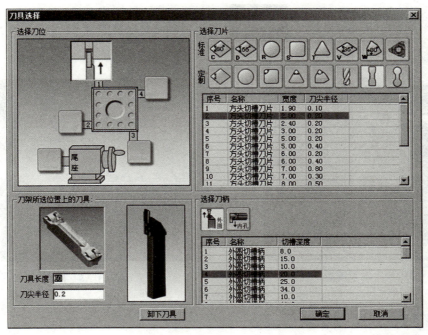

图 5.2 安装刀具

（3）对刀操作。

参照实训项目1任务1.3完成对刀操作，对刀数据如图5.3所示。

（4）输入主程序和子程序。

将功能开关置于编辑位置 ，单击 PROG 按钮，进入编程界面，输入表5.1所示的程序段。

表 5.1 任务 5.1 程序段

| | |
|---|---|
| O5001;<br>N10 T0 101;<br>N20 M03 S500;<br>N30 G00 X31.0;<br>N40 G00 Z-12.0;<br>N50 M98 P1001;<br>N60 G00 X31.0;<br>N70 G00 Z-32.0;<br>N80 M98 P1001;<br>N90 G00 X40.0;<br>N100 G00 Z100.0;<br>N110 M05;<br>N120 M30; | O1001;<br>N10 G01 X20.0 F0.3;<br>N20 G04 X2.0;<br>N30 G00 X31.0;<br>N40 G00 W-8.0;<br>N50 G01 X20.0;<br>N60 G04 X2.0;<br>N70 G00 X31.0;<br>N80 M99; |

(5) 自动运行程序。

将功能开关置于自动运行位置 ，单击 按钮，自动运行程序 O5001，加工结果如图 5.4 所示。

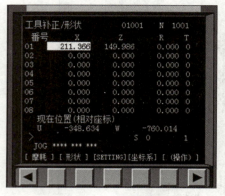

图 5.3 对刀数据

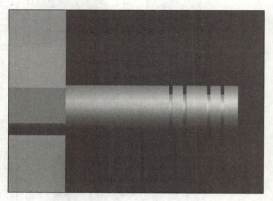

图 5.4 加工结果

### 3. 考核要求

（1）正确定义零件毛坯。
（2）安装和调整毛坯位置。
（3）正确选择车削刀具。
（4）掌握 M98、M99 指令应用。

## 任务 5.2　使用子程序调用切球面

### 1. 任务基本要求

（1）定义零件毛坯。
（2）安装刀具。
（3）对刀操作。
（4）输入主程序和子程序。
（5）自动运行程序，观察刀具运动轨迹。

### 2. 实施步骤

实训项目 5　任务 5.2

（1）定义零件毛坯。

选择"零件"→"放置零件"命令，选择定义的毛坯，尺寸为 φ50 mm×150 mm，单击"安装零件"按钮，如图 5.5 所示。

（2）安装刀具。

选择"机床"→"选择刀具"命令，在"刀具选择"对话框中选择切削刀具，如图 5.6 所示。

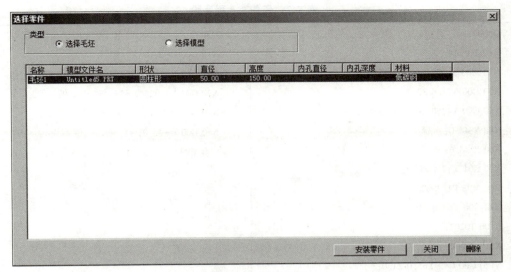

图 5.5 安装毛坯

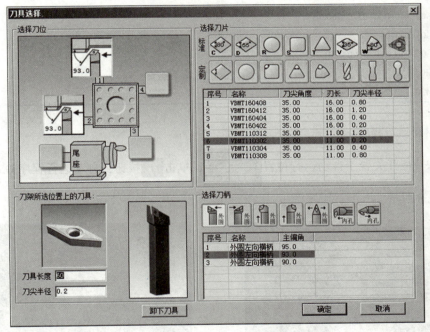

图 5.6 安装刀具

(3) 对刀操作。

参照实训项目 1 任务 1.3 完成对刀操作,对刀数据如图 5.7 所示。

(4) 输入主程序和子程序。

将功能开关置于编辑位置 ,单击 按钮,进入编程界面,输入表 5.2 所示的程序段。

表 5.2　任务 5.3 程序段

| | |
|---|---|
| O5003; | O3002; |
| N10 T0101; | N10 G00 U-3.0; |
| N20 M03 S500; | N20 G03 U35.974 W-28.744 R20.0 F0.3; |
| N30 G00 X51.6 Z0.0; | N30 G02 U4.026 W-56.256 R60.0; |
| N40 G90 X47.0 Z-85.0 F0.3; | N40 G00 W85.0; |
| N50 X 44.0; | N50 G00 U-40.0; |
| N60 X 40.6; | N60 M99; |
| N70 G01 X39.6 Z0.0; | |
| N80 M98 P133002; | |
| N90 G00 X60.0 Z100.0; | |
| N100 T0202; | |
| N110 S1000; | |
| N120 G00 G42 X65.0 Z1.0; | |
| N130 G00 X0.0 Z0.0; | |
| N140 G03 X35.974 Z-28.744 R20.0 F0.1; | |
| N150 G02 X40.0 Z-85.0 R60.0; | |
| N160 G01 X55.0; | |
| N170 G00 G40 X60.0 Z100.0; | |
| N180 M05; | |
| N190 M30; | |

（5）自动运行程序。

将机床功能开关置于自动运行位置，单击■按钮，自动运行程序 O5003，加工结果如图 5.8 所示。

图 5.7　对刀数据

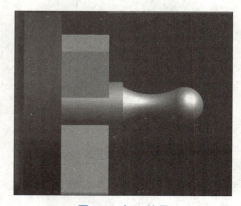

图 5.8　加工结果

3. 考核要求

（1）正确定义零件毛坯。

（2）安装和调整毛坯位置。

(3) 正确选择车削刀具。

(4) 掌握 M98、M99 指令以及相对坐标应用。

## 任务 5.3　带轮编程与加工

1. 任务基本要求

(1) 完成带轮零件工艺方案制定，满足尺寸和公差要求。

(2) 刀具选择。

(3) 坐标计算。

(4) 程序编制。

(5) 输入程序。

(6) 安装和调整刀具。

(7) 安装和调整毛坯。

(8) 对刀操作。

(9) 带轮零件数控加工。

(10) 加工质量检验。

实训项目 5　任务 5.3

2. 实施步骤

(1) 工艺方案制定，满足带轮的尺寸和公差要求。工艺表如表 5.3 所示。

表 5.3　任务 5.3 工艺表

| 单位名称 | 河北工业职业技术大学 | 产品名称或代号 | | 零件名称 | | 零件图号 | |
|---|---|---|---|---|---|---|---|
| 工序号 | 程序编号 | 夹具名称 | | 使用设备 | 数控系统 | | 场地 |
| | | | | | | | |
| 工序号 | 工序内容 | 刀具号 | 刀具名称 | 主轴转速 $n/(\text{r}\cdot\text{min}^{-1})$ | 进给量 $f/(\text{mm}\cdot\text{r}^{-1})$ | 背吃刀量 $a_\text{p}/\text{mm}$ | 备注（程序名）|
| 1 | | | | | | | |
| 2 | | | | | | | |
| 3 | | | | | | | |
| 4 | | | | | | | |
| 5 | | | | | | | |
| 6 | | | | | | | |
| 7 | | | | | | | |
| 8 | | | | | | | |
| 编制 | | 审核 | 第　组 | | 批准 | 第　组 | 共 1 页　第 1 页 |

（2）刀具选择。刀具表如表5.4所示。

表5.4　任务5.3刀具表

| 产品名称或代号 | | 零件名称 | | | 零件图号 | | |
|---|---|---|---|---|---|---|---|
| 序号 | 刀具号 | 刀具名称 | 数量 | 过渡表面 | 刀尖半径 $R$/mm | 备注 | |
| 1 | | | | | | | |
| 2 | | | | | | | |
| 3 | | | | | | | |
| 4 | | | | | | | |
| 5 | | | | | | | |
| 6 | | | | | | | |
| 编制 | | 审核 | 第　组 | 批准 | 第　组 | 共1页 | 第1页 |

（3）坐标计算。右端和左端基点坐标分别如表5.5和表5.6所示。

表5.5　右端基点坐标

| 基点 | 坐标 | 基点 | 坐标 |
|---|---|---|---|
| 1 | | 7 | |
| 2 | | 8 | |
| 3 | | 9 | |
| 4 | | 10 | |
| 5 | | 11 | |
| 6 | | 12 | |

表5.6　左端基点坐标

| 基点 | 坐标 | 基点 | 坐标 |
|---|---|---|---|
| 1 | | 7 | |
| 2 | | 8 | |
| 3 | | 9 | |
| 4 | | 10 | |
| 5 | | 11 | |
| 6 | | 12 | |

（4）程序编制。程序如表5.7所示。

表5.7　程序

| 程序名 | |
|---|---|
| | |

（5）输入程序。

① 新建程序名。

② 输入程序段。

③ 使用 GRAPH 功能仿真验证轨迹。

（6）安装和调整刀具。

① 安装外圆刀具，注意检查刀具安装位置，保证主切刃的角度和刀尖高度，与毛坯回转中心高度一致。

② 安装内孔刀具，保证主切刃的角度和刀尖高度，与毛坯回转中心高度一致。

③ 安装切槽刀具，保证切槽刀片中心线垂直毛坯回转轴线，保证退刀槽位置正确。

④ 安装钻头，保证钻头轴线正确。

（7）安装和调整毛坯。

① 加工右端，使用自定心卡盘反爪夹紧外圆，注意端面限位。

② 加工左端，使用自定心卡盘夹紧左侧。

（8）对刀操作。

① 1 号刀对刀。

② 2 号刀对刀。

③ 3 号刀对刀。

④ 4 号刀对刀。

⑤ 5 号刀对刀。

⑥ 6 号刀对刀。

数据输入如表 5.8 所示。

表 5.8　数据输入

| 刀号 | $X$ 坐标 | $Z$ 坐标 |
|---|---|---|
| 1 号刀 | | |
| 2 号刀 | | |
| 3 号刀 | | |
| 4 号刀 | | |
| 5 号刀 | | |
| 6 号刀 | | |

（9）带轮零件数控加工。

① 加工右侧。

② 掉头，加工左侧。

（10）加工质量检验。

填写下列检验报告：

实训项目 5　带轮加工　57

项目编号： _____　　　　项目名称： _____

班组编号： _____　　　　完成人： _____

指导教师： _____

## 项目5　检验报告

| 班级 | | | 姓名 | | 学号 | | 日期 | |
|---|---|---|---|---|---|---|---|---|
| 尺寸检测 | 序号 | 图样参数或尺寸/mm | 公差/mm | 量具 | | 实际尺寸 | 配分 | 分数 |
| | | | | 名称 | 规格/mm | | | |
| | 1 | φ180 | +0.015<br>−0.015 | 游标卡尺 | 0~150 | | 10 | |
| | 2 | φ40 | +0.00<br>−0.013 | 千分尺 | 25~50 | | 10 | |
| | 3 | 120 | +0.000<br>−0.013 | 游标卡尺 | 0~150 | | 10 | |
| | 4 | 78.6 | 执行未注公差 | 游标卡尺 | 0~150 | | 8 | |
| | 5 | 粗糙度 | Ra12.5 μm | 样板 | | | 5 | |
| | 6 | 粗糙度 | Ra1.6 μm | 样板 | | | 5 | |
| | 7 | 槽1 | | 样板 | | | 10 | |
| | 8 | 槽2 | | 样板 | | | 10 | |
| | 9 | 槽3 | | 样板 | | | 10 | |
| | 10 | 槽4 | | 样板 | | | 10 | |
| | 11 | 倒角 | 2×45° | 游标卡尺 | 0~150 | | 6 | |
| | 12 | 圆跳动 | 0.025 | 指示表 | 40 | | 6 | |
| | 13 | | | | | | | |
| | 14 | | | | | | | |
| | 15 | | | | | | | |
| | 16 | | | | | | | |
| 尺寸检测结果总计 | | | | | | | | |
| 基本检查结果 | | | 合格/不合格 | | | | | |

58　数控机床编程技术实训手册

### 3. 考核要求

（1）加工工艺设计合理。

（2）刀具选择正确。

（3）坐标计算正确。

（4）程序编制正确。

（5）数控加工完成。

（6）零件加工质量检验合格

# 实训项目 6　曲面轴加工

## 任务 6.1　使用宏程序切抛物线

### 1. 任务基本要求
（1）定义零件毛坯。
（2）安装刀具。
（3）对刀操作。
（4）输入切槽宏程序，注意地址符等符号正确输入。
（5）自动运行程序，观察刀具运动轨迹。

### 2. 实施步骤
（1）定义零件毛坯。

选择"零件"→"放置零件"命令，选择定义的毛坯，尺寸为 $\phi 45$ mm×150 mm，单击"安装零件"按钮，如图 6.1 所示。

实训项目 6　任务 6.1

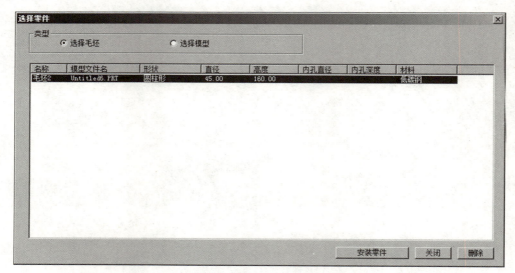

图 6.1　安装毛坯

（2）安装刀具。

选择"机床"→"选择刀具"命令，在"刀具选择"对话框中选择切削刀具，如图 6.2 所示。

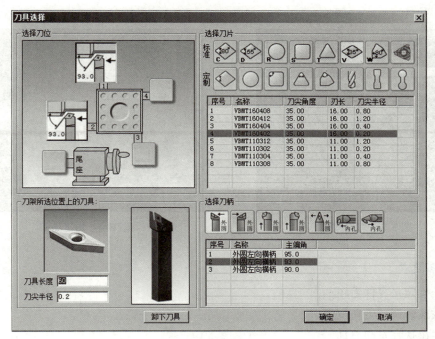

图 6.2 安装刀具

（3）对刀操作。

参照实训项目 1 任务 1.3 完成对刀操作，对刀数据如图 6.3 所示。

（4）输入切抛物线宏程序。

将功能开关置于编辑位置 ，单击 按钮，进入编程界面，输入表 6.1 所示的程序段。

表 6.1 任务 6.1 程序

| | |
|---|---|
| O6001; | N140 G01 W-20.0; |
| N10 G97 G99 G40 G21; | N150 G01 X43.0; |
| N20 T0101 S500 M03; | N160 G01 Z-97.0; |
| N30 G00 X45.0 Z1.0; | N170 G01 X45.0; |
| N40 G71 U2.0 R0.5; | N180 G00 X50.0; |
| N50 G71 P60 Q170 U0.6 W0 F0.2; | N190 G00 G40 X60.0; |
| N60 G00 G42 X0; | N200 G00 X100.0 Z100.0; |
| N70 S1000 G01 Z0 F0.1; | N210 T0202; |
| N80 #1=0.0; | N220 S1000; |
| N90 #2=-#1*#1/6.0; | N230 G00 X42.0 Z2.0; |
| N100 #3=2*#1; | N240 G70 P60 Q170; |
| N110 G01 X#3 Z#2 F0.1; | N250 M05; |
| N120 #1=#1+0.1; | N260 M30; |
| N130 IF［#1LE20.0］GOTO90; | |

（5）自动运行程序。

将功能开关置于自动运行位置 ，单击 按钮，自动运行程序 O6001，加工结果

实训项目 6　曲面轴加工　61

如图 6.4 所示。

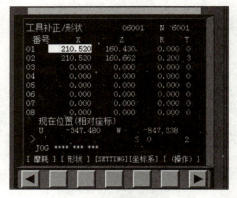

图 6.3　对刀数据

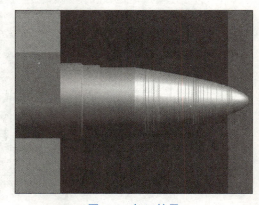

图 6.4　加工结果

**3. 考核要求**

（1）正确定义零件毛坯。
（2）安装和调整毛坯位置。
（3）正确选择车削刀具。
（4）掌握切槽宏程序应用。

## 任务 6.2　使用 CAXA 数控车 2016 自动编程

**1. 任务基本要求**

（1）自动编程工艺分析。
（2）绘制手柄零件圆柱侧轮廓，生成粗车、精车轨迹。
（3）绘制退刀槽、生成切槽轨迹。
（4）圆弧侧轮廓，生成粗车、精车轨迹。
（5）后置设置。
（6）生成代码。
（7）定义零件毛坯。
（8）安装刀具。
（9）对刀操作。
（10）导入程序。
（11）自动运行程序，观察刀具运动轨迹。

实训项目 6　任务 6.2

**2. 实施步骤**

（1）工艺分析。

手柄零件需要两次装夹完成加工，首先以毛坯外圆定位，加工左侧圆柱端，使用外圆车刀和 3 mm 切槽刀 2 把刀具，外圆分粗车和精车两步完成，然后切退刀槽；然后掉头，加工圆弧曲面侧，使用外圆车刀，分粗车和精车两步完成。

（2）绘圆柱侧图。

在 CAXA 数控车 2016 中绘制圆柱侧，在生成外圆加工轨迹时，可以省略绘制退刀槽，绘制完成如图 6.5 所示，注意编程原点设置为毛坯右端面回转中心处。绘制毛坯线，设置毛坯尺寸为直径 40 mm，如图 6.6 所示。

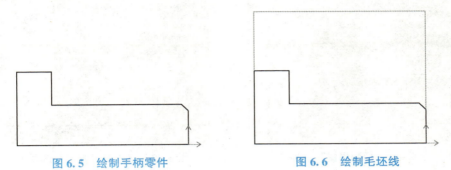

图 6.5　绘制手柄零件　　　　　　图 6.6　绘制毛坯线

选择"数控车"→"轮廓粗车"命令，如图 6.7 所示，系统弹出"粗车参数表"对话框，选择"轮廓车刀"选项卡，如图 6.8 所示。

 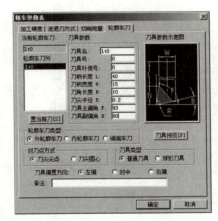

图 6.7　"数控车"菜单　　　　　图 6.8　"轮廓车刀"选项卡

"切削用量"选项卡如图 6.9 所示，"进退刀方式"选项卡如图 6.10 所示，加工精度如图 6.11 所示。

然后单击"确定"按钮，生成粗车轨迹，如图 6.12 所示。

选择"数控车"→"轮廓精车"命令，如图 6.13 所示，系统弹出"精车参数表"对话框，选择"轮廓车刀"选项卡，如图 6.14 所示。

精车切削用量选择如图 6.15 所示，进退刀方式选择如图 6.16 所示，加工参数如图 6.17 所示。

然后单击"确定"按钮，生成精车轨迹，如图 6.18 所示。

（3）绘制退刀槽，如图 6.19 所示。

选择"数控车"→"切槽"命令，如图 6.20 所示，系统弹出"切槽参数表"对话框，选择"切槽刀具"选项卡，如图 6.21 所示。

实训项目6　曲面轴加工　63

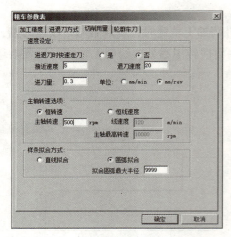

图 6.9 "切削用量"选项卡

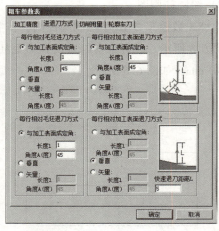

图 6.10 "进退刀方式"选项卡

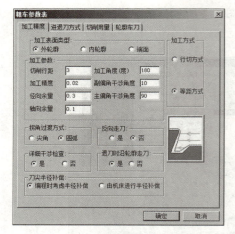

图 6.11 加工精度

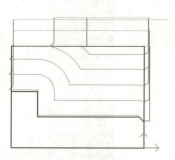

图 6.12 粗加工轨迹

图 6.13 "轮廓精车"菜单

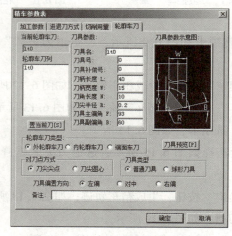

图 6.14 "精车参数表"选项卡

64 ■ 数控机床编程技术实训手册

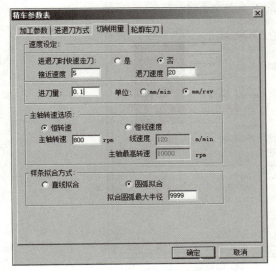
图 6.15 精车切削用量选择

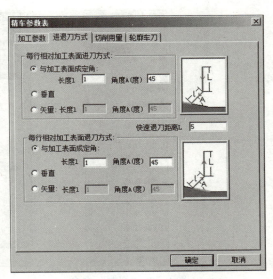
图 6.16 精车进退刀方式选择

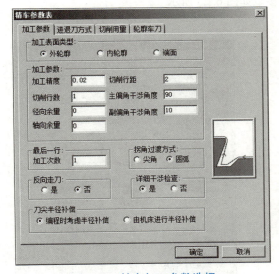
图 6.17 精车加工参数选择

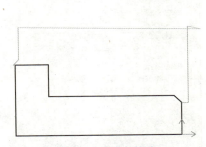
图 6.18 精车轨迹

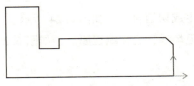
图 6.19 绘制退刀槽

实训项目 6　曲面轴加工

图 6.20 "切槽"命令

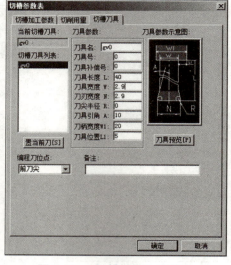
图 6.21 "切槽刀具"选项卡

切槽切削用量如图 6.22 所示,切槽加工参数如图 6.23 所示。

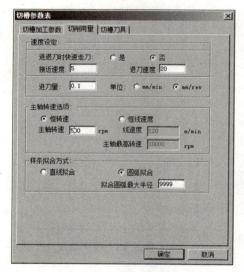
图 6.22 切槽切削用量

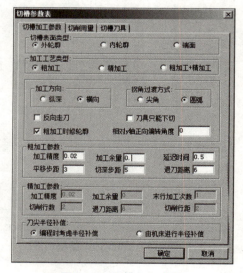
图 6.23 切槽加工参数

然后单击"确定"按钮,生成切槽轨迹,如图 6.24 所示。
(4) 绘制右侧轮廓,绘制毛坯线,定义编程原点,如图 6.25 所示。

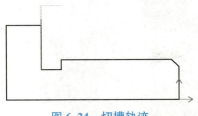

图 6.24 切槽轨迹　　　　　图 6.25 定义毛坯

选择"数控车"→"轮廓粗车"命令,加工参数选择如图 6.26 所示,粗车轮廓车刀参数如图 6.27 所示。

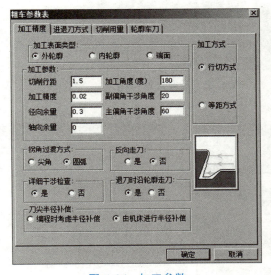
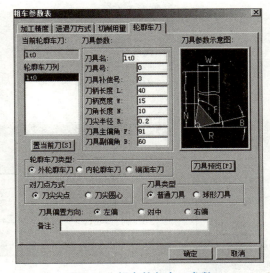

图 6.26 加工参数　　　　　图 6.27 粗车轮郭车刀参数

然后单击"确定"按钮,生成粗车轨迹,如图 6.28 所示。

选择"数控车"→"轮廓精车"命令,生成精车轨迹如图 6.29 所示。

图 6.28 生成粗车轨迹　　　　　图 6.29 生成精车轨迹

(5) 后置处理。

选择"数控车"→"后置设置"命令,如图 6.30 所示。选择 FANUC 系统设置,如图 6.31 所示。

(6) 数控程序的输出。

选择"数控车"→"代码生成"命令,如图 6.32 所示,选择 FANUC 系统,如图 6.33 所示,输入程序名,单击"确定"按钮,生成粗车程序 O6301。生成程序扩展名为 .cut 的文件,可以使用记事本打开编辑,如图 6.34 所示。

实训项目 6　曲面轴加工

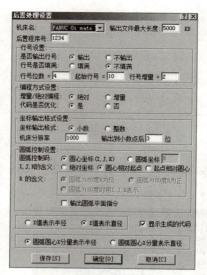

图 6.30 "后置调置"命令　　　　图 6.31 后置处理

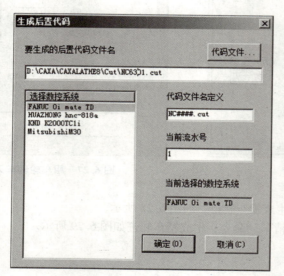

图 6.32 "代码生成"命令　　　图 6.33 选择后置系统　　　图 6.34 代码生成

分别生成外圆端精车、切槽程序,圆弧端粗车程序、精车程序。

(7) 定义零件毛坯。

选择"零件"→"放置零件"命令,选择定义的毛坯,尺寸为 $\phi 40\ mm×125\ mm$,单击"安装零件"按钮,如图 6.35 所示。

(8) 安装刀具。

选择"机床"→"选择刀具"命令,在"刀具选择"对话框中选择切削刀具,如图 6.36 所示。

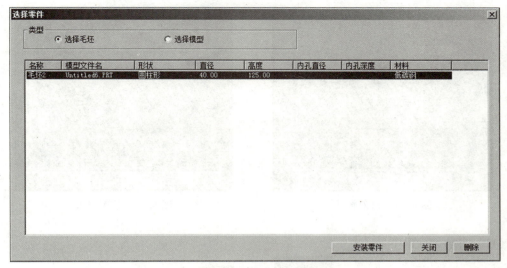

图 6.35　安装毛坯

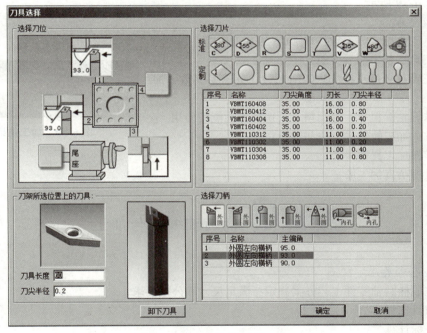

图 6.36　安装刀具

(9) 对刀操作。

参照实训项目 1 任务 1.3 完成对刀操作，对刀数据如图 6.37 所示。

(10) 输入程序。

将功能开关置于编辑位置 ，单击 按钮，进入编程界面，参照任务 1.1 中程序导入，分别导入圆柱端粗车、精车程序段、切槽程序段、左侧圆弧面端粗车程序、精车程序。导入后如图 6.38 所示。

实训项目 6　曲面轴加工　■　69

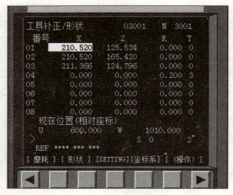
图6.37 对刀数据

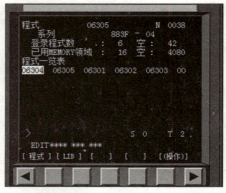
图6.38 程序导入

（11）自动运行程序。

将功能开关置于自动运行位置，单击按钮，自动运行程序O6001~O6305，加工结果如图6.39所示。

3. 考核要求

（1）熟练掌握CAXA数控车2016的基本使用。
（2）正确绘制手柄零件图。
（3）正确定义刀具参数、切削参数、进退刀参数、加工参数。
（4）掌握轮廓粗车、轮廓精车、切槽等功能的使用。
（5）掌握加工轨迹的生成与编辑。
（6）掌握加工代码生成。
（7）掌握仿真加工验证。

图6.39 加工结果

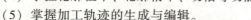
任务6.3 椭圆轴编程与加工

1. 任务基本要求
（1）完成椭圆轴零件工艺方案制定，满足尺寸和公差要求。
（2）刀具选择。
（3）坐标计算。
（4）程序编制。
（5）输入程序。
（6）安装和调整刀具。
（7）安装和调整毛坯。
（8）对刀操作。
（9）椭圆轴零件数控加工。
（10）加工质量检验。

2. 实施步骤

(1) 工艺方案制定，满足椭圆轴的尺寸和公差要求。工艺表如表6.2所示。

实训项目6　任务6.3

表6.2　任务6.3工艺表

| 单位名称 | 河北工业职业技术大学 | 产品名称或代号 |  | 零件名称 |  | 零件图号 |  |
|---|---|---|---|---|---|---|---|
| 工序号 | 程序编号 | 夹具名称 |  | 使用设备 | 数控系统 |  | 场地 |
|  |  |  |  |  |  |  |  |
| 工序号 | 工序内容 | 刀具号 | 刀具名称 | 主轴转速 $n/(\mathrm{r}\cdot\mathrm{min}^{-1})$ | 进给量 $f/(\mathrm{mm}\cdot\mathrm{r}^{-1})$ | 背吃刀量 $a_\mathrm{p}/\mathrm{mm}$ | 备注（程序名） |
| 1 |  |  |  |  |  |  |  |
| 2 |  |  |  |  |  |  |  |
| 3 |  |  |  |  |  |  |  |
| 4 |  |  |  |  |  |  |  |
| 5 |  |  |  |  |  |  |  |
| 6 |  |  |  |  |  |  |  |
| 编制 |  | 审核 | 第　组 | 批准 | 第　组 | 共1页 | 第1页 |

(2) 刀具选择。如具表如表6.3所示。

表6.3　任务6.3刀具表

| 产品名称或代号 |  | 零件名称 |  | 零件图号 |  |  |
|---|---|---|---|---|---|---|
| 序号 | 刀具号 | 刀具名称 | 数量 | 过渡表面 | 刀尖半径 $R/\mathrm{mm}$ | 备注 |
| 1 |  |  |  |  |  |  |
| 2 |  |  |  |  |  |  |
| 3 |  |  |  |  |  |  |
| 4 |  |  |  |  |  |  |
| 编制 |  | 审核 | 第　组 | 批准 | 第　组 | 共1页 | 第1页 |

(3) 坐标计算。右端和左端基点坐标分别如表6.4和表6.5所示。

表6.4　右端基点坐标

| 基点 | 坐标 | 基点 | 坐标 |
|---|---|---|---|
| 1 |  | 7 |  |
| 2 |  | 8 |  |
| 3 |  | 9 |  |
| 4 |  | 10 |  |
| 5 |  | 11 |  |
| 6 |  | 12 |  |

实训项目6　曲面轴加工

表 6.5　左端基点坐标

| 基点 | 坐标 | 基点 | 坐标 |
|------|------|------|------|
| 1 | | 7 | |
| 2 | | 8 | |
| 3 | | 9 | |
| 4 | | 10 | |
| 5 | | 11 | |
| 6 | | 12 | |

（4）程序编制。程序如表6.6所示。

表 6.6　程序

| 程序名 | |
|--------|--|
| | |

（5）输入程序。

① 新建程序名。

② 输入程序段。

③ 使用 GRAPH 功能仿真验证轨迹。

（6）安装和调整刀具。

① 安装外圆刀具，注意检查刀具安装位置，保证主切刃的角度和刀尖高度，与毛坯回转中心高度一致。

② 安装切槽刀具，保证切槽刀片中心线垂直毛坯回转轴线，保证退刀槽位置正确。

③ 安装螺纹刀具，保证牙型正确。

（7）安装和调整毛坯。

① 加工右端，使用自定心卡盘夹紧外圆，注意端面限位。

② 加工左端，使用自定心卡盘夹紧左侧。

（8）对刀操作。

① 1 号刀对刀。

② 2 号刀对刀。

③ 3 号刀对刀。

④ 4 号刀对刀。

数据输入如表 6.7 所示。

表 6.7　数据输入

| 刀号 | $X$ 坐标 | $Z$ 坐标 |
| --- | --- | --- |
| 1 号刀 | | |
| 2 号刀 | | |
| 3 号刀 | | |
| 4 号刀 | | |

（9）椭圆轴零件数控加工。

① 加工左侧。

② 掉头，加工右侧。

（10）加工质量检验。

填写下列检验报告：

项目编号：_____　　　　项目名称：_____

班组编号：_____　　　　完成人：_____

指导教师：_____

## 项目 6　检验报告

| 班级 | | | 姓名 | | 学号 | | 日期 | |
|---|---|---|---|---|---|---|---|---|
| 尺寸检测 | 序号 | 图样参数或尺寸/mm | 公差/mm | 量具 | | 实际尺寸 | 配分 | 分数 |
| | | | | 名称 | 规格/mm | | | |
| | 1 | φ36 | +0.000 −0.013 | 千分尺 | 25~50 | | 10 | |
| | 2 | φ20 | +0.000 −0.013 | 千分尺 | 0~25 | | 10 | |
| | 3 | φ38 | +0.000 −0.013 | 千分尺 | 25~50 | | 10 | |
| | 4 | φ20 | 执行未注公差 | 游标卡尺 | 0~150 | | 3 | |
| | 5 | φ16 | 执行未注公差 | 游标卡尺 | 0~150 | | 3 | |
| | 6 | φ28 | 执行未注公差 | 游标卡尺 | 0~150 | | 3 | |
| | 7 | M20×1.5 | 7h | 螺纹环规 | M20×1.5 | | 10 | |
| | 8 | 15 | +0.000 −0.010 | 游标卡尺 | 0~150 | | 5 | |
| | 9 | 15 | +0.000 −0.010 | 游标卡尺 | 0~150 | | 5 | |
| | 10 | 45 | +0.000 −0.010 | 游标卡尺 | 0~150 | | 5 | |
| | 11 | 20 | +0.000 −0.010 | 游标卡尺 | 0~150 | | 5 | |
| | 12 | 18 | +0.000 −0.01 | 游标卡尺 | 0~150 | | 5 | |
| | 13 | 141 | +0.010 −0.010 | 游标卡尺 | 0~150 | | 6 | |
| | 14 | 粗糙度 | $Ra12.5~\mu m$ | 样板 | | | 3 | |
| | 15 | 粗糙度 | $Ra1.6~\mu m$ | 样板 | | | 3 | |
| | 16 | 倒角 | 0.5×45° | 游标卡尺 | 0~150 | | 3 | |
| | 17 | 倒角 | 2×45° | 游标卡尺 | 0~150 | | 3 | |
| | 18 | 退刀槽 | 4 | 游标卡尺 | 0~150 | | 8 | |
| 尺寸检测结果总计 | | | | | | | | |
| 基本检查结果 | | | | 合格/不合格 | | | | |

## 3. 考核要求

（1）加工工艺设计合理。

（2）刀具选择正确。

（3）坐标计算正确。

（4）程序编制正确。

（5）数控加工完成。

（6）零件加工质量检验合格。

# 实训项目 7　薄壁隔框零件加工

## 任务 7.1　加工中心 FANUC 0i Mate 系统基本操作

**1. 加工中心 FANUC 0i Mate 系统基本操作实施要求**
（1）新建程序。
（2）输入程序。
（3）编辑程序。
（4）删除程序。
（5）检索程序。
（6）程序导入。
（7）程序导出。

**2. 加工中心 FANUC 0i Mate 系统基本操作实施步骤**
（1）新建程序。

实训项目 7　任务 7.1

单击 按钮，打开机床电源，松开系统急停开关 ，系统准备好。将机床功能开关置于编辑位置 ，单击 PROG 按钮，系统进入编程界面，如图 7.1 所示。输入程序名 O0001，单击 INSERT 按钮，输入后如图 7.2 所示，然后单击 EOB 按钮，输入换行符。

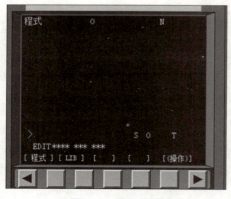
图 7.1　编程界面

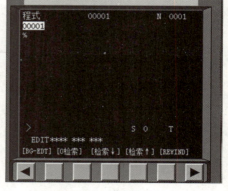
图 7.2　程序名输入

（2）输入程序。

单击 OFFSET SETTING 按钮，然后单击 SETING 按钮，进入顺序号设置界面，如图 7.3 所示，在顺序号处输入 1，单击输入软键，设置成行号自动生成模式，如图 7.4 所示。

76　数控机床编程技术实训手册

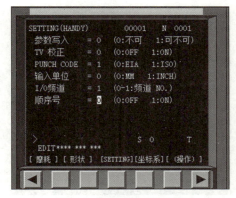
图 7.3 顺序号设置界面

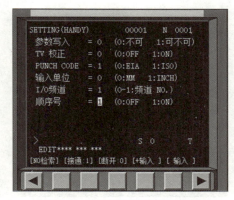
图 7.4 行号自动生成设置

单击 PROG 按钮,系统回到编程界面,输入 O0001,单击 INSERT 按钮,然后单击 EOB 按钮输入换行符,单击 INSERT 按钮,如图 7.5 所示;单击 INSERT 按钮,如图 7.6 所示。

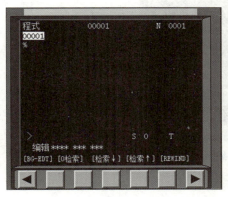
图 7.5 输入 O0001

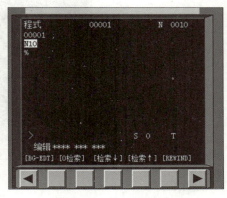
图 7.6 输入换行符

然后输入程序,如表 7.1 所示。

表 7.1 输入程序

| | |
|---|---|
| N10 G91 G28 Z0; | N60 G00 X0; |
| N20 G90; | N70 G00 Y0; |
| N30 T01 M06; | N80 G00 Z15; |
| N40 G54; | N90 M05; |
| N50 M03 S500; | N100 M30; |

程序输入后如图 7.7 所示。

(3)编辑程序。

如果程序输入过程中有需要修改的地方,可以使用光标按钮 ,将光标调整到要修改的字符处,如图 7.8 所示。输入 Z10.0,单击 ALTER 按钮,将 Z15.0 修改为 Z10.0,如图 7.9 所示。

实训项目 7 薄壁隔框零件加工 ■ 77

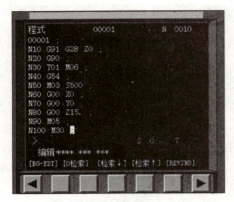
图 7.7　程序输入

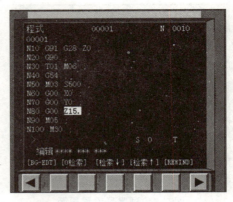
图 7.8　光标移动

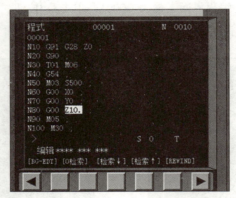
图 7.9　字符编辑

（4）删除程序。

如果有多个程序，可以单击 软键，可以查看系统中的程序，如图 7.10 所示。输入要删除的程序 O0002，然后单击 按钮，可以删除程序，如图 7.11 所示。

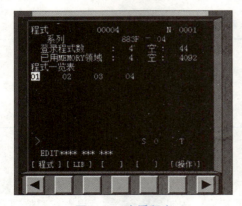
图 7.10　查看程序

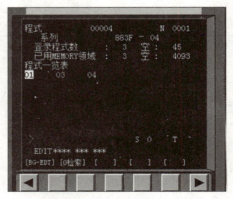
图 7.11　删除程序

(5) 检索程序。

在程序查看界面，输入程序名，可以调出程序。输入 O0001，如图 7.12 所示，单击 ↓ 按钮，可以调出 O0001 程序，如图 7.13 所示。

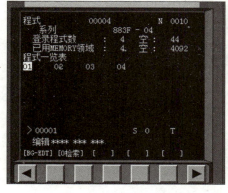
图 7.12 输入程序名

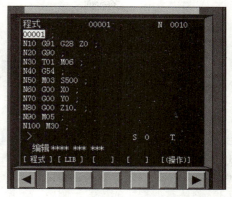
图 7.13 调出程序

(6) 程序导入。

单击 PROG 按钮，系统进入编程界面，单击[〔操作〕]软键，单击 ▶ 按钮，单击 [ READ ] 按钮，再单击 DNC 传送图标 ，系统弹出搜索文件对话框，找到目标文件夹和文件，如图 7.14 所示。

选中文件 O0003，单击"打开"按钮，输入程序名 O0003，单击 [ EXEC ] 软键，程序成功导入，如图 7.15 所示。

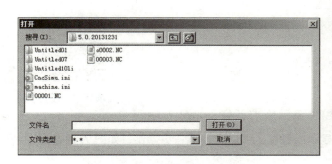
图 7.14 搜索目标文件

图 7.15 程序导入

(7) 程序导出。

单击 PROG 按钮，系统进入编程界面，单击[〔操作〕]软键，再单击 ▶ 按钮，之后单击 [PUNCH] 按钮，系统弹出"另存为"对话框，找到目标文件夹，输入程序名 O0004，单击"保存"按钮，如图 7.16 所示。程序导出后，可以使用记事本文件打开和编辑，如图 7.17 所示。

实训项目 7 薄壁隔框零件加工 ■ 79

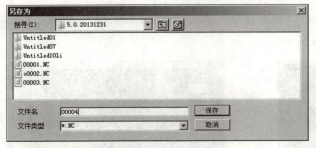

图 7.16　程序导出　　　　　　　　图 7.17　程序导出记事本格式文件

**3. 加工中心 FANUC 0i Mate 系统基本操作考核要求**
(1) 熟练掌握系统面板各按钮功能。
(2) 熟练掌握程序的输入、编辑。
(3) 熟练掌握程序的检索、调用、删除。
(4) 熟练掌握程序的导入和导出。

## 任务 7.2　加工中心 VMC850 基本操作

**1. 加工中心基本操作实施要求**
(1) 机床开机。
(2) 回零操作。
(3) 定义毛坯。
(4) 定义夹具。
(5) 安装毛坯。
(6) 安装刀具。
(7) JOG 操作。
(8) 手轮操作。
(9) MDI 操作。

实训项目 7　任务 7.2

**2. 加工中心操作实施步骤**
(1) 加工中心开机。
单击系统启动按钮 ，接通电源，CRT 显示未准备好，如图 7.18 所示。单击 ⬤ 按钮，松开急停开关，CRT 显示准备好，可以进行下一步操作，如图 7.19 所示。
(2) 回零操作。

单击回零开关 ▣，置于右侧位置，机床功能开关置于回零位置 ，先单击 +X 按钮，刀架回到 X 零点，指示灯点亮 ▣，然后单击 +Y 按钮，刀架回到 Y 零点，指示灯点亮 ▣，然后单击 +Z 按钮，刀架回到 Z 零点 ▣，指示灯点亮完成回零操作。
(3) 定义毛坯。
选择"零件"→"定义毛坯"命令，如图 7.20 所示。系统弹出"定义毛坯"对话框，选择长方形毛坯，输入尺寸，如图 7.21 所示，然后单击"确定"按钮。

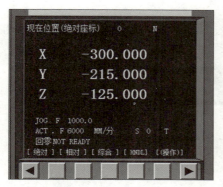

图 7.18 系统未准备好

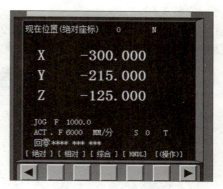

图 7.19 系统准备好

图 7.20 "定义毛坯"命令

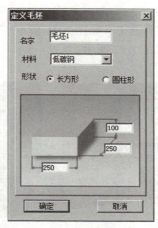

图 7.21 "定义毛坯"对话框

(4) 定义夹具。

选择"零件"→"安装夹具"命令，如图 7.22 所示。系统弹出"选择夹具"对话框，选择工艺板，如图 7.23 所示，然后单击"确定"按钮。

图 7.22 "安装夹具"命令

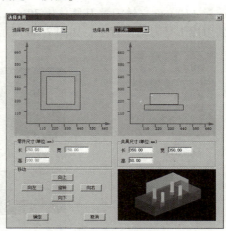

图 7.23 选择夹具

实训项目 7　薄壁隔框零件加工　■　81

(5) 安装毛坯。

选择"零件"→"放置零件",如图 7.24 所示,系统弹出"选择零件"对话框,选择定义好的毛坯 1,如图 7.25 所示,然后单击"确定"按钮。

图 7.24 "放置零件"命令　　　　　　　　图 7.25 选择毛坯

将毛坯安装到工作台上,如图 7.26 所示。为便于观察,可以选择"机床"→"开门"命令,打开机床门,如图 7.27 所示。

图 7.26 安装毛坯　　　　　　　　图 7.27 "开门"命令

(6) 安装刀具。

选择"机床"→"安装刀具"命令,如图 7.28 所示。系统弹出"选择铣刀"对话框,选择 1 号刀位置,选择 $\phi 10$ mm 立铣刀,刀具总长 70 mm,如图 7.29 所示,然后单击"确定"按钮,将刀具安装到刀库 1 号刀的位置上,如图 7.30 所示。

 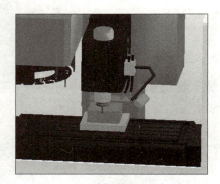

图 7.28 "选择刀具"命令　　　　　　　　图 7.29 "选择铣刀"对话框

(7) JOG 操作。

将机床功能开关置于快速位置 ，然后单击"-Z""-X""-Y"按钮，可以沿 Z 轴负方向移动主轴或沿 X 轴负方向、Y 轴负方向移动工作台，单击"+Z""+X""+Y"按钮、可以沿 Z 轴正方向移动主轴或沿 X 轴正方向、Y 轴正方向移动工作台。

(8) 手轮操作。

将机床功能开关置于手轮位置 ，轴选开关置于 X 轴 ，倍率开关置于 ×100 位置 ，然后转动手轮 ，可以沿 X 轴移动工作台，手轮每转一个格，刀架移动 0.1 mm。如果倍率开关置于 ×10 位置，手轮每转一个格，工作台移动 0.01 mm。倍率开关置于 ×1 位置，手轮每转一个格，工作台移动 0.001 mm。轴选开关置于 Y 轴 ，可以沿 Y 轴移动工作台，轴选开关置于 Z 轴 ，可以沿 Z 轴移动主轴，倍率选择与 X 轴相同。

(9) MDI 操作。

将机床功能开关置于 MDI 位置 ，可以输入指令，如输入 M03 S500，然后单击"循环启动"按钮 ，可以让主轴转动起来，如图 7.31 所示。

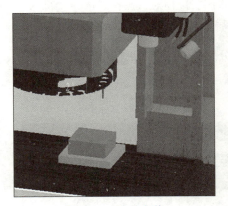

图 7.30　刀具安装

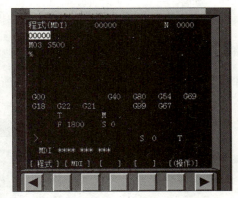

图 7.31　MDI 页面

3. 加工中心基本操作考核要求

(1) 熟练掌握机床开机，回零操作。
(2) 熟练掌握快移操作，快速调整刀架位置。
(3) 熟练掌握手轮操作。
(4) 熟练掌握 MDI 操作，设置主轴转速，更换刀库位置。

## 任务 7.3　VMC850 加工中心对刀操作

**1. 对刀操作基本要求**

(1) 定义毛坯。
(2) 选择夹具。
(3) 安装毛坯。
(4) 安装刀具。
(5) 机床回零。
(6) 选择基准工具，测量 $X$ 坐标。
(7) 选择基准工具，测量 $Y$ 坐标。
(8) 选择刀具，测量 $Z$ 坐标。
(9) 坐标计算。
(10) 在设置页面输入 G54 坐标。
(11) 验证加工坐标系设置。

**2. 对刀操作实施步骤**

实训项目 7　任务 7.3

(1) 安装毛坯（参照实训项目 7 任务 7.2 中安装毛坯部分）。
(2) 选择夹具（参照实训项目 7 任务 7.2 中选择夹具部分）。
(3) 安装毛坯（参照实训项目 7 任务 7.2 中安装毛坯部分）。
(4) 安装刀具（参照实训项目 7 任务 7.2 中安装刀具部分）。
(5) 机床回零（参照实训项目 7 任务 7.2 中机床回零部分）。
(6) 选择基准工具，测量 $X$ 坐标。

选择"机床"→"开门"命令，打开机床的工作门，以便对刀操作。选择"机床"→"基准工具"命令，如图 7.32 所示，选择对刀靠棒，然后单击"确定"按钮，如图 7.33 所示。

将机床功能开关置于快速位置　　　，然后分别单击　-Z　按钮、-Y　按钮、-X　按钮，将对刀靠棒移动到毛坯左侧位置附近，如图 7.34 所示。

图 7.32　"基准工具"命令

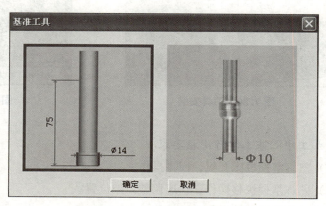

图 7.33　选择基准工具

将机床功能开关置于手轮位置，单击手轮轴选择开关，将开关置于 $X$ 位置；选择"塞尺检查"→"0.05 mm"命令，如图 7.35 所示；然后用鼠标左键和右键分别单击手轮按钮，将对刀靠棒靠近毛坯左侧，在靠近毛坯时，逐渐将手轮轴倍率开关靠近×1 位置，直到提示合适为止，如图 7.36 所示。

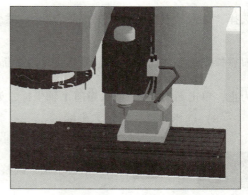

图 7.34 将对刀靠棒移动到毛坯左侧位置附近

图 7.35 塞尺选择　　　　图 7.36 塞尺检查

单击按钮，记录当前的 $X$ 坐标，如图 7.37 所示，$X$ 坐标为 -432.050。

（7）选择基准工具，测量 $Y$ 坐标。

选择"机床"→"塞尺检查"→"收回塞尺"命令，如图 7.38 所示。将机床功能开关置于快速位置，然后分别单击 +Z 按钮、-Y 按钮、+X 按钮，将对刀靠棒移动到毛坯前侧位置附近，如图 7.39 所示。

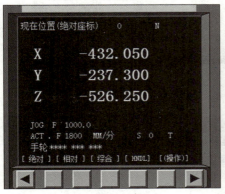  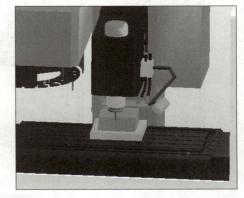

图 7.37　$X$ 坐标　　　图 7.38　收回塞尺　图 7.39　将对刀靠棒移动到毛坯前侧位置附近

将机床功能开关置于手轮位置，单击手轮轴选择开关，将开关置于 $Y$ 位置；

实训项目 7　薄壁隔框零件加工

选择"塞尺检查"→"0.05mm"命令；然后用鼠标左键和右键分别单击手轮按钮，将对刀靠棒靠近毛坯前侧，在靠近毛坯时，逐渐将手轮轴倍率开关靠近×1位置，直到提示合适为止，单击 POS 按钮，记录当前 Y 轴坐标，如图 7.40 所示，Y 坐标为 −347.050。

（8）选择刀具，测量 Z 坐标。

选择"机床"→"塞尺检查"→"收回塞尺"命令，将机床功能开关置于快速位置，单击 +Z 按钮，抬起主轴，调整主轴位置，置于毛坯正上方，如图 7.41 所示。

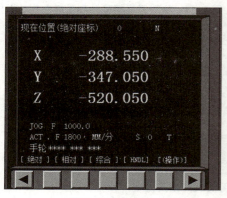

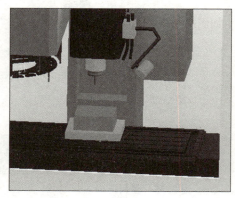

图 7.40　Y 坐标　　　　　　　　　　图 7.41　调整主轴位置

执行"机床"→"选择刀具"命令，如图 7.42 所示，系统弹出"选择铣刀"对话框，将 φ10 mm 的立铣刀安装到主轴上，如图 7.43 所示。

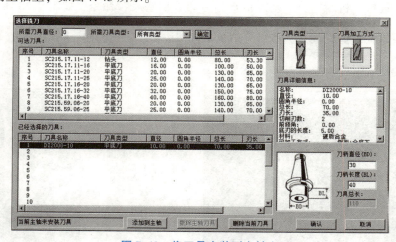

图 7.42　选择刀具　　　　　　　图 7.43　将刀具安装到主轴上

将机床功能开关置于快速位置，然后用鼠标左键单击，将 φ10 mm 立铣刀移动到毛坯顶面位置附近，如图 7.44 所示。将机床功能开关置于手轮位置，单击手轮轴选择开关旋钮，将开关置于 Z 位置 ；选择"塞尺检查"→"0.05 mm"命令；然后用鼠标左键和右键分别单击手轮  按钮，将 φ10 mm 立铣刀靠近毛坯顶面，在靠近毛坯时，逐渐将手轮轴倍率开关靠近×1 位置，直到提示合适为止，单击 POS 按钮，记录当前 Z 轴坐标，如图 7.45 所示，Z 坐标为 −463.950。

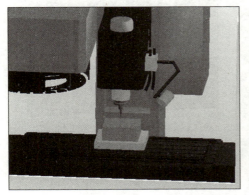

图 7.44　将 φ10 mm 立铣刀移动到毛坯顶面位置附近　　图 7.45　Z 坐标

（9）坐标计算

下面需要通过计算得到编程原点坐标（如果对刀位置为毛坯右侧和后侧，则相应的"+"为"−"）。

$X$：−432.050+0.05+7+125 = −300.0。

$Y$：−347.050+0.05+7+125 = −215.0。

$Z$：−463.950−0.05 = −464.0。

（10）在设置页面中输入 G54 坐标。

单击 OFFSET SETTING 按钮，然后单击坐标系软键，单击光标按钮 ↓，移动光标到 G54 坐标系中的 $X$ 坐标位置，然后输入 −300.0，单击屏幕下方输入软键，输入 $X$ 坐标值，同样可以输入 $Y$、$Z$ 坐标值。输入 $X$、$Y$、$Z$ 坐标值后，如图 7.46 所示。

（11）验证加工坐标系设置。

将机床功能开关置于编辑位置，单击 PROG 按钮，进入编程界面，输入表 7.2 所示的程序段，步骤参照实训项目 7 任务 7.1 中的程序输入部分。

表 7.2　程序

| | |
|---|---|
| O0001; <br> N10 G91 G28 Z0; <br> N20 G90; <br> N30 T01 M06; <br> N40 G54; <br> N50 M03 S500; | N60 G00 X0; <br> N70 G00 Y0; <br> N80 G00 Z15; <br> N90 M05; <br> N100 M30; |

实训项目 7　薄壁隔框零件加工

将机床功能开关置于自动运行位置，单击"循环启动"按钮，执行完程序后，刀尖位置如图 7.47 所示，可以检查刀具距离毛坯顶面距离为 10mm，刀具中心在毛坯的对称中心处。如果距离正确，就可以验证对刀数据正确。

图 7.46　设定加工坐标系

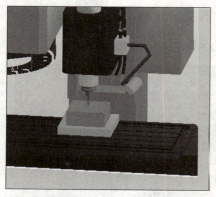

图 7.47　验证对刀

3. 加工中心对刀操作考核要求
（1）熟练掌握毛坯安装与位置调整。
（2）熟练掌握刀具安装与刀库调整。
（3）熟练掌握对刀操作。
（4）掌握验证刀具加工坐标系设置是否正确的方法。

## 任务 7.4　隔框零件编程与加工

1. 任务基本要求
（1）完成工艺方案制定，满足隔框的尺寸和公差要求。
（2）刀具选择。
（3）坐标计算。
（4）程序编制。
（5）输入程序。
（6）安装和调整刀具。
（7）安装和调整毛坯。
（8）对刀操作。
（9）隔框零件数控加工。
（10）加工质量检验。

实训项目 7　任务 7.4

2. 实施步骤
（1）工艺方案制定，满足隔框零件的尺寸和公差要求。工艺表如表 7.3 所示。

表 7.3　任务 7.4 工艺表

| 单位名称 | 河北工业职业技术大学 | 产品名称或代号 | | 零件名称 | | 零件图号 | |
|---|---|---|---|---|---|---|---|
| 工序号 | 程序编号 | 夹具名称 | 使用设备 | 数控系统 | | 场地 | |
| | | | | | | | |
| 工序号 | 工序内容 | 刀具号 | 刀具名称 | 主轴转速 $n/(\text{r}\cdot\text{min}^{-1})$ | 进给量 $f/(\text{mm}\cdot\text{r}^{-1})$ | 背吃刀量 $a_p/\text{mm}$ | 备注（程序名） |
| 1 | | | | | | | |
| 2 | | | | | | | |
| 3 | | | | | | | |
| 4 | | | | | | | |
| 5 | | | | | | | |
| 编制 | | 审核 | 第　组 | 批准 | 第　组 | 共1页 | 第1页 |

（2）刀具选择。刀具表如表 7.4 所示。

表 7.4　任务 7.4 刀具表

| 产品名称或代号 | | 零件名称 | | 零件图号 | | |
|---|---|---|---|---|---|---|
| 序号 | 刀具号 | 刀具名称 | 数量 | 过渡表面 | 刀尖半径 $R/\text{mm}$ | 备注 |
| 1 | | | | | | |
| 2 | | | | | | |
| 3 | | | | | | |
| 4 | | | | | | |
| 编制 | | 审核 | 第　组 | 批准 | 第　组 | 共1页　第1页 |

（3）坐标计算。工序 1~工序 5 的基点坐标如表 7.5~表 7.9 所示。

表 7.5　工序 1 的基点坐标

| 基点 | 坐标 | | 备注 |
|---|---|---|---|
| 1 | | | |
| 2 | | | |
| 3 | | | |
| 4 | | | |
| 5 | | | |
| 6 | | | |
| 7 | | | |
| 8 | | | |
| 9 | | | |

实训项目 7　薄壁隔框零件加工　89

表 7.6　工序 2 的基点坐标

| 基点 | 坐标 | | 备注 |
|---|---|---|---|
| 1 | | | |
| 2 | | | |
| 3 | | | |
| 4 | | | |
| 5 | | | |
| 6 | | | |
| 7 | | | |
| 8 | | | |
| 9 | | | |

表 7.7　工序 3 的基点坐标

| 基点 | 坐标 | | 备注 |
|---|---|---|---|
| 1 | | | |
| 2 | | | |
| 3 | | | |
| 4 | | | |
| 5 | | | |
| 6 | | | |
| 7 | | | |
| 8 | | | |
| 9 | | | |

表 7.8　工序 4 的基点坐标

| 基点 | 坐标 | | 备注 |
|---|---|---|---|
| 1 | | | |
| 2 | | | |
| 3 | | | |
| 4 | | | |
| 5 | | | |
| 6 | | | |
| 7 | | | |
| 8 | | | |
| 9 | | | |

表 7.9　工序 5 的基点坐标

| 基点 | 坐标 | | 备注 |
|---|---|---|---|
| 1 | | | |
| 2 | | | |
| 3 | | | |
| 4 | | | |
| 5 | | | |
| 6 | | | |

续表

| 基点 | 坐标 | | 备注 |
|---|---|---|---|
| 7 | | | |
| 8 | | | |
| 9 | | | |

（4）程序编制。程序如表7.10所示。

表 7.10　程序

| 程序名 | |
|---|---|
| | |

实训项目 7　薄壁隔框零件加工　91

（5）输入程序。

① 新建程序名。

② 输入程序段。

③ 使用 GRAPH 功能仿真验证轨迹。

（6）安装和调整刀具。

① 安装钻头刀具，注意钻头在夹套中的伸出长度。

② 安装立铣刀刀具。

（7）安装和调整毛坯。

① 平口钳的安装与调整。

② 毛坯的定位与夹紧，注意支撑板位置。

（8）对刀操作。

① 1 号刀对刀。

② 2 号刀对刀。

③ 3 号刀对刀。

④ 4 号刀对刀。

⑤ 5 号刀对刀。

数据输入如表 7.11 所示。

表 7.11　数据输入

| 刀号 | $X$ 坐标 | $Y$ 坐标 | $Z$ 坐标 |
|---|---|---|---|
| 1 号刀 | | | |
| 2 号刀 | | | |
| 3 号刀 | | | |
| 4 号刀 | | | |

（9）隔框零件数控加工。

① 钻工艺孔。

② 粗铣四框。

③ 粗铣通槽。

④ 精铣通槽。

⑤ 精铣四框。

（10）加工质量检验。

填写下列检验报告：

项目编号：_____  项目名称：_____

班组编号：_____  完成人：_____

指导教师：_____

## 项目 7　检验报告

| 班级 | | | | 姓名 | | 学号 | 日期 | |
|---|---|---|---|---|---|---|---|---|
| 尺寸检测 | 序号 | 图样参数或尺寸/mm | 公差/mm | 量具 | | 实际尺寸 | 配分 | 分数 |
| | | | | 名称 | 规格/mm | | | |
| | 1 | 29.5 | +0.010 −0.000 | 游标卡尺 | 0~150 | | 6 | |
| | 2 | 29.5 | +0.010 −0.000 | 游标卡尺 | 0~150 | | 6 | |
| | 3 | 29.5 | +0.010 −0.000 | 游标卡尺 | 0~150 | | 6 | |
| | 4 | 29.5 | +0.010 −0.000 | 游标卡尺 | 0~150 | | 6 | |
| | 5 | 79 | +0.010 −0.000 | 游标卡尺 | 0~150 | | 6 | |
| | 6 | 79 | +0.010 −0.000 | 游标卡尺 | 0~150 | | 6 | |
| | 7 | 79 | +0.010 −0.000 | 游标卡尺 | 0~150 | | 6 | |
| | 8 | 79 | +0.010 −0.000 | 游标卡尺 | 0~150 | | 6 | |
| | 9 | 34.5 | +0.000 −0.010 | 游标卡尺 | 0~150 | | 5 | |
| | 10 | 34.5 | +0.000 −0.010 | 游标卡尺 | 0~150 | | 5 | |
| | 11 | 84 | +0.000 −0.010 | 游标卡尺 | 0~150 | | 5 | |
| | 12 | 84 | +0.000 −0.010 | 游标卡尺 | 0~150 | | 5 | |
| | 13 | 134 | +0.000 −0.010 | 游标卡尺 | 0~150 | | 5 | |
| | 14 | 173 | +0.000 −0.010 | 游标卡尺 | 0~150 | | 3 | |
| | 15 | 15 | +0.000 −0.010 | 游标卡尺 | 0~150 | | 3 | |
| | 16 | 15 | +0.000 −0.010 | 游标卡尺 | 0~150 | | 3 | |
| | 17 | 25 | +0.000 −0.010 | 游标卡尺 | 0~150 | | 3 | |
| | 18 | 10 | +0.000 −0.010 | 深度尺 | 0~150 | | 3 | |
| | 19 | 5 | 执行未注公差 | 游标卡尺 | 0~150 | | 2 | |
| | 20 | R8 | 执行未注公差 | 圆弧规 | R8 | | 1 | |
| | 21 | 粗糙度 | Ra12.5 μm | 样板 | | | 3 | |
| | 22 | 粗糙度 | Ra6.3 μm | 样板 | | | 3 | |
| | 23 | 粗糙度 | Ra1.6 μm | 样板 | | | 3 | |
| 尺寸检测结果总计 | | | | | | | | |
| 基本检查结果 | | | | 合格/不合格 | | | | |

实训项目 7　薄壁隔框零件加工　93

### 3. 考核要求

（1）加工工艺设计合理。

（2）刀具选择正确。

（3）坐标计算正确。

（4）程序编制正确。

（5）数控加工完成。

（6）零件加工质量检验合格。

# 实训项目 8  轴承座零件加工

## 任务 8.1  使用 G02 指令铣圆槽（R 方式）

**1. 任务基本要求**

（1）定义零件毛坯。
（2）安装刀具。
（3）对刀操作。
（4）输入 G02 程序。
（5）自动运行程序，观察 G02 刀具运动轨迹。

**2. 实施步骤**

（1）定义零件毛坯。

实训项目 8  任务 8.1

选择"零件"→"放置零件"命令，选择定义的毛坯，尺寸为 100 mm×100 mm×100 mm，单击"安装零件"按钮，如图 8.1 所示。

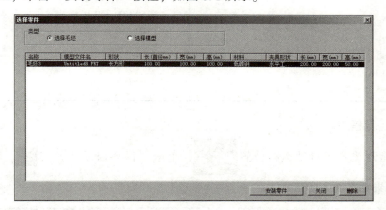

图 8.1  安装毛坯

（2）安装刀具。

选择"机床"→"选择刀具"命令，在"选择铣刀"对话框中选择切削刀具，如图 8.2 所示。

（3）对刀操作。

参照实训项目 7 任务 7.3 完成对刀操作，加工坐标系设置如图 8.3 所示。

（4）输入 G02 程序。

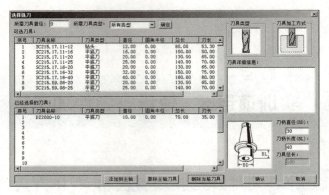

图 8.2 安装刀具

将机床功能开关置于编辑位置 ，单击 PROG 按钮，进入编程界面，输入表 8.1 所示的程序段。

表 8.1  G02 程序（R 方式）

| | |
|---|---|
| O8001；（R 方式） | |
| N10 G91 G28 Z0; | |
| N20 G90; | N110 G01 Y10.0; |
| N30 M05; | N120 G02 X0 Y-10.0 R10.0; |
| N40 T01 M06; | N130 G02 X0 Y10.0 R10.0; |
| N50 G54; | N140 G01 Y0; |
| N60 G00 X0 Y0; | N150 G00 Z50.0; |
| N70 G00 Z50; | N160 G91 G28 Z0; |
| N80 M03 S800; | N170 G90; |
| N90 G00 Z10.0; | N180 M05; |
| N100 G01 Z-5.0 F500.0; | N190 M30; |

（5）自动运行程序。

将机床功能开关置于自动运行位置 ，单击"循环启动"按钮 ，自动运行程序 O8001，加工结果如图 8.4 所示。

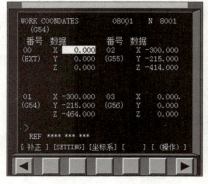

图 8.3  加工坐标系

图 8.4  加工结果

3. 考核要求

（1）正确定义零件毛坯。
（2）安装和调整毛坯位置。
（3）正确选择铣削刀具。
（4）掌握 G02 应用。

## 任务 8.2　G41、G42 使用半径补偿指令

1. 任务基本要求

（1）定义零件毛坯。
（2）安装刀具。
（3）对刀操作。
（4）输入 G41/G42 程序。
（5）半径补偿设置。
（6）自动运行程序，观察半径补偿刀具运动轨迹。

实训项目 8　任务 8.2

2. 实施步骤

（1）定义零件毛坯。

选择"零件"→"放置零件"命令，选择定义的毛坯，尺寸为 100 mm×100 mm×100 mm，单击"安装零件"按钮，如图 8.5 所示。

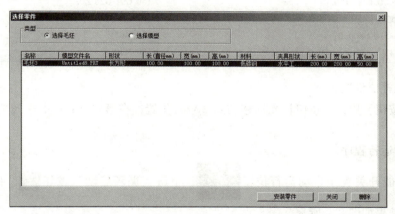

图 8.5　安装毛坯

（2）安装刀具。

选择"机床"→"选择刀具"命令，在"选择铣刀"对话框中选择切削刀具，如图 8.6 所示。

（3）对刀操作。

参照实训项目 7 任务 7.3 完成对刀操作，加工坐标系设置如图 8.7 所示。

（4）输入 G41/G42 程序。

将机床功能开关置于编辑位置，单击 按钮，进入编程界面，输入表 8.2 所示的程序段。

实训项目 8　轴承座零件加工　97

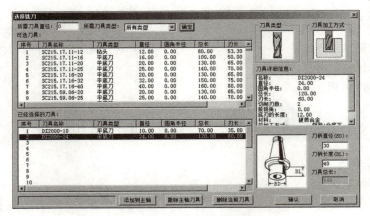

图 8.6 安装刀具

表 8.3 G41/G42 程序

| | |
|---|---|
| O8003； | N100 G01 Y30.0 F300.0； |
| N10 G91 G28 Z0.0； | N110 G01 X30.0； |
| N20 G90； | N120 G01 Y−30.0； |
| N30 T02 M06； | N130 G01 X−65.0； |
| N40 M03 S500； | N140 G01 G40 X−70.0 Y−40.0 F800.0； |
| N50 G55； | N150 G91 G28 Z0； |
| N60 G00 X−70.0 Y−100.0； | N160 G90； |
| N70 G00 Z50.0； | N170 M05； |
| N80 G01 Z−5.0 F800.0； | N180 M30； |
| N90 G01 G41 X−30.0 Y−70.0 F800.0 D2； | |

（7）半径补偿设置。

单击 OFFSET/SETTING 按钮，用光标按钮将光标移动到 2 号刀位置，在形状（D）中输入半径值 12.000，如图 8.8 所示。

（8）自动运行程序。

将机床功能开关置于自动运行位置 ，单击"循环启动"按钮 ，自动运行程序 O8003，加工结果如图 8.9 所示。

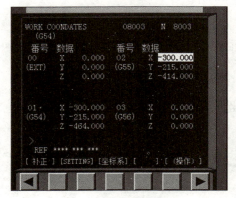

图 8.7 加工坐标系

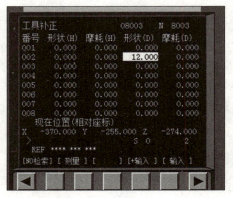

图 8.8 半径补偿设置

图 8.9　加工结果

3. 考核要求

（1）正确定义零件毛坯。
（2）安装和调整毛坯位置。
（3）正确选择车削刀具。
（4）掌握 G41/G42 应用。

## 任务 8.3　轴承座编程与加工

1. 任务基本要求

（1）完成工艺方案制定，满足轴承座零件的尺寸和公差要求。
（2）刀具选择。
（3）坐标计算。
（4）程序编制。
（5）输入程序。
（6）安装和调整刀具。
（7）安装和调整毛坯。
（8）对刀操作。
（9）轴承座零件数控加工。
（10）加工质量检验。

实训项目 8　任务 8.3

2. 实施步骤

（1）工艺方案制定，满足轴承座零件的尺寸和公差要求。工艺表如表 8.3 所示。
（2）刀具选择。刀具表如表 8.4 所示。
（3）坐标计算。工序 1~工序 5 的基点坐标如表 8.5~8.9 所示。

表 8.3　任务 8.3 工艺表

| 单位名称 | 河北工业职业技术大学 | 产品名称或代号 | | 零件名称 | | 零件图号 | |
|---|---|---|---|---|---|---|---|
| | | | | | | | |
| 工序号 | 程序编号 | 夹具名称 | 使用设备 | 数控系统 | | 场地 | |
| | | | | | | | |
| 工序号 | 工序内容 | 刀具号 | 刀具名称 | 主轴转速 $n/(\mathrm{r \cdot min^{-1}})$ | 进给量 $f/$ $(\mathrm{mm \cdot r^{-1}})$ | 背吃刀量 $a_\mathrm{p}/\mathrm{mm}$ | 备注（程序名） |
| 1 | | | | | | | |
| 2 | | | | | | | |
| 3 | | | | | | | |
| 4 | | | | | | | |
| 5 | | | | | | | |
| 编制 | | 审核 | 第　组 | 批准 | 第　组 | 共 1 页 | 第 1 页 |

表 8.4　任务 8.3 刀具表

| 产品名称或代号 | | | 零件名称 | | 零件图号 | |
|---|---|---|---|---|---|---|
| 序号 | 刀具号 | 刀具名称 | 数量 | 过渡表面 | 刀尖半径 $R/\mathrm{mm}$ | 备注 |
| 1 | | | | | | |
| 2 | | | | | | |
| 3 | | | | | | |
| 4 | | | | | | |
| 编制 | | 审核 | 第 组 | 批准 | 第 组 | 共 1 页 ｜ 第 1 页 |

表 8.5　工序 1 的基点坐标

| 基点 | 坐标 | 备注 |
|---|---|---|
| | | |

表 8.6　工序 2 的基点坐标

| 基点 | 坐标 | 备注 |
|---|---|---|
| 1 | | |
| 2 | | |
| 3 | | |
| 4 | | |
| 5 | | |
| 6 | | |
| 7 | | |

续表

| 基点 | 坐标 | | 备注 |
|---|---|---|---|
| 8 | | | |
| 9 | | | |
| 10 | | | |
| 11 | | | |
| 12 | | | |
| 13 | | | |
| 14 | | | |
| 15 | | | |
| 16 | | | |
| 17 | | | |

表 8.7　工序 3 的基点坐标

| 基点 | 坐标 | | 备注 |
|---|---|---|---|
| 1 | | | |
| 2 | | | |
| 3 | | | |
| 4 | | | |
| 5 | | | |
| 6 | | | |
| 7 | | | |
| 8 | | | |
| 9 | | | |
| 10 | | | |
| 11 | | | |
| 12 | | | |

表 8.8　工序 4 的基点坐标

| 基点 | 坐标 | | 备注 |
|---|---|---|---|
| 1 | | | |
| 2 | | | |

表 8.9　工序 5 的基点坐标

| 基点 | 坐标 | | 备注 |
|---|---|---|---|
| 1 | | | |
| 2 | | | |

实训项目 8　轴承座零件加工　101

（4）程序编制。程序如表 8.10 所示。

表 8.10　程序

| 程序名 | |
|---|---|
| | |

（5）输入程序。

① 新建程序名。

② 输入程序段。

③ 使用 GRAPH 功能仿真验证轨迹。

（6）安装和调整刀具。

① 安装钻头刀具，注意钻头在夹套中的伸出长度。

② 安装立铣刀刀具。

（7）安装和调整毛坯。

① 平口钳的安装与调整。

② 毛坯的定位与夹紧，注意支撑板位置。

（8）对刀操作。

① 1 号刀对刀。

② 2 号刀对刀。

③ 3 号刀对刀。

④ 4 号刀对刀。

数据输入如表 8.11 所示。

表 8.11　数据输入

| 刀号 | $X$ 坐标 | $Y$ 坐标 | $Z$ 坐标 |
|---|---|---|---|
| 1 号刀 | | | |
| 2 号刀 | | | |
| 3 号刀 | | | |
| 4 号刀 | | | |

（9）轴承座零件数控加工。

①钻工艺孔。

②粗铣圆孔和轮廓。

③精铣轮廓和圆孔。

④钻 2 处 $\phi10$ mm 孔。

⑤铣 2 处 $\phi16$ mm 圆孔。

（10）加工质量检验。

填写下列检验报告：

实训项目 8　轴承座零件加工　103

项目编号：＿＿＿＿＿＿＿　　　　项目名称：＿＿＿＿＿＿＿

班组编号：＿＿＿＿＿＿＿　　　　完成人：＿＿＿＿＿＿＿

指导教师：＿＿＿＿＿＿＿

### 项目 8　检验报告

| 班级 | | | 姓名 | | 学号 | | 日期 | |
|---|---|---|---|---|---|---|---|---|
| 尺寸检测 | 序号 | 图样参数或尺寸/mm | 公差/mm | 量具 | | 实际尺寸 | 配分 | 分数 |
| | | | | 名称 | 规格/mm | | | |
| | 1 | 110 | +0.000 -0.015 | 游标卡尺 | 0~150 | | 8 | |
| | 2 | 110 | +0.000 -0.015 | 游标卡尺 | 0~150 | | 8 | |
| | 3 | 80 | +0.015 -0.015 | 游标卡尺 | 0~150 | | 8 | |
| | 4 | 30 | +0.000 -0.015 | 游标卡尺 | 0~150 | | 8 | |
| | 5 | 41.5 | 执行未注公差 | 游标卡尺 | 0~150 | | 4 | |
| | 6 | 41.5 | 执行未注公差 | 游标卡尺 | 0~150 | | 4 | |
| | 7 | 35 | 执行未注公差 | 游标卡尺 | 0~150 | | 4 | |
| | 8 | 23 | 执行未注公差 | 游标卡尺 | 0~150 | | 4 | |
| | 9 | $\phi30$ | +0.021 -0.000 | 游标卡尺 | 0~150 | | 6 | |
| | 10 | 15 | +0.000 -0.018 | 游标卡尺 | 0~150 | | 6 | |
| | 11 | 40 | +0.000 -0.025 | 游标卡尺 | 0~150 | | 6 | |
| | 12 | 平行度 | 0.04 | 指示表 | 40 | | 8 | |
| | 13 | 垂直度 | 0.04 | 指示表 | 40 | | 8 | |
| | 14 | $\phi16$ | 执行未注公差 | 游标卡尺 | 0~150 | | 3 | |
| | 15 | $\phi10$ | 执行未注公差 | 游标卡尺 | 0~150 | | 3 | |
| | 16 | $R28$ | 执行未注公差 | 圆弧规 | $R28$ | | 3 | |
| | 17 | $R12$ | 执行未注公差 | 圆弧规 | $R28$ | | 3 | |
| | 18 | 粗糙度 | $Ra12.5\ \mu m$ | 样板 | | | 2 | |
| | 19 | 粗糙度 | $Ra6.3\ \mu m$ | 样板 | | | 2 | |
| | 20 | 粗糙度 | $Ra1.6\ \mu m$ | 样板 | | | 2 | |
| 尺寸检测结果总计 | | | | | | | | |
| 基本检查结果 | | | 合格/不合格 | | | | | |

104 　数控机床编程技术实训手册

### 3. 考核要求

（1）加工工艺设计合理。

（2）刀具选择正确。

（3）坐标计算正确。

（4）程序编制正确。

（5）数控加工完成。

（6）零件加工质量检验合格。

# 实训项目 9  异形槽板零件加工

## 任务 9.1  使用坐标平移和坐标旋转指令

### 1. 任务基本要求
（1）定义零件毛坯。
（2）安装刀具。
（3）对刀操作。
（4）输入程序。
（5）掌握圆柱毛坯对刀方法。
（6）自动运行程序，观察坐标平移和坐标旋转刀具运动轨迹。

实训项目 9  任务 9.1

### 2. 实施步骤
（1）定义零件毛坯。

选择"零件"→"放置零件"命令，选择定义的毛坯，尺寸为 $\phi50$ mm×100 mm，单击"安装零件"按钮，如图 9.1 所示。

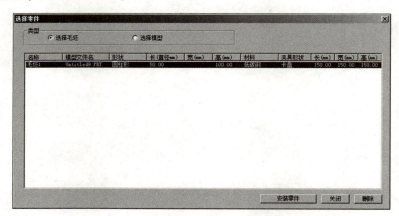

图 9.1  安装毛坯

（2）安装刀具。

选择"机床"→"选择刀具"命令，在"选择铣刀"对话框中选择切削刀具为 $\phi12$ mm 立铣刀，刀长 75 mm，如图 9.2 所示。

（3）对刀操作。

参照实训项目 7 任务 7.3 完成对刀操作，G55 加工坐标系设置如图 9.3 所示。

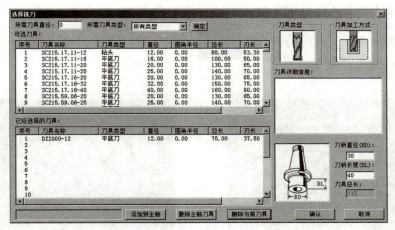

图 9.2　安装刀具

（4）输入程序。

将机床功能开关置于编辑位置 ![], 单击 PROG 按钮，进入编程界面，输入表 9.1 所示的程序段 O9001 和表 9.2 所示的子程序 O9101。

表 9.1　O9001 程序段

| | |
|---|---|
| O9001; | N190 M98 P9101; |
| N10 G91 G28 Z0; | N200 G69; |
| N20 G90; | N210 G52 X0 Y0; |
| N30 M05; | N220 G00 X0 Y0; |
| N40 T01 M06; | N230 G52 X12.99 Y-7.5; |
| N50 G55; | N240 G00 X0 Y0; |
| N60 G00 X0 Y0; | N250 G68 X0 Y0 R60.0; |
| N70 G00 Z100.0; | N260 G00 X0 Y0; |
| N80 M03 S400; | N270 M98 P9101; |
| N100 G52 X0 Y15.0; | N280 G69; |
| N110 G00 X0 Y0; | N290 G52 X0 Y0; |
| N120 M98 P9101; | N300 G00 X0 Y0; |
| N130 G52 X0 Y0; | N310 G00 Z100.0; |
| N140 G00 X0 Y0; | N320 G91 G28 Z0; |
| N150 G52 X-12.99 Y-7.5; | N330 G90; |
| N160 G00 X0 Y0; | N340 M05; |
| N170 G68 X0 Y0 R-60.0; | N350 M30; |
| N180 G00 X0 Y0; | |

表 9.2　子程序 O9101

| | |
|---|---|
| O9101; | N40 G01 X6.0; |
| N10 G00 Z5.0; | N50 G00 Z10.0; |
| N20 G01 Z-6.0 F70.0; | N60 M99; |
| N30 G01 X-6.0; | |

程序输入如图 9.4 所示。

实训项目 9　异形槽板零件加工

(5)自动运行程序。

将机床功能开关置于自动运行位置，单击"循环启动"按钮，自动运行程序 O9001，加工结果如图 9.5 所示。

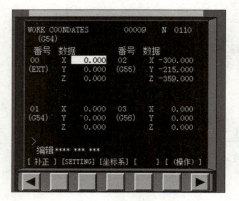

图 9.3  加工坐标系

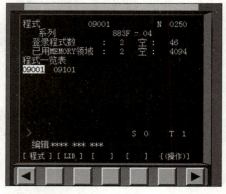

图 9.4  程序输入

图 9.5  加工结果

3. 考核要求

（1）正确定义零件毛坯。
（2）安装和调整毛坯位置。
（3）正确选择铣削刀具。
（4）掌握坐标平移和坐标旋转应用。
（5）掌握圆柱毛坯对刀方法。

## 任务 9.2  使用 G43、G44 长度补偿指令

1. 任务基本要求

（1）定义零件毛坯。
（2）安装刀具。
（3）对刀操作。
（4）输入程序。

(5)自动运行程序,观察刀具运动轨迹。

2. 实施步骤

(1)定义零件毛坯。

选择"零件"→"放置零件"命令,选择定义的毛坯,尺寸为250 mm× 250 mm×100 mm,单击"安装零件"按钮,如图9.6所示。

实训项目9 任务9.2

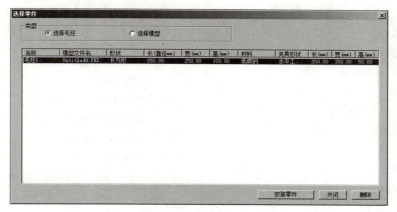

图9.6 安装毛坯

(2)安装刀具。

选择"机床"→"选择刀具"命令,在"选择铣刀"对话框中选择切削刀具为 φ10 mm、φ12 mm、φ18 mm立铣刀,刀长为110 mm、75 mm、140 mm,如图9.7所示,1号刀为基准刀具。

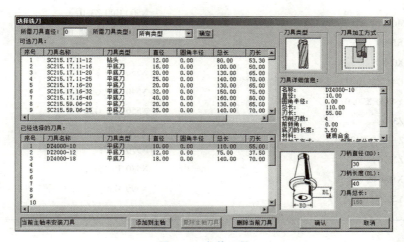

图9.7 安装刀具

(3)对刀操作。

参照实训项目7任务7.3完成对刀操作,G54加工坐标系设置如图9.8所示。

(4)输入程序。

将机床功能开关置于编辑位置，单击 按钮,进入编程界面,输入表9.3所示的程序段O9002。

实训项目9 异形槽板零件加工 109

表 9.3　O9002 程序段

```
O9002；
N10 G91 G28 Z0；
N20 G90；
N30 T01 M06；1 号刀，基准刀具
N40 G54；
N50 M03 S1000；
N60 G00 Z25.0；
N70 G00 Y45.0 X70.0；
N80 G00 Z3.0；
N90 G01 Z-15.0 F500.0；
N100 G00 Z25.0；
N110 G00 X100.0；
N120 G00 Y25.0；
N130 G00 Z3.0；
N140 G01 Z-25.0；
N150 G00 Z25.0；
N160 G00 X0 Y0；
N170 G00 Z50.0；
N180 G91 G28 Z0；
N190 G90；
N200 M05；
N210 T02 M06；
N220 M03 S1000；
N230 G00 X0 Y0；
N240 G00 G44 Z25.0 H2；2 号刀，长度负补偿
N250 G00 Y45.0 X70.0；
N260 G00 Z3.0；
N270 G01 Z-15.0 F500.0；
N280 G00 Z25.0；
N290 G00 X100.0；
N300 G00 Y25.0；
```

```
N310 G00 Z3.0；
N320 G01 Z-25.0；
N330 G00 Z25.0；
N340 G00 X0 Y0；
N350 G00 Z50.0；
N360 G49 G00 Z60.0；
N370 G91 G28 Z0；
N380 G90；
N390 M05；
N400 T03 M06；
N410 M03 S1000；
N420 G00 X0 Y0；
N430 G00 G43 Z25.0 H3；3 号刀，长度正
补偿
N440 G00 Y45.0 X70.0；
N450 G00 Z3.0；
N460 G01 Z-15.0 F500.0；
N470 G00 Z25.0；
N480 G00 X100.0；
N490 G00 Y25.0；
N500 G00 Z3.0；
N510 G01 Z-25.0；
N520 G00 Z25.0；
N530 G00 X0 Y0；
N540 G49 G00 Z60.0；
N550 G91 G28 Z0；
N560 G90；
N570 M05；
N580 T0 M06；
N590 M30；
```

（5）长度补偿设置。

输入刀具长度补偿，如图 9.9 所示。

（6）自动运行程序。

选择自动运行⏯，单击"循环启动"按钮▣，自动运行程序 O9002，加工结果如图 9.10 所示。

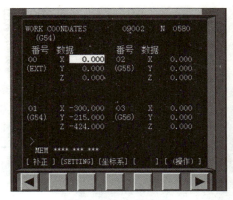
图 9.8　加工坐标系

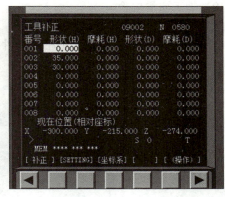
图 9.9　长度补偿设置

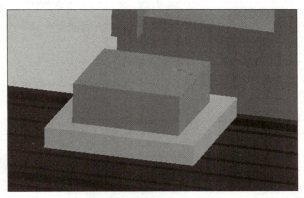
图 9.10　加工结果

3. 考核要求
（1）正确定义零件毛坯。
（2）安装和调整毛坯位置。
（3）正确选择铣削刀具。
（4）掌握长度补偿应用。

## 任务 9.3　异形槽板编程与加工

1. 任务基本要求
（1）完成工艺方案制定，满足异形槽板零件的尺寸和公差要求。
（2）刀具选择。
（3）坐标计算。
（4）程序编制。
（5）输入程序。
（6）安装和调整刀具。
（7）安装和调整毛坯。
（8）对刀操作，设置加工坐标系，输入半径补偿和长度补偿。
（9）异形槽板零件数控加工。

（10）加工质量检验。

2. 实施步骤

（1）工艺方案制定，满足异形槽板零件的尺寸和公差要求。工艺表如表 9.4 所示。

表 9.4　任务 9.3 工艺表

| 单位名称 | 河北工业职业技术大学 | 产品名称或代号 | | 零件名称 | | 零件图号 | |
|---|---|---|---|---|---|---|---|
| 工序号 | 程序编号 | 夹具名称 | 使用设备 | 数控系统 | | 场地 | |
| 工序号 | 工序内容 | 刀具号 | 刀具名称 | 主轴转速 $n/(\text{r}\cdot\text{min}^{-1})$ | 进给量 $f/(\text{mm}\cdot\text{r}^{-1})$ | 背吃刀量 $a_p/\text{mm}$ | 备注（程序名） |
| 1 | | | | | | | |
| 2 | | | | | | | |
| 3 | | | | | | | |
| 4 | | | | | | | |
| 5 | | | | | | | |
| 编制 | | 审核 | 第　组 | 批准 | 第　组 | 共 1 页 | 第 1 页 |

（2）刀具选择。刀具表如表 9.5 所示。

表 9.5　任务 9.3 刀具表

| | 产品名称或代号 | | 零件名称 | | 零件图号 | | |
|---|---|---|---|---|---|---|---|
| 序号 | 刀具号 | 刀具名称 | 数量 | 过渡表面 | 刀尖半径 $R/\text{mm}$ | 备注 | |
| 1 | | | | | | | |
| 2 | | | | | | | |
| 3 | | | | | | | |
| 4 | | | | | | | |
| 5 | | | | | | | |
| 编制 | | 审核 | 第　组 | 批准 | 第　组 | 共 1 页 | 第 1 页 |

（3）坐标计算。工序 1～工序 5 的基点坐标如表 9.6～表 9.10 所示。

表 9.6　工序 1 的基点坐标

| 基点 | 坐标 | 备注 |
|---|---|---|
| 1 | | |
| 2 | | |
| 3 | | |
| 4 | | |
| 5 | | |

表 9.7 工序 2 的基点坐标

| 基点 | 坐标 | 备注 |
|---|---|---|
| 1 | | |
| 2 | | |
| 3 | | |
| 4 | | |
| 5 | | |
| 6 | | |
| 7 | | |
| 8 | | |
| 9 | | |
| 10 | | |
| 11 | | |
| 12 | | |
| 13 | | |
| 14 | | |

表 9.8 工序 3 的基点坐标

| 基点 | 坐标 | 备注 |
|---|---|---|
| 1 | | |
| 2 | | |
| 3 | | |
| 4 | | |
| 5 | | |
| 6 | | |
| 7 | | |
| 8 | | |
| 9 | | |
| 10 | | |
| 11 | | |
| 12 | | |
| 13 | | |
| 14 | | |
| 15 | | |
| 16 | | |

表 9.9 工序 4 的基点坐标

| 基点 | 坐标 | 备注 |
|---|---|---|
| 1 | | |
| 2 | | |
| 3 | | |
| 4 | | |
| 5 | | |
| 6 | | |
| 7 | | |
| 8 | | |
| 9 | | |
| 10 | | |
| 11 | | |
| 12 | | |
| 13 | | |
| 14 | | |
| 15 | | |
| 16 | | |

表 9.10 工序 5 的基点坐标

| 基点 | 坐标 | 备注 |
|---|---|---|
| 1 | | |
| 2 | | |
| 3 | | |
| 4 | | |
| 5 | | |
| 6 | | |
| 7 | | |
| 8 | | |
| 9 | | |
| 10 | | |
| 11 | | |
| 12 | | |
| 13 | | |
| 14 | | |
| 15 | | |
| 16 | | |

（4）程序编制。程序如表 9.11 所示。

表 9.11　程序

| 程序名 | |
| --- | --- |
| | |

（5）输入程序。

① 新建程序名。

② 输入程序段。

③ 使用 GRAPH 功能仿真验证轨迹。

（6）安装和调整刀具。

① 安装钻头刀具，注意钻头在夹套中的伸出长度。

② 安装立铣刀刀具。

③ 安装倒角刀具。

（7）安装和调整毛坯。

① 平口钳的安装与调整。

② 毛坯的定位与夹紧，注意支撑板位置。

（8）对刀操作。

① 1 号刀对刀，设置加工坐标系。

② 输入长度补偿和半径补偿。

数据输入如表 9.12 所示。

表 9.12　数据输入

| 刀号 | X 坐标 | Y 坐标 | Z 坐标 |
| --- | --- | --- | --- |
| 1 号刀 | | | |

（9）异形槽板零件数控加工。

① 钻工艺孔。

② 粗铣槽。

③ 半精铣。

④ 精铣。

⑤ 倒角。

（10）加工质量检验。

填写下列检验报告：

实训项目 9　异形槽板零件加工　　115

项目编号： _____    项目名称： _____
班组编号： _____    完成人： _____
指导教师： _____

### 项目 9  检验报告

| 班级 | | 姓名 | | 学号 | | 日期 | |
|---|---|---|---|---|---|---|---|
| 尺寸检测 | 序号 | 图样参数或尺寸/mm | 公差/mm | 量具 名称 | 量具 规格/mm | 实际尺寸 | 配分 | 分数 |
| | 1 | 150 | +0.000 −0.010 | 游标卡尺 | 0~150 | | 8 | |
| | 2 | 120 | +0.000 −0.010 | 游标卡尺 | 0~150 | | 8 | |
| | 3 | 90 | +0.010 −0.010 | 游标卡尺 | 0~150 | | 8 | |
| | 4 | 32 | +0.010 −0.010 | 游标卡尺 | 0~150 | | 8 | |
| | 5 | 20 | +0.000 −0.010 | 游标卡尺 | 0~150 | | 4 | |
| | 6 | 20 | +0.000 −0.010 | 游标卡尺 | 0~150 | | 4 | |
| | 7 | 60 | +0.010 −0.010 | 游标卡尺 | 0~150 | | 4 | |
| | 8 | 40 | +0.010 −0.010 | 游标卡尺 | 0~150 | | 4 | |
| | 9 | 20 | +0.000 −0.010 | 游标卡尺 | 0~150 | | 6 | |
| | 10 | 20 | +0.000 −0.010 | 游标卡尺 | 0~150 | | 6 | |
| | 11 | 20 | +0.000 −0.010 | 游标卡尺 | 0~150 | | 6 | |
| | 12 | 10 | +0.000 −0.010 | 游标卡尺 | 0~150 | | 8 | |
| | 13 | 30 | +0.000 −0.010 | 游标卡尺 | 0~150 | | 8 | |
| | 14 | $R8$ | 执行未注公差 | 圆弧规 | $R8$ | | 3 | |
| | 15 | $R6$ | 执行未注公差 | 圆弧规 | $R6$ | | 3 | |
| | 16 | $R10$ | 执行未注公差 | 圆弧规 | $R10$ | | 3 | |
| | 17 | $R15$ | 执行未注公差 | 圆弧规 | $R15$ | | 3 | |
| | 18 | 粗糙度 | $Ra12.5\ \mu m$ | 样板 | | | 2 | |
| | 19 | 粗糙度 | $Ra6.3\ \mu m$ | 样板 | | | 2 | |
| | 20 | 粗糙度 | $Ra1.6\ \mu m$ | 样板 | | | 2 | |
| 尺寸检测结果总计 | | | | | | | | |
| 基本检查结果 | | 合格/不合格 | | | | | | |

116    数控机床编程技术实训手册

## 3. 考核要求

（1）加工工艺设计合理。

（2）刀具选择正确。

（3）坐标计算正确。

（4）程序编制正确。

（5）数控加工完成。

（6）零件加工质量检验合格。

# 实训项目 10　壁板零件加工

## 任务 10.1　使用 G73 指令钻孔

### 1. 任务基本要求
（1）定义零件毛坯。
（2）安装刀具。
（3）对刀操作。
（4）输入程序。
（5）自动运行程序，观察 G73 刀具运动轨迹。

### 2. 实施步骤
（1）定义零件毛坯。

实训项目 10　任务 10.1

选择"零件"→"放置零件"命令，选择定义的毛坯，尺寸为134 mm×173 mm×50 mm，单击"安装零件"按钮，如图 10.1 所示。

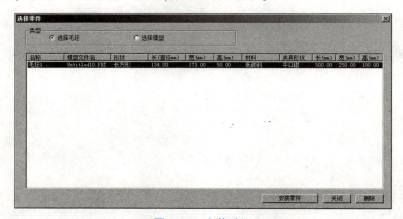

图 10.1　安装毛坯

（2）安装刀具。

选择"机床"→"选择刀具"命令，在"选择铣刀"对话框中选择切削刀具为 φ10 mm 钻头，刀长 100 mm，如图 10.2 所示。

（3）对刀操作。

参照实训项目 7 任务 7.3 完成对刀操作，G54 加工坐标系设置如图 10.3 所示。

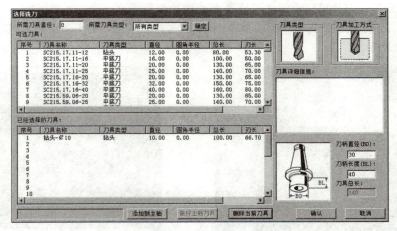

图 10.2 安装刀具

(4) 输入程序。

单击"编程"按钮,进入编程界面,输入表 10.1 所示的程序段 O1001。

表 10.1 O1001 程序段

| | |
|---|---|
| O1001; | N80 G90 G98 G73 X0 Y0 Z-30.0 R10.0 Q10.0 F150.0; |
| N10 G91 G28 Z0; | N90 G00 Z50.0; |
| N20 G90; | N100 G91 G28 Z0; |
| N30 T01 M06; | N110 G90; |
| N40 G54; | N120 M05; |
| N50 M03 S300; | N130 T0 M06; |
| N60 G00 X0 Y0; | N140 M30; |
| N70 G00 Z50.0; | |

程序输入后如图 10.4 所示。

图 10.3 G54 加工坐标系

图 10.4 程序输入

(5) 自动运行程序。

单击"自动运行"按钮，单击"循环启动"按钮，自动运行程序 O1001，加工结果如图 10.5 所示。

实训项目 10 壁板零件加工  119

当钻孔完成后，刀具可以返回到 R 点平面或初始位置平面，由 G98 和 G99 指定。如果指令为 G98，则刀具返回到初始位置平面，如图 10.6 所示；如果指令为 G99，则刀具返回到 R 点平面，如图 10.7 所示。

图 10.5　加工结果

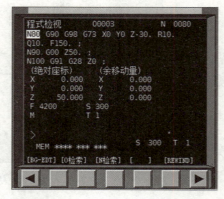

图 10.6　G98 回初始位置平面

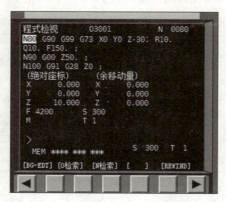

图 10.7　G99 回 R 点平面

参数 Q 指定每次切削进给的深度，程序中为 10 mm，每次切 10 mm 后退刀排屑，如图 10.8 所示。

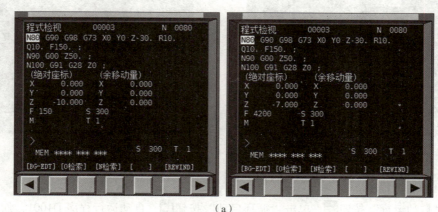

(a)

图 10.8　Q 参数
(a) 切深 10mm 退到 −7 mm；

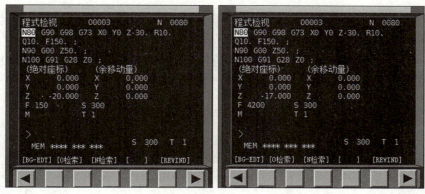

(b)

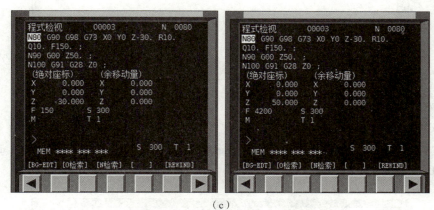

(c)

**图 10.8　Q 参数（续）**

（b）切深 20 mm 退到 -17 mm；（c）切深 30 mm 退到 50 mm（G98）

3. 考核要求

（1）正确定义零件毛坯。
（2）安装和调整毛坯位置。
（3）正确选择铣削刀具。
（4）掌握 G73 指令应用。

## 任务 10.2　使用子程序嵌套钻孔系

1. 任务基本要求

（1）定义零件毛坯。
（2）安装刀具。
（3）对刀操作。
（4）输入程序。

实训项目 10　壁板零件加工

（5）自动运行程序，观察子程序跳转和刀具运动轨迹。

2. 实施步骤

（1）定义零件毛坯。

选择"零件"→"放置零件"命令，选择定义的毛坯，尺寸为 175 mm×175 mm×50 mm，单击"安装零件"按钮，如图 10.9 所示。

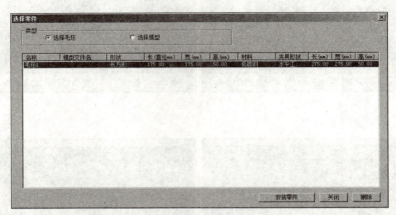

图 10.9　安装毛坯

（2）安装刀具。

选择"机床"→"选择刀具"命令，在"选择铣刀"对话框中选择切削刀具为 φ10 mm 钻头，刀长 100 mm，如图 10.10 所示。

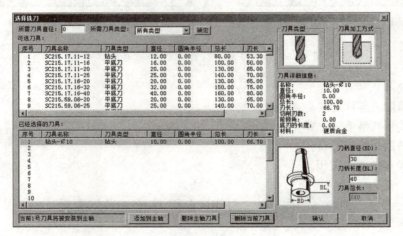

图 10.10　安装刀具

（3）对刀操作。

参照实训项目 7 任务 7.3 完成对刀操作，G54 加工坐标系设置如图 10.11 所示。

实训项目 10　任务 10.2

122　数控机床编程技术实训手册

(4) 输入程序。

将机床功能开关置于编辑位置 ，单击 PROG 按钮，进入编程界面，输入程序段 O1003 和子程序 O1301、O1302、O1303。

程序输入如图 10.12 所示。

(5) 自动运行程序。

将机床功能开关置于自动运行位置 ，单击"循环启动"按钮 ，自动运行程序 O1003，加工结果如图 10.13 所示。

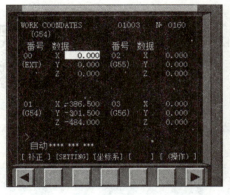

图 10.11　G54 加工坐标系设置

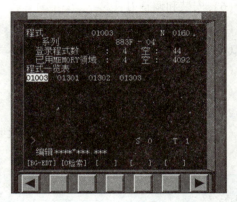

图 10.12　程序输入

图 10.13　加工结果

3. 考核要求

(1) 正确定义零件毛坯。
(2) 安装和调整毛坯位置。
(3) 正确选择铣削刀具。
(4) 掌握子程序嵌套应用。

## 任务 10.3　壁板编程与加工

**1. 任务基本要求**

（1）完成工艺方案制定，满足壁板零件的尺寸和公差要求。
（2）刀具选择。
（3）坐标计算。
（4）程序编制。
（5）输入程序。
（6）安装和调整刀具。
（7）安装和调整毛坯。
（8）对刀操作，设置加工坐标系，输入半径补偿和长度补偿。
（9）壁板零件数控加工。
（10）加工质量检验。

实训项目 10　任务 10.3

**2. 实施步骤**

（1）工艺方案制定，满足壁板零件的尺寸和公差要求。工艺表如表 10.2 所示。

表 10.2　任务 10.3 工艺表

| 单位名称 | 河北工业职业技术大学 | 产品名称或代号 |  | 零件名称 |  | 零件图号 |  |
|---|---|---|---|---|---|---|---|
| 工序号 | 程序编号 | 夹具名称 |  | 使用设备 | 数控系统 |  | 场地 |
| 工序号 | 工序内容 | 刀具号 | 刀具名称 | 主轴转速 $n/(\text{r}\cdot\text{min}^{-1})$ | 进给量 $f/(\text{mm}\cdot\text{r}^{-1})$ | 背吃刀量 $a_p/\text{mm}$ | 备注（程序名） |
| 1 |  |  |  |  |  |  |  |
| 2 |  |  |  |  |  |  |  |
| 3 |  |  |  |  |  |  |  |
| 4 |  |  |  |  |  |  |  |
| 5 |  |  |  |  |  |  |  |
| 6 |  |  |  |  |  |  |  |
| 7 |  |  |  |  |  |  |  |
| 编制 |  | 审核 | 第　组 | 批准 | 第　组 | 共 1 页 | 第 1 页 |

（2）刀具选择。刀具表如表 10.3 所示。

表 10.3　任务 10.3 刀具表

| 产品名称或代号 | | | 零件名称 | | 零件图号 | | |
|---|---|---|---|---|---|---|---|
| 序号 | 刀具号 | 刀具名称 | 数量 | 过渡表面 | 刀尖半径 $R/\text{mm}$ | 备注 | |
| 1 | | | | | | | |
| 2 | | | | | | | |
| 3 | | | | | | | |
| 4 | | | | | | | |
| 5 | | | | | | | |
| 6 | | | | | | | |
| 7 | | | | | | | |
| 编制 | | 审核 | 第 组 | 批准 | 第 组 | 共 1 页 | 第 1 页 |

（3）坐标计算。主程序和子程序的基点坐标如表 10.4 和表 10.5 所示。

表 10.4　主程序的基点坐标

| 基点 | 坐标 | 备注 |
|---|---|---|
| 1 | | |
| 2 | | |
| 3 | | |

表 10.5　子程序的基点坐标

| 基点 | 坐标 | 备注 |
|---|---|---|
| 1 | | |
| 2 | | |
| 3 | | |
| 4 | | |
| 5 | | |
| 6 | | |

（4）程序编制。程序如表 10.6 所示。

表 10.6　程序

| 程序名 | |
|---|---|
| | |

实训项目 10　壁板零件加工　125

（5）输入程序。

① 新建程序名。

② 输入主程序和子程序段。

③ 使用 GRAPH 功能仿真验证轨迹。

（6）安装和调整刀具。

① 安装钻头刀具，注意钻头在夹套中的伸出长度。

② 安装立铣刀刀具。

③ 安装倒角刀具。

④ 安装丝锥。

（7）安装和调整毛坯。

① 平口钳的安装与调整。

② 毛坯的定位与夹紧，注意支撑板位置。

（8）对刀操作。

① 1 号刀对刀，设置加工坐标系。

② 输入长度补偿和半径补偿。

数据输入如表 10.7 所示。

表 10.7  数据输入

| 刀号 | X 坐标 | Y 坐标 | Z 坐标 |
|---|---|---|---|
| 1 号刀 | | | |

（9）壁板零件数控加工。

①钻定位孔。

②钻螺纹底孔。

③钻工艺孔。

④粗铣。

⑤精铣。

⑥倒角。

⑦攻螺纹。

（10）加工质量检验。

填写下列检验报告：

项目编号：＿＿＿＿＿＿＿＿＿＿＿  项目名称：＿＿＿＿＿＿＿＿＿＿＿

班组编号：＿＿＿＿＿＿＿＿＿＿＿  完成人：＿＿＿＿＿＿＿＿＿＿＿

指导教师：＿＿＿＿＿＿＿＿＿＿＿

## 项目 10　检验报告

| 班级 | | | 姓名 | | 学号 | | 日期 | |
|---|---|---|---|---|---|---|---|---|
| 尺寸检测 | 序号 | 图样参数或尺寸/mm | 公差/mm | 量具 | | 实际尺寸 | 配分 | 分数 |
| | | | | 名称 | 规格/mm | | | |
| | 1 | 200 | +0.000 −0.010 | 游标卡尺 | 0~150 | | 6 | |
| | 2 | 75 | +0.000 −0.010 | 游标卡尺 | 0~150 | | 6 | |
| | 3 | 25 | +0.000 −0.010 | 游标卡尺 | 0~150 | | 8 | |
| | 4 | 65 | +0.010 −0.010 | 游标卡尺 | 0~150 | | 6 | |
| | 5 | 65 | +0.010 −0.010 | 游标卡尺 | 0~150 | | 6 | |
| | 6 | 12 | +0.000 −0.010 | 游标卡尺 | 0~150 | | 6 | |
| | 7 | $\phi30$ | +0.021 −0.000 | 游标卡尺 | 0~150 | | 6 | |
| | 8 | $\phi18$ | +0.018 −0.000 | 游标卡尺 | 0~150 | | 6 | |
| | 9 | 位置度 | 0.01 | 三坐标测量仪 | | | 6 | |
| | 10 | 位置度 | 0.01 | 三坐标测量仪 | | | 6 | |
| | 11 | 位置度 | 0.01 | 三坐标测量仪 | | | 6 | |
| | 12 | M8×1 | 7H | 塞规 | M8×1 | | 8 | |
| | 13 | M8×1 | 7H | 塞规 | M8×1 | | 8 | |
| | 14 | M8×1 | 7H | 塞规 | M8×1 | | 8 | |
| | 15 | $\phi50$ | 执行未注公差 | 游标卡尺 | 0~150 | | 4 | |
| | 16 | 粗糙度 | $Ra12.5\ \mu m$ | 样板 | | | 2 | |
| | 17 | 粗糙度 | $Ra1.6\ \mu m$ | 样板 | | | 2 | |
| 尺寸检测结果总计 | | | | | | | | |
| 基本检查结果 | | | 合格/不合格 | | | | | |

实训项目 10　壁板零件加工　127

### 3. 考核要求

（1）加工工艺设计合理。

（2）刀具选择正确。

（3）坐标计算正确。

（4）程序编制正确。

（5）数控加工完成。

（6）零件加工质量检验合格。